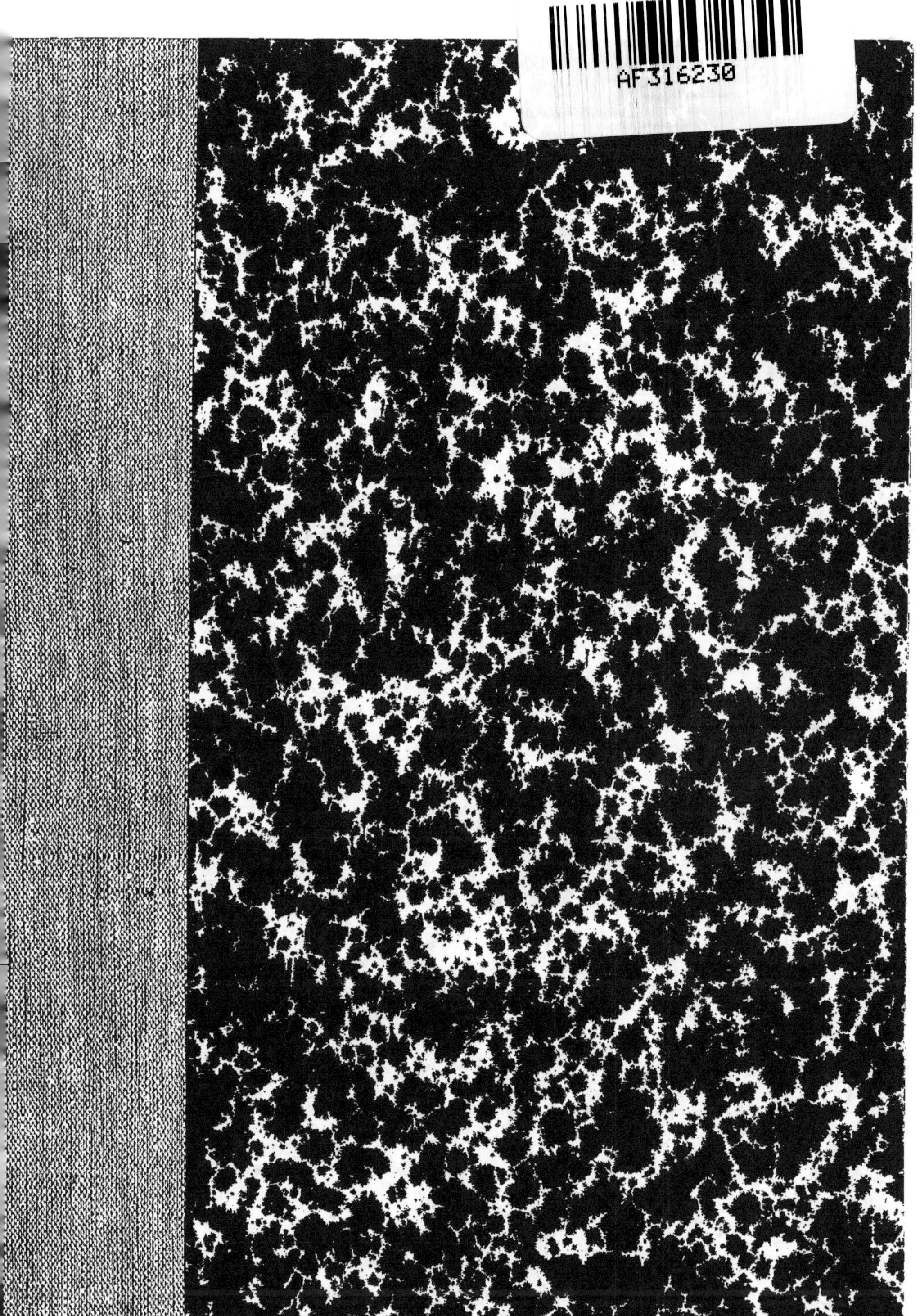
AF316230

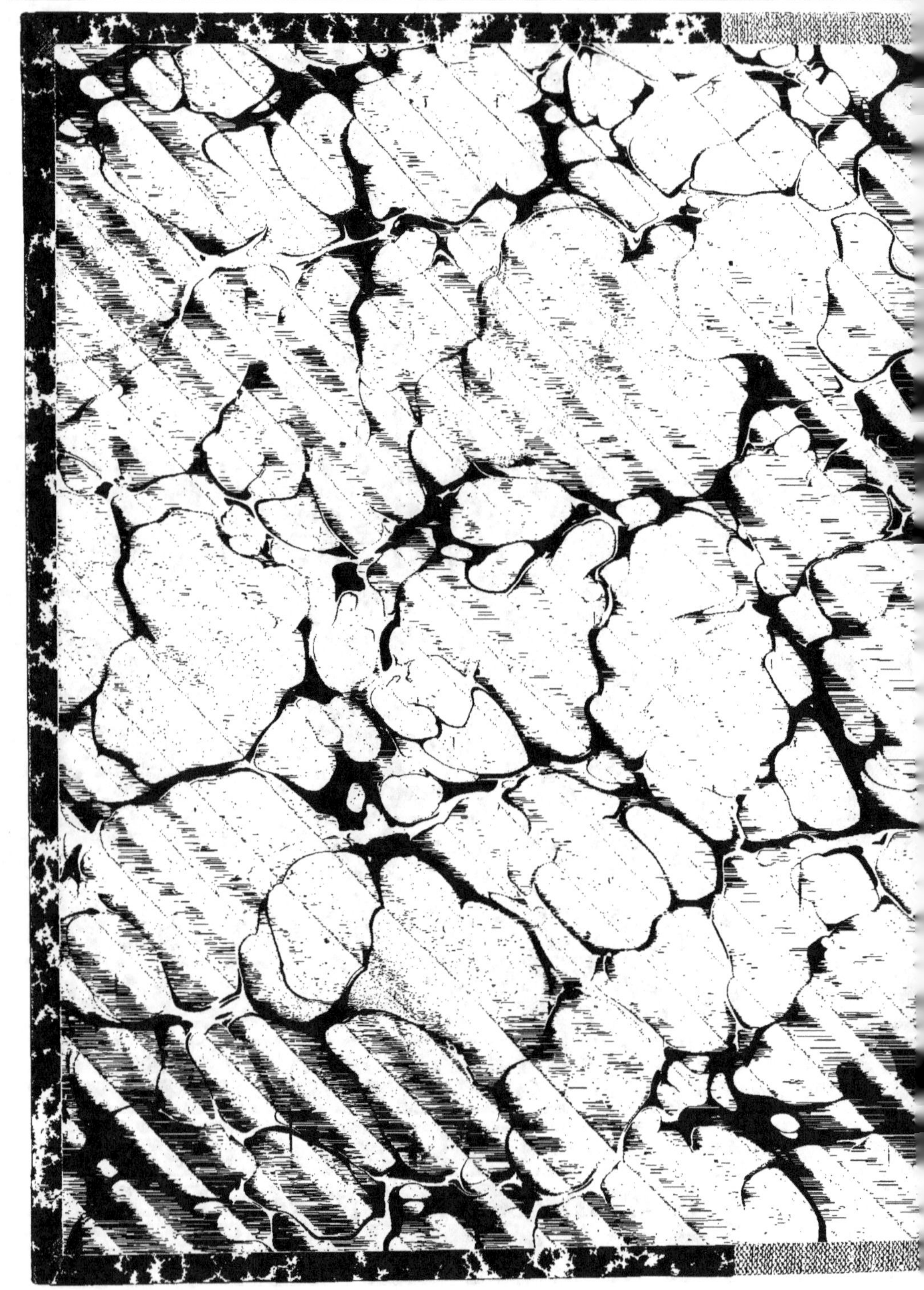

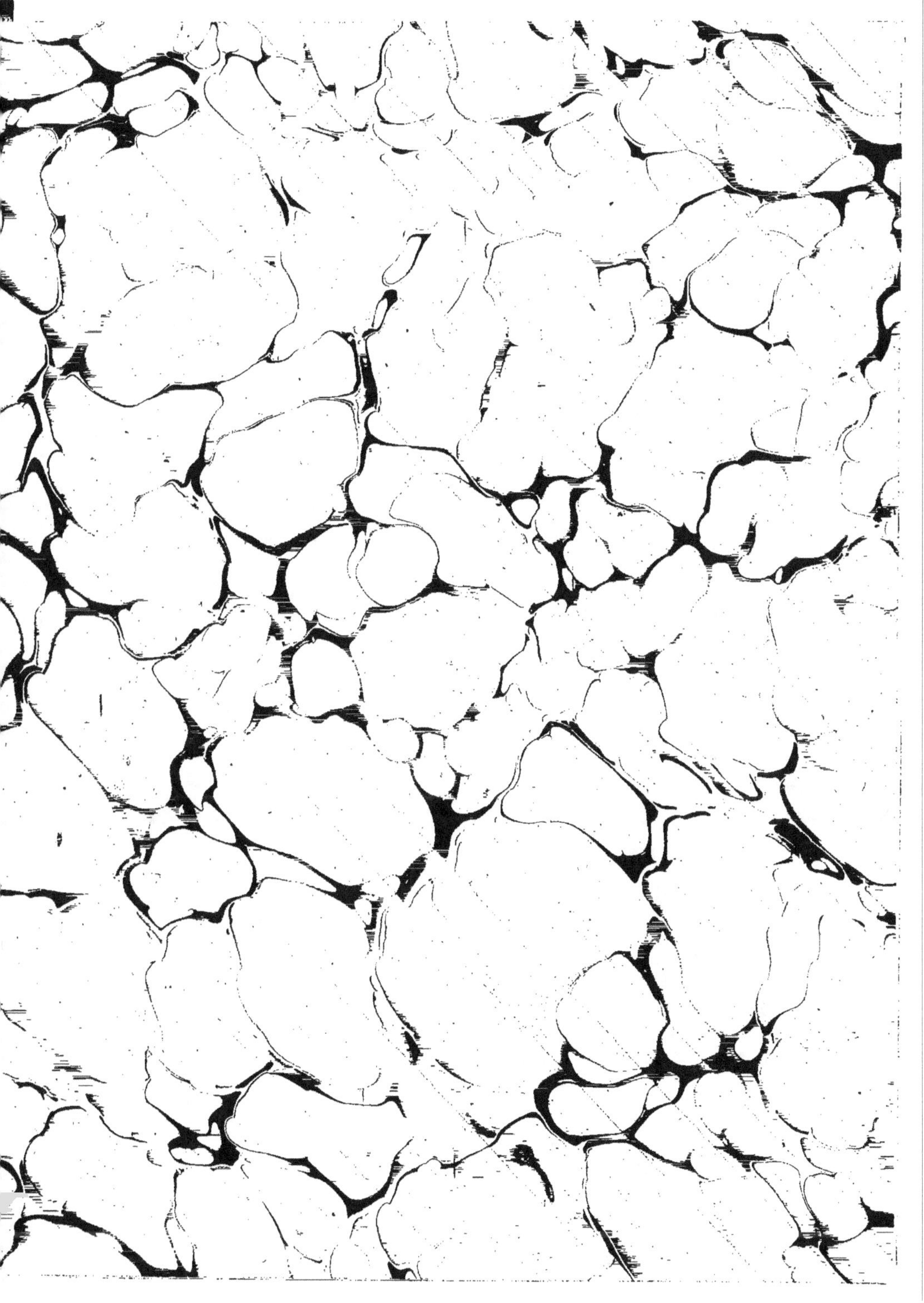

J. EBRARD

MINISTÈRE DE L'AGRICULTURE

OFFICE DES RENSEIGNEMENTS AGRICOLES
SERVICE DES ÉTUDES TECHNIQUES

INSECTES

ET

AUTRES INVERTÉBRÉS NUISIBLES

AUX PLANTES CULTIVÉES

ET AUX ANIMAUX DOMESTIQUES

PAR

M. A. LECAILLON

DOCTEUR ÈS SCIENCES NATURELLES, LAURÉAT DE L'INSTITUT
PROFESSEUR SUPPLÉANT DE ZOOLOGIE APPLIQUÉE À L'ÉCOLE NATIONALE D'HORTICULTURE

AVEC UNE PRÉFACE

DE M. LE Dʳ F. HENNEGUY

PROFESSEUR AU COLLÈGE DE FRANCE, À L'ÉCOLE NATIONALE D'AGRICULTURE DE GRIGNON
ET À L'ÉCOLE NATIONALE D'HORTICULTURE
MEMBRE DE LA SOCIÉTÉ NATIONALE D'AGRICULTURE

PARIS

IMPRIMERIE NATIONALE

MDCCCCIII

INSECTES

ET

AUTRES INVERTÉBRÉS NUISIBLES

AUX PLANTES CULTIVÉES

ET AUX ANIMAUX DOMESTIQUES

MINISTÈRE DE L'AGRICULTURE

OFFICE DES RENSEIGNEMENTS AGRICOLES
SERVICE DES ÉTUDES TECHNIQUES

INSECTES

ET

AUTRES INVERTÉBRÉS NUISIBLES

AUX PLANTES CULTIVÉES

ET AUX ANIMAUX DOMESTIQUES

PAR

M. A. LÉCAILLON

DOCTEUR ÈS SCIENCES NATURELLES, LAURÉAT DE L'INSTITUT
PROFESSEUR SUPPLÉANT DE ZOOLOGIE APPLIQUÉE À L'ÉCOLE NATIONALE D'HORTICULTURE

AVEC UNE PRÉFACE

DE M. LE Dᵣ F. HENNEGUY

PROFESSEUR AU COLLÈGE DE FRANCE, À L'ÉCOLE NATIONALE D'AGRICULTURE DE GRIGNON
ET À L'ÉCOLE NATIONALE D'HORTICULTURE
MEMBRE DE LA SOCIÉTÉ NATIONALE D'AGRICULTURE

PARIS

IMPRIMERIE NATIONALE

MDCCCCIII

PRÉFACE.

Les végétaux, comme l'Homme et les animaux, ont leurs maladies et leurs ennemis qui viennent entraver leur développement et abréger souvent la durée normale de leur existence.

Lorsqu'un agriculteur reconnaît que l'un de ses Chevaux, de ses Bœufs ou de ses Moutons est souffrant, il fait venir le vétérinaire que ses connaissances spéciales mettent à même de soigner l'animal; mais lorsque, dans ses champs, il voit les jeunes épis se flétrir, les betteraves jaunir, et, dans son verger, les feuilles des arbres disparaître, il ne sait à qui s'adresser pour être renseigné sur la cause du dépérissement et sur le moyen de guérir ses plantes cultivées. Nous n'avons pas encore, en effet, de médecins des plantes; la présence, dans les campagnes, d'hommes spéciaux connaissant les maladies des végétaux serait cependant aussi utile que celle des médecins et des vétérinaires. Les professeurs départementaux d'agriculture, qui donnent aux cultivateurs de précieux conseils sur l'emploi des engrais, les procédés culturaux, l'élevage du bétail, etc., se trouvent quelquefois embarrassés lorsqu'ils sont consultés au sujet des ravages produits par certains parasites dans les cultures et doivent avoir recours à des spécialistes pour établir la cause de l'affection et indiquer un traitement approprié. Généralement le renseignement demandé arrive trop tard à l'intéressé, lorsqu'il n'est plus temps d'intervenir utilement pour combattre le parasite. Le mal eût été cependant souvent enrayé si dès le début l'agriculteur ou son conseiller naturel, le professeur d'agriculture, avaient pu en reconnaître la nature.

Il existe déjà, en France et surtout à l'étranger, des ouvrages spéciaux sur les ennemis des plantes : les uns, écrits par des savants distingués, sont trop techniques pour être à la portée de la grande majorité des agriculteurs; les autres, dus à la plume de vulgarisateurs, sont trop élémentaires et trop remplis d'erreurs pour rendre d'utiles services.

M. le Ministre de l'Agriculture a pensé qu'il y avait place pour un autre genre de publications s'adressant aux praticiens, mais rédigées par des spécialistes compétents et renfermant les renseignements indispensables aux agriculteurs pour soigner eux-mêmes les végétaux malades.

M. le Dr Delacroix, directeur de la station de pathologie végétale, a déjà exposé dans les « Maladies des plantes cultivées » les notions relatives aux maladies dues aux parasites végétaux.

M. A. Lécaillon, mon suppléant pour le cours de zoologie et d'entomologie appliquées à l'École nationale d'Horticulture de Versailles, a été chargé de rédiger un petit manuel sur les Insectes et autres Invertébrés nuisibles aux plantes cultivées et aux animaux domestiques. Ses travaux antérieurs, très appréciés, sur l'anatomie et les mœurs des Insectes, ainsi que la nature même de son enseignement, le désignaient pour cette mission ; il s'en est acquitté avec succès.

Contrairement à la plupart des auteurs qui, avant lui, ont écrit des ouvrages de ce genre, M. Lécaillon ne s'est pas contenté d'énumérer les animaux nuisibles à chaque espèce de plantes cultivées, en indiquant la nature de leurs dégâts et les moyens de les combattre. Il a pensé avec raison que, tout en conservant à son ouvrage un caractère pratique, il convenait de donner à ses lecteurs des notions générales sommaires de zoologie. Dans les deux premières parties de sa notice il passe successivement en revue les familles naturelles d'Invertébrés renfermant des espèces nuisibles : pour chacune d'elles, il résume non pas les caractères taxonomiques sur lesquels se basent les Entomologistes pour les distinguer, mais les caractères saillants, qui frappent à première vue, et qui permettront aux personnes les moins exercées, lorsqu'elles trouveront un Insecte commettant des dégâts sur une plante cultivée, de déterminer à quel groupe cet Insecte appartient, d'être renseignées sur ses mœurs et les moyens de le détruire. Cette méthode d'exposition, que j'ai adoptée dans mes cours à l'École nationale d'Agriculture de Grignon et à l'École nationale d'Horticulture de Versailles, me semble préférable à celle qui consiste à classer les Insectes d'après les végétaux auxquels ils sont nuisibles. Elle évite des redites inutiles pour les Insectes qui s'attaquent indifféremment à plusieurs espèces végétales, et surtout elle a l'avantage de familiariser des jeunes gens, qui n'ont que des notions tout à fait insuffisantes en histoire naturelle, avec les principes généraux de l'Entomologie et de la classification.

La troisième partie de l'ouvrage de M. Lécaillon comprend une série de tableaux donnant, pour chaque groupe de plantes cultivées, pour chaque groupe d'animaux domestiques, la liste des Insectes et autres Invertébrés nuisibles avec le nom du végétal et de l'animal auquel ils s'attaquent. Les praticiens apprécieront tout particulièrement la dernière partie du manuel, dans laquelle l'auteur expose les procédés généraux à suivre pour prévenir et combattre les ravages produits par les animaux nuisibles. Il s'est attaché à ne recommander que les remèdes dont la composition est connue et qui ont fait leurs preuves, qui peuvent être employés en toute sécurité, sans danger pour les plantes et pour ceux qui les appliquent.

Tel qu'il est, le petit manuel de M. Lécaillon, malgré son aspect modeste, rendra de grands services à tous ceux qui voudront bien apprendre à traiter par eux-mêmes les maladies des végétaux cultivés occasionnées par les parasites animaux. Sa place est aussi entre les mains des professeurs d'agriculture pour lesquels il constituera une sorte de formulaire thérapeutique ; il s'adresse enfin à tous les élèves de nos Écoles d'Agriculture, qui y trouveront un résumé concis mais complet de l'enseignement qu'ils reçoivent dans les cours d'Entomologie appliquée.

F. Henneguy.

INSECTES

ET

AUTRES INVERTÉBRÉS NUISIBLES

AUX PLANTES CULTIVÉES

ET AUX ANIMAUX DOMESTIQUES[1].

--- ✣ ---

PREMIÈRE PARTIE.

LES INSECTES.

Les Insectes comprennent un nombre considérable d'espèces dont chacune est souvent représentée par une quantité immense d'individus. D'après leurs mœurs et particulièrement leur manière de se nourrir, ils se groupent en trois catégories :

Les espèces nuisibles ;
Les espèces utiles ;
Les espèces indifférentes.

Les *espèces nuisibles* envisagées dans ce livre sont celles qui vivent aux dépens des plantes cultivées ou aux dépens des animaux domestiques. Les premières peuvent s'attaquer soit à un grand nombre de plantes indifféremment, soit à un petit nombre, soit même à une seule. Elles peuvent parfois manger les diverses parties du végétal nourricier, mais ordinairement elles choisissent toujours la même région, c'est-à-dire sont adaptées à vivre uniquement de l'une des parties de ce végétal, racine, tige, feuille, fleur, fruit, graine. Chaque espèce a aussi le plus souvent sa manière spéciale d'attaquer la partie de la plante qu'elle préfère ; tantôt, s'il s'agit par exemple de la racine, celle-ci est immédiatement rongée ou coupée ; tantôt elle est creusée intérieurement de galeries disposées d'une certaine manière ; tantôt elle est piquée simplement à la surface. Il en résulte que souvent on peut reconnaître *a priori*, par le seul examen des dégâts causés à une plante, qu'il s'agit de telle ou telle espèce déterminée d'Insecte.

[1] L'auteur s'est proposé, dans cette notice, non de décrire de nouvelles espèces nuisibles ni de signaler de nouveaux insecticides, mais seulement de *résumer très brièvement* les principaux faits connus relatifs surtout aux espèces *les plus nuisibles de la France.* Ces faits ont autant que possible été présentés sous une forme très élémentaire, dégagée de tout détail, les mettant à la portée même des personnes n'ayant pas de connaissances spéciales en Zoologie. Par suite, tout ce qui n'offre qu'un intérêt purement scientifique a été laissé complètement de côté, et pour une espèce donnée il n'a été question — en dehors des dégâts qu'elle fait et des moyens d'y remédier — que de quelques caractères généraux faciles à reconnaître, et des mœurs de cette espèce ou du groupe auquel elle appartient.

Les principaux ouvrages consultés lors de la rédaction de ce travail sont les traités de Boisduval, Maurice Girard, Montillot, Ritzema Bos, Frank, Rampon et Guénaux, ainsi que divers périodiques s'occupant de la pratique horticole ou agricole, parmi lesquels l'« Almanach des Jardiniers au xxᵉ siècle » de M. Nanot. Les travaux de MM. Giard, Henneguy, Kunckel d'Herculais et Marchal ont également fourni de précieux renseignements. Les figures reproduites, à l'exception de celles pour lesquelles une autre origine a été spécifiée, proviennent des traités de Brocchi et Montillot.

Les Insectes qui nuisent directement aux animaux domestiques ont aussi des mœurs très variées, mais, pour une espèce donnée, la manière de vivre est également constante et caractéristique de l'espèce considérée. Ainsi, tel Insecte s'attaque toujours au même animal ou à quelques animaux bien déterminés et jamais à d'autres; il pratique toujours son attaque de la même manière caractéristique et les effets produits sur sa victime sont toujours les mêmes et bien déterminés.

Les Insectes nuisibles aux animaux domestiques se contentent parfois de les piquer quand la circonstance favorable se présente et s'envolent après avoir absorbé un peu du sang de leur victime; dans d'autres cas ils vivent complètement dans la toison ou les plumes de leur hôte et sont continuellement parasites externes, se reproduisant même *in situ*; tantôt enfin ils sont parasites internes, vivant dans le tube digestif, sous la peau, etc.

Les *espèces utiles* rendent des services très différents suivant les cas. Parfois les produits de leur industrie ou la substance même de leur corps sont précieux pour l'homme (c'est le cas de l'Abeille qui fournit la cire et le miel, du *Bombyx* du mûrier qui fournit la soie, des Cochenilles de la laque et du cactus qui fournissent la laque et le carmin, de la Cantharide qui fournit la cantharidine); dans d'autres cas, par suite de leur habitude de butiner de fleur en fleur, certaines espèces transportent le pollen sur le stigmate et favorisent le rendement en graines de certaines plantes cultivées en agriculture ou en horticulture (c'est le cas des Hyménoptères, en particulier des Bourdons); parfois, enfin, certaines espèces carnassières détruisent un grand nombre de larves, chenilles, Pucerons, Limaces, Escargots, etc., et rendent de réels services à l'agriculteur.

Les *espèces indifférentes* sont celles qui par leur manière de vivre aux dépens de plantes spontanées sans valeur, ou de détritus organiques divers, ne causent aucun tort ni dommage réel. Parfois certaines espèces sont considérées comme indifférentes parce qu'elles sont représentées par un nombre insignifiant d'individus; mais il pourrait arriver que ceux-ci, sous l'influence de circonstances exceptionnellement favorables, puissent devenir plus nombreux et se signaler alors comme réellement nuisibles. Une autre cause qui pourrait conduire à regarder comme nuisible une espèce considérée jusque-là comme indifférente est le changement de régime alimentaire qui surviendrait chez cette espèce. Il arrive en particulier que, par suite de l'introduction d'une nouvelle plante cultivée dans une région, certains Insectes qui vivaient jusque-là de végétaux sans valeur adoptent la nouvelle plante comme nourriture et deviennent ainsi des espèces nuisibles.

La connaissance des mœurs des Insectes, qu'il s'agisse des espèces nuisibles, utiles ou indifférentes, est, pour l'agriculteur, d'une importance capitale; seule elle lui permet de reconnaître judicieusement l'ennemi qu'il faut détruire ou l'auxiliaire qu'il faut accueillir et protéger.

Chez les Insectes, les individus appartenant à une espèce donnée peuvent se rencontrer sous quatre formes distinctes qu'ils revêtent successivement :

> *L'état d'œuf ou d'embryon;*
> *L'état de larve;*
> *L'état de nymphe;*
> *L'état adulte.*

État d'œuf ou d'embryon. — Pendant cette phase de leur existence, les individus sont en train de se constituer aux dépens des matières renfermées dans l'œuf pondu; s'il s'agit d'espèces nuisibles, on doit de préférence pratiquer la destruction sous cette forme chaque fois que cela est possible. On évite ainsi, en effet, l'apparition ultérieure de larves qui prendraient de la nourriture dès leur naissance.

Les œufs sont pondus par les femelles dans des conditions de milieu très variables avec les espèces; mais, pour une espèce considérée, la ponte a lieu de manière que les larves, dès leur naissance, trouvent à leur portée des conditions favorables à leur existence, et particulièrement la nourriture qui leur convient. Ainsi, la Teigne des grains dépose ses œufs sur le blé que mangera sa chenille, l'Anthonome du pommier dans le bourgeon que rongera sa larve, les Scolytes dans les troncs mêmes où s'enfonceront leurs jeunes, l'OEstre du Cheval sur les poils mêmes de l'animal dans l'estomac duquel sa larve doit vivre, etc.

Le nombre d'œufs pondus par les femelles varie aussi beaucoup suivant les espèces. En général il est très considérable, le plus souvent de plusieurs centaines, quelquefois de beaucoup plus, et une espèce nuisible est d'autant plus redoutable qu'elle est plus féconde. Souvent chaque femelle ne pond qu'une fois dans la saison et dans toute son existence; parfois elle pond à plusieurs reprises. Dans certains cas, il y a plusieurs générations successives dans la même saison, ce qui accroît énormément le nombre des individus de l'espèce qui présente cette particularité. Enfin il peut arriver que les femelles, au lieu de pondre des œufs, pondent des larves entièrement formées, provenant d'œufs qui ont passé la période d'incubation dans l'organisme maternel (Pucerons vivipares, etc.).

Les œufs sont très souvent déposés les uns auprès des autres, en quantité considérable; il en résulte que les larves ou les chenilles se trouvent, dès leur naissance, rassemblées en familles nombreuses. Cette circonstance, fréquente dans les espèces nuisibles, facilite beaucoup la destruction de celles-ci (Coccides, beaucoup de Papillons, etc.).

La forme, la couleur et les dimensions des œufs sont très variables; ceux-ci sont le plus souvent sphériques ou ovoïdes et de dimensions un peu supérieures ou un peu inférieures à 1 millimètre de diamètre ou de longueur. Ce sont surtout les œufs pondus à découvert et par *plaques*, sur les feuilles ou les écorces, qui peuvent se reconnaître le plus aisément et se détruire avec facilité.

État de larve. — Les larves sont les jeunes qui sortent de l'œuf; lorsqu'il s'agit d'espèces du groupe des Papillons, elles sont appelées chenilles. Elles diffèrent quelquefois beaucoup de l'Insecte adulte et doivent subir des changements plus ou moins profonds ou *métamorphoses* avant de donner naissance à celui-ci. Elles ont fréquemment l'aspect de petits *Vers* (fig. 3, 11, 25, 120...) et communément on les désigne alors sous ce nom. Elles n'ont jamais d'ailes. Parfois elles n'ont pas de pattes et se meuvent en rampant; quand elles en ont, on distingue les espèces qui en possèdent trois paires, ce qui est le cas des larves proprement dites (fig. 6...), et celles qui en possèdent davantage, ce qui est celui des chenilles (fig. 65...) et des fausses-chenilles (fig. 56...) ou larves des Tenthrédinides.

Les larves et les chenilles commencent à manger dès leur naissance; *on doit donc détruire celles des espèces nuisibles dès qu'on les aperçoit* et ne pas leur donner le temps de grandir. C'est du reste pendant l'état de larve et de chenille que la voracité des Insectes est surtout considérable; beaucoup d'espèces même ne prennent de nourriture que pendant cette période. En outre, les larves ou chenilles de beaucoup d'espèces nuisibles ne restent rassemblées en famille que pendant le jeune âge et on ne doit pas laisser échapper ce moment favorable qui facilite une destruction avantageuse.

État de nymphe. — Il correspond à la période de transition qui sépare l'état de larve de l'état adulte. Lorsqu'il s'agit des Insectes du groupe des Papillons, les nymphes reçoivent le nom de *chrysalides*. Dans certains Insectes, les nymphes se transforment par degrés insensibles en adulte; elles continuent à mener une existence active et à prendre de la nourriture. Elles sont alors caractérisées, s'il s'agit d'espèces ailées à l'état adulte, ce qui est le cas général, par la présence d'ailes rudimentaires qui se développent ensuite progressivement jusqu'à ce que l'Insecte soit devenu adulte (fig. 45). Dans les autres Insectes ailés, les nymphes sont au contraire à peu près complètement immobiles et ne prennent aucune nourriture (fig. 6...); après une période de repos plus ou moins longue, elles donnent naissance à l'Insecte adulte qui se dégage d'elles pour ainsi dire subitement. Il va de soi que la destruction des nymphes immobiles s'impose au même titre que celle des nymphes actives, si elles appartiennent à des espèces nuisibles.

État adulte. — Il est caractérisé, à l'exception de quelques petits groupes d'Insectes inférieurs toujours aptères, par la présence des ailes. Celles-ci sont au nombre de quatre : deux antérieures et deux postérieures souvent placées sous les premières lorsque l'Insecte est au repos. Dans les Mouches et les espèces voisines (Diptères), les ailes postérieures sont remplacées par de petites tigelles ou *balanciers* (fig. 121). Dans quelques cas, certaines espèces, ou même certains individus d'une espèce, mènent une vie sédentaire et n'ont que des ailes atrophiées ou même disparues complètement (fig. 86, 103, 125).

L'Insecte adulte n'a jamais que trois paires de pattes, ce qui permet de le distinguer immédiatement, même s'il n'a pas d'ailes, des Araignées, Mille-pieds et Crustacés. Son corps est formé de trois régions placées l'une derrière l'autre et distinctes : 1° la *tête*, qui porte les yeux, les antennes et la bouche avec les appendices qui bordent celle-ci et que l'on appelle *pièces buccales*. Ces pièces buccales sont en rapport étroit avec le régime alimentaire des individus qui les possèdent ; suivant les cas, elles servent à broyer les aliments, à ronger les tissus des plantes, à les piquer, à sucer les liquides, à aspirer le nectar des fleurs, à percer la peau des animaux, etc. ; 2° le *thorax*, qui porte les ailes à sa partie dorsale et les pattes à sa partie ventrale ; 3° l'*abdomen*, plus ou moins allongé, privé d'ailes et de pattes, et formé d'anneaux emboîtés les uns dans les autres et réunis entre eux par une peau molle. Vers l'extrémité de l'abdomen se trouvent l'orifice anal et, devant celui-ci, l'orifice des organes reproducteurs. À l'entrée de ce dernier orifice se trouvent souvent, chez la femelle, des *tarières* utilisées pour percer des trous lors de la ponte des œufs (fig. 9, 60...).

C'est sous l'état adulte que les Insectes se reproduisent, s'accouplent et pondent leurs œufs. Beaucoup même ne prennent que peu ou pas de nourriture pendant cette période et meurent dès qu'ils ont assuré le sort de leur progéniture en pondant dans des conditions favorables à l'existence de leurs futures larves ou chenilles. Mais beaucoup aussi continuent à se nourrir activement, soit de la même nourriture que les larves d'où ils proviennent, soit d'une nourriture différente. Dans un cas comme dans l'autre, la destruction des adultes des espèces nuisibles est de première importance et doit se faire, en ce qui concerne la femelle, *avant la ponte des œufs*. La destruction d'une femelle qui a pondu ses œufs est pour ainsi dire inutile, car ordinairement cette femelle ne doit plus vivre longtemps et ne doit plus absorber assez de nourriture pour être sérieusement nuisible.

Chacun des nombreux groupes établis dans l'ensemble des Insectes par les Zoologistes, et étudiés ci-après surtout au point de vue des mœurs et des espèces nuisibles qu'ils contiennent, renferme presque toujours simultanément des espèces nuisibles, des espèces utiles et des espèces indifférentes, ce qui est dû à ce que des formes même très voisines comme organisation peuvent être adaptées à des régimes alimentaires très différents. Ordinairement, pourtant, à peu près toutes les espèces d'une même famille vivent de façons très analogues, de sorte que certaines familles se trouvent ne renfermer — à quelques exceptions près — que des espèces nuisibles ou que des espèces utiles.

CHAPITRE PREMIER.

COLÉOPTÈRES.

Ce groupe renferme des espèces qui se nourrissent de plantes et souvent alors très nuisibles, et des espèces carnassières. Soit à l'état larvaire, soit à l'état adulte, ces dernières chassent directement les larves d'Insectes, chenilles, Insectes adultes, Mollusques, etc. ; elles doivent être regardées comme très utiles.

Les Coléoptères adultes se reconnaissent immédiatement à la présence de deux paires d'ailes dont l'antérieure ou *élytres* est entièrement opaque, de nature et de consistance cornée, et la postérieure transparente et mince (fig. 4). Lorsque l'Insecte est au repos, les ailes postérieures sont repliées transversalement sous les antérieures. Chez certaines espèces qui ont perdu l'habitude de voler, les ailes postérieures sont très peu développées ou même absentes.

La bouche des Coléoptères adultes est munie de pièces mobiles souvent très dures, qui servent à saisir et à tuer la proie, ou à entamer les tissus des végétaux ; ces pièces buccales sont dites *broyeuses ;* elles sont au nombre de six, dont deux médianes, la lèvre supérieure ou *labre*, placée en avant, et la lèvre inférieure ou *labium*, placée en arrière, et quatre disposées en deux paires qui sont : les deux *mandibules*, suivant immédiatement le labre, et les deux *mâchoires*, suivant immédiatement les mandibules. Les deux mandibules comme les deux mâchoires se meuvent de droite à gauche et de gauche à droite par rapport à l'Insecte. Chaque mâchoire porte un appendice assez long sur son bord externe ; c'est le *palpe maxillaire*. De même le labium porte un appendice ou *palpe labial* sur chacun de ses bords latéraux.

Les larves sont tantôt privées complètement de pattes (fig. 13, 25...), tantôt munies des trois paires de pattes thoraciques habituelles correspondant aux pattes de l'adulte (fig. 6). Elles présentent une tête bien distincte du reste du corps. Elles sont munies, comme l'adulte, de pièces buccales broyeuses, et vivent généralement de la même nourriture que lui.

Les nymphes sont immobiles et sont le siège de métamorphoses internes profondes aboutissant à la formation de l'adulte.

Le groupe ou ordre des Coléoptères renferme un assez grand nombre de familles qui méritent d'être envisagées séparément.

Famille des Carabes (Carabides).

Insectes presque tous utiles. La larve et l'adulte sont en effet carnassiers et font leur proie des petits animaux nuisibles indiqués précédemment. Quelques rares espèces (Zabre) se nourrissent de végétaux et sont nuisibles. A l'exception de ces rares espèces, les Carabes doivent donc être protégés.

Les larves des Carabes et les Carabes adultes chassent directement leur proie, surtout pendant la nuit; certaines espèces (Carabe doré) chassent pendant le jour. Ces Insectes courent en général très rapidement. Autour de leur bouche on remarque trois paires de filaments ou *palpes*, portés par les pièces buccales, alors que la plupart des autres Insectes n'en ont que deux paires très développées. Lorsqu'on les saisit, la plupart rejettent par l'anus un liquide d'odeur forte.

L'espèce principale de Carabe nuisible est :

Le **Carabe bossu** (*Zabrus gibbus*) [fig. 1]. Il nuit aux céréales, particulièrement au blé, au seigle et à l'orge.

L'adulte, d'environ 1 centim. 1/2 de long, de couleur noire, à corselet bombé (d'où le nom de Carabe bossu), à élytres striées, vient manger, vers le soir et surtout pendant la nuit, les grains tendres des jeunes épis.

Fig. 1. — Carabe bossu, larves et adulte.

Les larves, provenant des œufs pondus en terre, ont une forme allongée, sont de couleur claire et présentent des plaques cornées rougeâtres sur la partie dorsale des anneaux qui constituent leur corps. Elles paraissent en automne mais vivent ensuite deux ou trois ans avant de se transformer en adultes. Elles restent cachées en terre pendant le jour. La nuit, elles mangent les racines et les tiges des céréales, faisant, à l'automne dans les blés nouvellement poussés et au printemps dans les blés encore verts, des dégâts parfois très importants.

Quand les Zabres sont abondants dans un champ, on doit éviter de semer dans ce champ, durant quelques années, des céréales susceptibles de leur servir de nourriture. Quand leurs dégâts commencent à se remarquer et sont encore localisés sur des espaces très restreints, on doit entourer ces espaces d'un fossé isolateur profond contenant de la chaux. Les larves et les adultes ne peuvent pas franchir cette barrière. On peut aussi recueillir l'adulte sur les épis, au moment du crépuscule. Enfin, quand les Zabres ont été nombreux, on herse le champ infesté après la moisson, de façon à faciliter la germination des grains tombés sur le sol. Un labour profond, pratiqué plus tard, à l'automne, enlève toute nourriture aux larves et les fait périr de faim.

Famille des Silphes (Silphides).

Insectes en général utiles, car aussi bien à l'état larvaire qu'à l'état adulte ils sont carnassiers et mangent des larves, des chenilles, des Limaces, des Escargots et des cadavres d'animaux quelconques. Quelques espèces (Silphe de la betterave) vivent de végétaux et sont nuisibles.

A l'état adulte, les Silphes se reconnaissent à leur corps aplati et à leur corselet large et couvrant souvent la tête, ce qui les fait appeler *boucliers*. Leurs antennes sont formées de onze segments et renflées en massue à leur extrémité libre. Les larves ressemblent beaucoup aux adultes, à part la présence des ailes.

Principal Silphe nuisible :

Le **Silphe de la betterave** (*Silpha opaca*) [fig. 2]. — Espèce parfois très nuisible aux cultures de betteraves sucrières du nord de la France.

Fig. 2. — Silphe de la Betterave (adulte).

L'adulte, de couleur noire, et de 1 centimètre de longueur, est couvert de duvet soyeux. La larve, également noire, paraît au printemps et se nourrit des feuilles des très jeunes betteraves; elle est quelquefois très abondante et fait alors de grands dégâts. Elle se nymphose en terre au mois de juin.

Les larves de quelques espèces voisines ont des mœurs analogues (**Silphe obscur** et **Silphe noir**).

On combat les Silphes en projetant sur les feuilles de betterave envahies des composés arsenicaux ou de l'huile de colza. Voici les deux principaux procédés utilisés.

1° *Procédé Grosjean*. On répand, par hectare, au moyen d'un soufflet ou d'un tamis, les quantités suivantes :

Vert de Scheele (arsénite de cuivre) ou pourpre de Londres (arséniate de chaux coloré par la rosaniline). . . . .   1 kilogr.
Plâtre.   100

On doit opérer le matin, alors que les feuilles sont chargées de rosée.

On peut remplacer les 100 kilogrammes de plâtre par un mélange de 67 kilogrammes de farine et 33 kilogrammes de cendres.

On peut encore employer 50 kilogrammes de farine pour 50 kilogrammes de plâtre et 1 kilogramme des composés arsenicaux.

On peut, au pulvérisateur, si le temps est sec, projeter sur les betteraves l'insecticide en suspension dans l'eau. La formule à appliquer est la suivante :

Vert de Scheele. . . . .   1 kilogr.
Eau. . . . .   4,4 hectol.

ou bien :

Pourpre de Londres. . . . .   0 kilogr. 500.
Eau. . . . .   4,4 hectol.

Il est bon d'ajouter au mélange un peu de farine, ce qui augmente son adhérence aux feuilles.

Les composés arsenicaux étant de violents poisons, on doit les manier avec précaution, éviter de les respirer et de les absorber, se laver les mains, se brosser, changer de vêtements quand on les a manipulés.

2° *Procédé Fouquier d'Hérouël.* Employer une pulvérisation, de 100 kilogrammes par hectare, du mélange suivant :

Huile de colza..	15 kilogr.
Savon vert...	1
Eau...	84

On peut aussi se prémunir dans une certaine mesure, contre les dégâts du Silphe, en faisant des semis précoces de manière que les jeunes betteraves soient déjà assez résistantes quand le parasite apparaît. Enfin, s'il s'agit de protéger un champ indemne contre l'invasion des Silphes provenant des champs voisins, on devra avoir recours à des fossés isolateurs profonds ayant des parois verticales. Ajoutons que certaines Mouches pondent sur le corps des larves de Silphe, lesquelles sont dévorées par les larves qui sortent des œufs provenant de cette ponte; il y a ainsi heureusement un obstacle naturel à la trop grande multiplication du Silphe de la betterave.

Famille des Cryptophagides.

Cette petite famille renferme comme espèce nuisible principale :

L'Atomaire linéaire (*Atomaria linearis*). — Espèce nuisible à la betterave.

L'adulte, de 1 millimètre de long, à corps très étroit, à antennes renflées en massue à l'extrémité libre, de couleur roussâtre ou brunâtre, mange les racines des très jeunes betteraves et même les feuilles (de mai en juillet). Parfois ces plantes sont détruites dès le moment de la germination de la graine. La larve vit aussi aux dépens des betteraves.

Se combat comme le Silphe. En outre, on doit tenir compte de ce qu'un certain nombre de plantules seront détruites dès leur formation, et en conséquence faire des semis plus serrés. Enfin on a parfois obtenu de bons résultats en mettant les graines que l'on va semer, dans un liquide dont l'odeur écarte l'Atomaire pendant un certain temps (eau additionnée d'un peu d'acide phénique).

Famille des Nitidulides.

Coléoptères de petite taille, à antennes terminées en massue, de mœurs très variées. La principale espèce nuisible est :

Le **Meligethes du colza** (*Meligethes œneus*) [fig. 3]. — Parfois très nuisible aux fleurs et aux fruits du colza et aussi aux fleurs des rosacées (par exemple des arbres fruitiers). L'adulte n'a qu'en-

Fig. 3. — Meligethes du colza (larve et adulte grossis et de grandeur naturelle).

viron 2 millimètres et est vert doré. Il mange surtout les fleurs du colza et d'un grand nombre d'autres crucifères et pond à l'intérieur. La larve, blanchâtre, à tête brune, paraît en juin et dévore les jeunes siliques. Arrivée à sa grosseur, elle descend sur le sol et se transforme en nymphe, puis en adulte. Ce dernier hiverne et attend le printemps suivant pour se reproduire.

Autant que possible recueillir l'adulte en secouant les plantes et le détruire (le matin quand il est encore engourdi).

Famille des Cerfs-volants (Lucanides ou Pectinicornes).

Insectes nuisibles par leurs larves qui se développent dans les troncs d'arbres et se nourrissent à leurs dépens.

L'adulte a des antennes coudées et portant, près de l'extrémité libre, des dents immobiles qui leur donnent l'aspect de peignes (d'où le nom de Pectinicornes).

Les principales espèces nuisibles sont :

Le **Lucane cerf-volant** (*Lucanus cervus*) [fig. 4]. — L'adulte est à peu près inoffensif pour les plantes, mais la larve est très nuisible aux troncs d'arbres où elle se trouve (elle habite surtout le chêne, mais aussi beaucoup d'autres arbres tels que hêtre, bouleau, etc.).

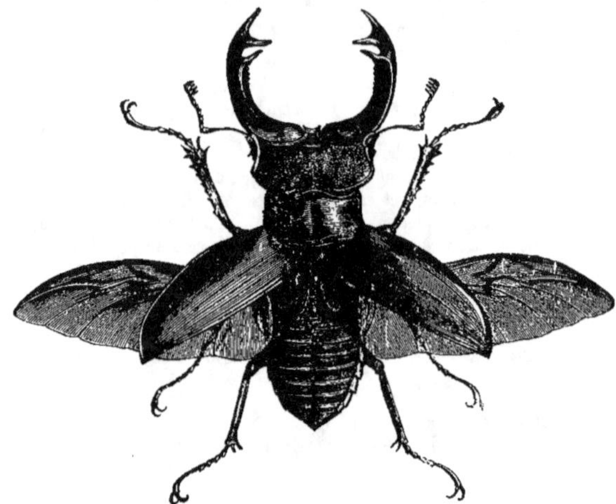

Fig. 4. — Lucane Cerf-volant mâle.

L'adulte, le plus grand Coléoptère de nos pays, de couleur noire avec les élytres marron, se reconnaît facilement à sa très large tête et à ses puissantes mandibules que l'on a comparées aux cornes des Cerfs. Chez la femelle, toutefois, elles sont beaucoup plus petites que chez le mâle.

Les œufs sont pondus sur les troncs d'arbres et les larves creusent des galeries dans ceux-ci; elles mettent plusieurs années à atteindre leur taille définitive qui est énorme (grosseur du doigt, 10 centimètres de long). Elles ont l'aspect des larves de Hanneton.

Détruire les adultes au moment où ils apparaissent; ils sont faciles à capturer, tandis qu'il est très difficile d'atteindre les larves dans leurs galeries.

Le **Dorque parallélipipède** (*Dorcus parallelipipedus*) [fig. 5]. — A l'aspect du Cerf-volant, mais est beaucoup plus petit (l'adulte a seulement 2 centimètres). Sa tête et ses mandibules sont aussi beaucoup moins développées.

Fig. 5. — Dorque parallélipipède.

La larve vit dans les troncs des arbres les plus divers (hêtre, saule, chêne, peuplier, aulne, pin et arbres fruitiers).

Détruire l'adulte quand il paraît.

Famille des Scarabées (Scarabæides ou Lamellicornes).

Cette famille renferme deux séries d'espèces. Celles de la première série, ou *Bousiers*, se nourrissent, à part quelques-unes, de débris organiques et ne sont pas nuisibles. Celles de la deuxième série, ou *Hannetons*, se nourrissent de végétaux et sont en général nuisibles aussi bien à l'état de larve qu'à l'état adulte; le type en est le Hanneton commun.

Tous les Scarabées se reconnaissent à la présence de plusieurs *feuillets mobiles* placés à l'extrémité libre des antennes (d'où le nom de Lamellicornes). Le corps de l'adulte est épais, souvent de forme ovale. Les larves sont molles, grasses, ridées, couchées sur le côté. Elles ont trois paires de pattes. Elles vivent de une à plusieurs années.

a. SÉRIE DES BOUSIERS.

Les deux principales espèces nuisibles de la série des Bousiers sont :

Le **Pentodon ponctué** (*Pentodon punctatus*). — La larve de cette espèce nuit à la vigne. Elle ronge les bourrelets de cicatrisation formés aux points de jonction des greffes et du pied, dans les vignes obtenues en greffant la vigne française sur les pieds américains. Elle se tient dans le sol où elle reste deux années avant de se nymphoser. L'adulte a 2 centimètres de long et 1 centimètre de large; il est de couleur noire.

Recueillir et détruire les adultes. Contre les larves, employer les injections de sulfure de carbone dans le sol.

Le **Lèthre à grosse tête** (*Lethrus cephalotes*). — L'adulte nuit à la vigne (jusqu'ici l'espèce en question a surtout été nuisible en Autriche-Hongrie, en Russie et en Bulgarie) en coupant les bourgeons au printemps. Il emporte ces bourgeons en terre et les roule en boules dans lesquelles les œufs sont ensuite déposés. La larve vit en mangeant les boules.

L'adulte, de couleur noire, à corps globuleux, mesure 2 centimètres de long ; il est armé de deux puissantes mandibules.

Injecter du sulfure de carbone dans le sol pour tuer les adultes, les larves et les nymphes. En outre, au printemps, capturer les adultes qui viennent couper les bourgeons.

b. SÉRIE DES HANNETONS.

Dans la série des Hannetons, on trouve un très grand nombre d'espèces fort nuisibles :

1° Les Hannetons proprement dits.

Comprennent plusieurs espèces pouvant être considérées toutes comme nuisibles, surtout à l'état de larve. Tels sont surtout :

Le **Hanneton commun** (*Melolontha vulgaris*) [fig. 6]. — Cette espèce est extrêmement nuisible pour ainsi dire à toutes les plantes cultivées. A l'état adulte, en effet, le Hanneton peut se nourrir des feuilles de tous les arbres forestiers ou fruitiers, tandis qu'à l'état de larve ou *Ver blanc*, il coupe les racines de toutes les plantes, même celles des arbres. C'est surtout aux céréales, à la vigne, aux betteraves et aux plantes des jardins que les Vers blancs causent de grands dégâts.

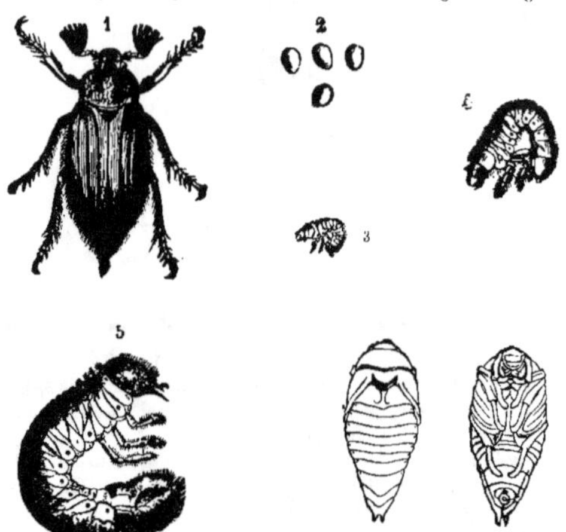

Fig. 6. — Hanneton commun.
1, Insecte adulte; 2, œufs; 3, très jeune larve; 4, larve plus âgée; 5, larve encore plus âgée que la précédente.
A droite de cette larve, deux nymphes dont une vue par la face dorsale et l'autre par la face ventrale.

La durée de la vie d'un Hanneton, tant à l'état d'œuf qu'à ceux de larve, de nymphe et d'adulte, est en moyenne de trois années et peut se répartir de la manière suivante :

	ans.	mois.	jours.
État d'œuf : du 10 juin au 1er juillet	0	0	20
État de larve : du 1er juillet au 1er juillet de la deuxième année suivante	2	0	0
État de nymphe : du 1er juillet au 1er mars suivant	0	8	0
État adulte : du 1er mars au 10 juin suivant	0	3	10
Total	3	0	0

La larve n'est pas nuisible pendant les deux années entières de son existence, mais seulement pendant sa vie active qui est de quatorze mois. Pendant les dix autres mois, qui correspondent aux deux saisons d'hiver, elle reste engourdie et enfoncée profondément dans le sol. Voici comment se répartissent les périodes d'activité et de repos de cette larve :

Première période d'activité (qui commence dès l'éclosion de l'œuf), du 1er juillet au 1er novembre	4 mois.
Première période de repos, du 1er novembre au 1er avril de l'année suivante	5
Deuxième période d'activité, du 1er avril au 1er novembre	7
Deuxième période de repos, du 1er novembre au 1er avril de l'année suivante	5
Troisième période d'activité, du 1er avril au 1er juillet (2e année)	3
	24

Pendant leur première période d'activité, les larves provenant d'un même amas d'œufs restent ensemble, en famille; elles ne rongent que les petites racines, grossissent peu, et sont relativement peu nuisibles.

Pendant leur première période de repos, elles s'enfoncent dans le sol afin de résister au froid de l'hiver et aux inondations.

Pendant la deuxième période d'activité, elles se séparent les unes des autres et creusent des galeries dans tous les sens. Elles causent alors de grands dégâts et mangent les racines des céréales, des plantes potagères, des arbustes, des arbres, etc. Pendant cette période, les larves s'enfoncent plus ou moins dans le sol afin d'éviter la sécheresse et une température trop élevée.

Pendant la deuxième période de repos, les larves hivernent comme pendant la première période.

Enfin, pendant la dernière période d'activité, les dégâts recommencent et sont d'autant plus considérables que les larves approchent plus de leur grosseur définitive. Les plus grosses racines des plantes sont alors souvent coupées.

Le Hanneton commun adulte, qui en raison de la durée de la vie larvaire paraît en grandes masses tous les 3 ans, n'est pas non plus effectivement nuisible pendant la durée entière de son existence. Il reste d'abord en terre, sans prendre de nourriture, depuis le 1ᵉʳ mars jusqu'au 20 mai environ (date moyenne). Du 20 mai au 10 juin seulement, soit pendant une période de 20 jours, il prend de la nourriture, vit aux dépens des feuilles des arbres et est réellement nuisible.

La femelle, vers le 10 juin, après s'être accouplée puis enfoncée en terre, pond ses œufs dans le sol, à une profondeur de 10 à 20 centimètres, par groupes de 20 à 30 généralement. Ces œufs, gros comme un grain de chènevis, de couleur blanchâtre, sont ordinairement déposés dans les terres les mieux cultivées, les plus meubles, les mieux fumées, dans lesquelles la femelle peut plus facilement s'enfoncer. Ils éclosent au commencement de juillet, pour donner les jeunes Vers blancs qui commencent de suite à se nourrir et restent au voisinage de la surface du sol jusqu'à l'approche de la mauvaise saison.

Moyens à employer pour combattre le Hanneton. — Ces moyens sont nombreux et permettent, s'ils sont employés avec méthode et simultanément partout, d'obtenir des résultats fort satisfaisants. On doit chercher à détruire l'adulte et la larve et, autant que possible, protéger les animaux carnassiers qui s'attaquent à l'un ou à l'autre.

1° Destruction de l'adulte ou hannetonnage :

Le hannetonnage doit se pratiquer de bonne heure, puis à plusieurs reprises successives, en un mot au fur et à mesure de l'apparition des adultes; ces derniers sont mis ainsi dans l'impossibilité de manger les feuilles et surtout de pondre. On secoue les arbustes et les branches des arbres infestés et on recueille les Insectes sur des toiles ou de vieilles couvertures, puis on les met dans des sacs. On les tue par l'eau bouillante dans laquelle on plonge les sacs, ou par la chaleur en plaçant ceux-ci dans des fours préalablement chauffés; puis on les enfouit dans des fosses avec de la chaux et de la terre, de manière à en faire un engrais d'une certaine valeur. On peut encore jeter directement les Insectes dans un lait de chaux placé dans des tonneaux ou dans des fosses. On peut aussi les placer dans des tonneaux à couvercle mobile, par lits alternatifs avec de la naphtaline, ce qui est toutefois un procédé moins économique. Enfin on peut les renfermer dans des tonneaux où on les asphyxie au moyen de sulfure de carbone.

2° Destruction des Vers blancs :
Elle peut s'opérer de diverses manières :

a. En ramassant les Vers blancs mis à découvert quand on laboure les champs.

b. En faisant suivre la charrue par des volailles, lesquelles mangent volontiers les larves amenées au jour. Ce procédé a été abandonné en beaucoup d'endroits, à cause des mauvais effets que cette nourriture a sur les volailles et sur la qualité de leurs œufs.

c. On enfouit, dans les champs infestés de Hannetons, de la naphtaline qui empoisonne les Vers blancs (25 kilogr. par are). Cette méthode a le défaut d'être très coûteuse et probablement aussi peu efficace.

d. On enfouit, dans les plates-bandes des jardins, des ampoules de gélatine contenant du sulfure de carbone. Celui-ci se vaporise lentement et tue les Vers blancs (l'enveloppe de gélatine, ramollie par l'humidité, devient perméable). On peut, dans le même but, arroser les bordures avec une solution de phénol (15 grammes dans 15 litres d'eau).

2.

c. Dans les pépinières, où les Vers blancs causent souvent d'irréparables dégâts, on sème, entre les rangées d'arbustes, des laitues qui attirent les larves sur leurs racines. Quand ces plantes se flétrissent par suite de l'attaque des larves, on les arrache et ou tue les Vers blancs qui se trouvent au pied. Ce procédé peut être aussi utilisé dans les jardins.

f. Enfin, on peut détruire complètement les Vers blancs contenus dans un terrain quelconque en injectant du sulfure de carbone dans le sol (voir page 167). Cette méthode est très efficace mais coûteuse.

3° Protection des animaux qui détruisent les Hannetons ou leurs larves.

Les animaux qui mangent les Hannetons sont nombreux; les principaux sont :

Le Blaireau, la Belette, la Fouine, les Rats, la Taupe, le Hérisson, les Chauves-souris, les Grenouilles, les Couleuvres; les Corbeaux, les Pies, etc., et les Oiseaux insectivores en général; le Carabe doré. Mais tous ne peuvent pas être protégés également, car certains d'entre eux causent plus de dégâts qu'ils ne rendent de services. Les seuls qui méritent d'être considérés comme de vrais auxiliaires sont ceux qui sont uniquement insectivores, tels que :

La Taupe, le Hérisson, les Chauves-souris, le Carabe doré, le Crapaud, les Grenouilles et les Oiseaux insectivores.

Le **Hanneton du marronnier** (*M. hippocastani*). — Moins commun et moins nuisible que le précédent.

Le **Hanneton foulon** (*Polyphylla fullo*) [fig. 7]. — En général peu nuisible. Parfois cependant il devient abondant et mange les feuilles des chênes et des arbres fruitiers. Ordinairement il ronge les

Fig. 7. — Hanneton foulon.

feuilles de pins. Il a été signalé aussi comme pouvant se nourrir des grains de blé. La larve, semblable à celle du Hanneton commun, mais devenant plus grosse qu'elle, vit aux dépens des racines des graminées, notamment dans les dunes, et parfois aux dépens de celles des jeunes arbres et même de la vigne. L'adulte se reconnaît facilement à sa taille notablement plus considérable que celle du Hanneton commun et à sa coloration brune parsemée de nombreuses taches blanches (d'où le nom de Meunier qu'on lui donne communément). Quand il est abondant on le combat par le hannetonnage; la larve peut aussi se détruire par les mêmes procédés que celle du Hanneton commun.

2° Les Rhizotrogues.

Comprennent des Hannetons beaucoup plus petits que le Hanneton commun (ils mesurent en moyenne près de 2 centimètres). Il y en a en France de nombreuses espèces toutes nuisibles et ayant à peu près les mêmes mœurs que ce dernier. Les deux espèces les plus communes sont :

Le **Rhizotrogue du solstice** (*Rhizotrogus solstitialis*) et le **Rhizotrogue d'été** (*Rh. æstivus*).

On les appelle communément Hannetons de la Saint-Jean, à cause de l'époque où ils apparaissent. Les larves vivent de racines dans les champs et les jardins. Les femelles restent à terre, tandis que les mâles volent au crépuscule sans jamais s'élever bien haut.

Dans le midi de la France, une autre espèce, le **Rhizotrogue à pattes bordées** (*Rh. marginipes*), s'attaque à la vigne.

Se combattent comme le Hanneton commun.

3° Les Anisoplies.

Insectes plus petits encore que les Rhizotrogues. Les deux espèces principales sont :

L'Anisoplie des céréales (*Anisoplia segetum*) [fig. 8]. — A l'état adulte, cette espèce ronge les épis des céréales, particulièrement ceux de seigle. A l'état larvaire elle ronge les racines. L'adulte,

Fig. 8. — Anisoplie des céréales.

d'environ 1 centimètre de long, a les élytres de couleur marron et le corselet et la tête vert bronzé; il porte des poils jaunes.

L'Anisoplie agricole (*A. agricola*). — Espèce très voisine de la précédente et ayant les mêmes mœurs.

Les Anisoplies peuvent se combattre par les mêmes procédés que le Hanneton commun.

4° Les Phylloperthes.

Insectes très voisins des Anisoplies. La principale espèce est :

Le **Phylloperthe horticole** (*Phyllopertha horticola*). L'adulte, appelé «petit Hanneton de la Saint-Jean». est très commun dans les jardins où il mange les fleurs et dans les champs. Il mesure 1 centimètre en moyenne; il est de couleur vert bleuâtre et est très velu. La larve vit de racines.

Combattre cette espèce par les mêmes procédés que les précédentes.

5° Les Anomales.

Espèces à corps bombé, à corselet élargi en arrière mais rétréci en avant. Les espèces principales sont :

Le **Hanneton vert de la vigne** (*Anomala vitis*) et le **Hanneton bronzé** (*A. ænea*).

Elles sont très communes dans le midi et nuisibles à la vigne, dont les adultes mangent les feuilles et les larves les racines.

Détruire les larves et les adultes.

6° Les Cétoines.

Espèces de grosseur moyenne, à corps sensiblement aplati et parfois vivement coloré.

La larve des Cétoines est souvent peu nuisible, car elle vit dans le bois pourri ou les détritus organiques; elle ressemble aux larves de Hanneton.

L'adulte a des pièces buccales moins puissantes que celles des autres Lamellicornes et est incapable de manger les feuilles; mais il mange les étamines et les pistils des fleurs et rend, par suite, la fécondation impossible. Les principales espèces sont :

La **Cétoine dorée** (*Cetonia aurata*) qui nuit aux roses et aux pivoines.

La **Cétoine stictique** (*Cetonia stictica*), dont la taille est moitié de celle de la précédente (1 centim. au lieu de 2 centim.); elle se reconnaît facilement à sa couleur noire parsemée de points blancs. Elle mange les fleurs des pommiers et des poiriers et cause souvent un tort très sérieux.

La **Cétoine poilue** (*Cetonia hirtella*). — Espèce ayant le corps couvert de poils roux. A les mêmes mœurs que l'espèce précédente; parfois elle s'attaque aux fleurs de la vigne.

On doit recueillir et détruire les adultes des Cétoines et ne pas laisser, dans les jardins, des débris organiques capables d'abriter les larves. Celles-ci peuvent, du reste, être détruites par les mêmes procédés que celles des Hannetons.

7° Les Trichies.

Les larves et les adultes sont extrêmement voisins des larves et des adultes des Cétoines, tant au point de vue de l'organisation qu'au point de vue des mœurs; on doit, par suite, considérer les Trichies comme des Insectes nuisibles et les combattre comme les Cétoines. Les espèces les plus communes dans les jardins sont :

La **Trichie à bandes** (*Trichius fasciatus*). De couleur jaune avec des bandes noires sur les élytres.

La **Trichie abdominale** (*T. abdominalis*). Très voisine de la précédente.

8° Les Valgues.

Espèces dont la femelle possède une tarière qu'elle utilise pour pondre ses œufs dans le bois. La principale est :

Le **Valgue hémiptère** (*Valgus hemipterus*) [fig. 9]. — Insecte très commun; la larve vit dans le

Fig. 9. — Valgue hémiptère femelle.

bois tendre pourri (saule, peuplier); elle est fréquente dans le bois enterré (pieux des palissades, troncs des arbres ayant été coupés au ras du sol).

L'adulte a le corps et les élytres courts; il est noir mais couvert de sortes d'écailles blanchâtres ou jaunâtres.

Espèce peu ou pas nuisible aux plantes vivantes.

Famille des Richards (Buprestides).

L'adulte, à corps ovale, à tête enfoncée jusqu'aux yeux dans le thorax, à antennes dentées en scie sur leur bord interne, à élytres recouvrant tout l'abdomen, à ailes postérieures non plus longues que les élytres et par suite non pliées transversalement, est ordinairement revêtu de brillantes couleurs (d'où le nom de Richard). Mais il y a des exceptions. Les larves, privées de pattes et d'yeux, vivent à l'intérieur des troncs et des branches d'arbres et sont, par suite, souvent très nuisibles. Leur corps est renflé dans la région thoracique et revêt la forme de pilons aplatis.

Les principales espèces nuisibles sont :

L'**Agrile vert** (*Agrilus viridis*). — Espèce dont la larve est parfois assez nuisible au bois dur tel que le chêne, le hêtre, le bouleau, ou aux arbres fruitiers tels que le poirier.

De petite taille (1 centim.) et d'un vert cuivreux, l'adulte, qui paraît en été, pond ses œufs sur l'écorce des arbres; les larves s'enfoncent entre celle-ci et l'aubier et creusent des galeries en tous sens. Les branches atteintes ou même les troncs peuvent périr si les larves y sont très abondantes. Les couper et les brûler avant la sortie des adultes.

Le **Coræbe bifascié** (*Coræbus bifasciatus*) [fig. 10]. — Espèce assez commune en France et très nuisible aux diverses espèces de chêne, particulièrement au chêne vert et au chêne ordinaire.

Fig. 10. — Coræbe bifascié.

L'adulte, de petite taille, est vert métallique; il paraît en avril. La femelle dépose ses œufs aux extrémités des rameaux, à l'aisselle des feuilles. La larve s'enfonce dans la branche, en descendant continuellement jusqu'à ce qu'elle ait atteint sa grosseur définitive; elle change alors de direction, creuse une galerie circulaire, ce qui arrête la circulation de la sève et fait périr le rameau. Elle remonte alors verticalement en creusant une nouvelle galerie de 5 à 15 centimètres et se creuse une loge dans laquelle elle se transforme. L'adulte n'a plus qu'à percer l'écorce pour s'échapper au dehors. On a longtemps attribué à la foudre l'effet produit sur les branches par l'attaque du Coræbe.

Couper à la scie et brûler les branches qui commencent à mourir.

Famille des Taupins (Élatérides).

Insectes généralement nuisibles, surtout à l'état de larves.

L'adulte, à corps allongé et aplati, se reconnaît à la faculté qu'il a, lorsqu'il est placé sur le dos, de sauter brusquement en l'air jusqu'à ce qu'il retombe sur ses pattes. Ce saut est accompagné d'un petit bruit sec. La larve a une forme aplatie, ou bien est cylindrique et allongée, avec une peau dure, ce qui la fait appeler *Ver fil de fer*. Elle vit souvent dans la terre, où elle mange les racines des plantes herbacées et des graminées.

Les principales espèces nuisibles sont :

Le **Taupin gris-de-souris** (*Lacon murinus*). — Espèce très commune et très nuisible, surtout à l'état larvaire.

L'adulte, de couleur gris roussâtre, de 1 à 1 1/2 centim. de long environ, ronge les pédoncules des roses. La larve mange les racines d'un très grand nombre de plantes : arbres fruitiers et autres, rosier, plantes potagères (salades, carottes, oignons, choux, topinambours).

Recueillir et détruire l'adulte et combattre les larves comme celles des Hannetons.

L'**Agriote des moissons** (*Agriotes lineatus*) [fig. 11]. — L'adulte, de couleur brune, atteint environ 1 centimètre de long contre 3 millimètres de large; il est peu nuisible par lui-même.

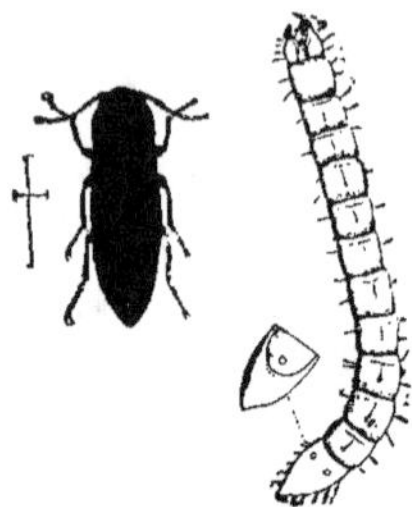

Fig. 11. — Agriote des moissons, adulte et larve.

Sa larve, au contraire, provenant d'œufs pondus au collet des graminées, ronge les racines pendant son existence qui atteint plusieurs années et cause la mort des plantes attaquées; elle est de couleur jaunâtre et peut atteindre 2 centimètres et demi de long. Cette larve est aussi nuisible à d'autres plantes que les graminées, notamment aux plantes des jardins et des potagers. Quand elle est trop abondante dans un champ, un changement de culture s'impose. Dans les jardins et les potagers on peut la détruire en injectant du sulfure de carbone dans le sol. Quand on transforme une prairie en potager, ce mode de traitement est ordinairement nécessaire.

Plusieurs espèces d'Agriotes, voisines de l'Agriote des moissons, ont des mœurs analogues et sont nuisibles; elles se combattent de même. Ces espèces comprennent notamment :

L'**Agriote graminicole** (*A. graminicola*) et l'**Agriote obscur** (*A. obscurus*).

Famille des Vrillettes (Anobiides ou Ptinides).

Insectes de petite taille, dont les larves vivent de matières organiques (herbiers, collections) mais surtout de bois. Ces larves détruisent ainsi les bois de construction, les meubles, les parquets, les manches d'outils et même parfois les arbres vivants. Les bois attaqués sont percés de petits trous ronds, d'où le nom de Vrillettes donné à ces Insectes.

Plusieurs espèces s'attaquent, dans le midi de la France, à la vigne et à d'autres plantes, mais principalement aux sarments affaiblis ou morts; ce sont notamment :

L'**Apate à six dents** (*Apate sexdentata*), dont la larve creuse des galeries longitudinales dans les sarments; elle y subit en outre sa métamorphose. L'adulte mesure 4 millimètres de long et 2 de large; il a la tête et le corselet noirs et les élytres brun rougeâtre, portant six dents dans une excavation de l'extrémité postérieure. Il y a deux générations par an.

L'**Apate sinuée** (*Xylopertha sinuata*). Espèce très voisine de la précédente.

Brûler les sarments attaqués, de manière à empêcher la multiplication des individus nuisibles.

Famille des Ténébrionides.

Insectes souvent de couleur foncée et vivant dans des endroits obscurs.

Les espèces nuisibles principales sont :

Le **Ver de farine** (*Tenebrio molitor*) qui, à l'état larvaire, vit de farine. L'adulte, de 1 centimètre et demi de longueur, est noir roussâtre et commun dans les greniers à farine, les meuneries et les boulangeries. La larve, très longue, est de couleur fauve clair luisant.

On doit recueillir et détruire la larve et l'adulte.

L'**Opatre des sables** (*Opatrum sabulosum*). — Insecte mangeant les bourgeons des greffes des cépages franco-américains lorsque ces greffes sont consolidées par le buttage. Il mesure 1 centimètre de long et est de couleur grise. Il paraît en mai.

Consolider les greffes avec des tuteurs et non avec de la terre (l'Insecte ne grimpe pas).

Famille des Scolytes (Scolytides).

Insectes très nuisibles à un grand nombre d'arbres, surtout à ceux qui sont déjà préalablement souffreteux. Soit à l'état larvaire, soit à l'état adulte ils se tiennent rassemblés en grand nombre. Ils sont très féconds et beaucoup ont deux générations annuelles.

L'adulte, de forme cylindroïde, est toujours de très petite taille (les plus grandes espèces ne dépassent guère un demi-centimètre de long) et ordinairement de couleur terne. La femelle perce l'écorce des troncs et des branches d'arbres et creuse en dessous une galerie le long de laquelle elle dépose ses œufs. Les larves, aveugles et sans pattes, ressemblant à de petits vers, de couleur blanche, de forme courbe, creusent chacune une galerie greffée sur la galerie maternelle et qui va s'élargissant à mesure que la larve elle-même grossit. La nymphose se produit à l'extrémité des galeries larvaires et l'adulte sort au dehors en perçant un trou au niveau de l'endroit où il s'est formé. L'ensemble des arborisations, constitué par la galerie maternelle et les galeries larvaires greffées dessus, forme un dessin caractéristique pour chaque espèce. La présence de ces galeries, qui intéressent à la fois l'écorce et le bois, empêche la circulation de la sève et contribue à affaiblir les arbres atteints. En outre, les Insectes adultes rongent ou coupent souvent les bourgeons, surtout les espèces qui attaquent les conifères.

Les espèces nuisibles principales sont :

1° Les Scolytes.

Ces Insectes s'attaquent surtout aux arbres forestiers; on distingue parmi eux :

Le **Scolyte destructeur** de l'orme (*Scolytus destructor*) [fig. 12]. — Très commun et très nuisible à l'orme.

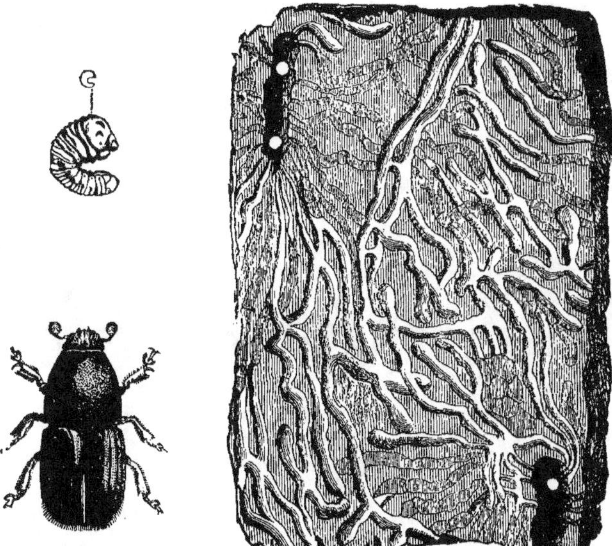

Fig. 12. — Scolyte destructeur de l'Orme; adulte et larve; galeries des larves aboutissant aux galeries maternelles.

L'adulte, d'à peu près un demi-centimètre de long, a les élytres marron, la tête et le corselet noirs.

Les galeries creusées par la mère et ensuite par les larves, à la surface interne de l'écorce, sont visibles sur la figure 12.

A côté de cette espèce, il y en a plusieurs autres ayant des mœurs semblables, et nuisibles soit à l'orme soit à d'autres arbres; les principales sont :

Le **Scolyte pygmée** (*Scolytus pygmæus*), nuisible à l'orme et au chêne.

Le **Scolyte embrouillé** (*S. intricatus*), de 3 millimètres de long, nuisible au chêne.

Le **Scolyte du prunier** (*S. pruni*), nuisible aux arbres fruitiers, particulièrement au prunier, au pommier et au poirier. L'adulte a la tête et le thorax noirs et les élytres marron; il paraît en été. Les larves sont d'abord blanches, puis brunes, puis noires. Quand elles sont nombreuses dans un arbre elles peuvent amener sa mort.

Le **Scolyte rugueux** (*S. rugulosus*). A les mêmes mœurs que le précédent, mais s'attaque surtout aux petites branches et aux rameaux. L'adulte, plus petit que dans l'espèce précédente (2 à 3 millimètres au lieu de 4), est noir et paraît aussi en été; la larve est blanche.

Le **Scolyte de l'olivier** (*Phlœotribus oleæ*), nuisible à l'olivier. Espèce très commune dans le midi de la France où elle cause beaucoup de dégâts. L'adulte, qui mesure 2 millimètres, est noir, mais couvert de poils gris; les élytres sont recouvertes de poils roux. Il creuse des trous à l'enfourchure des petites branches et cause le dépérissement puis la mort de celles-ci. Les larves, de leur côté, creusent des galeries sous l'écorce.

On combat les Scolytes :

1° En soignant les arbres de façon à les tenir vigoureux; ils ne sont alors guère attaqués, car la sève, inondant les galeries des Scolytes, tuerait ceux-ci.

2° En abattant et brûlant les arbres souffreteux et infestés de larves — ou seulement les branches attaquées. Dans le cas spécial des arbres fruitiers, il est indispensable de ne pas laisser se multiplier les individus qui commencent à apparaître sur un tronc ou une branche, car bientôt l'arbre entier serait infesté et bon à abattre. On peut y arriver en écorçant la partie attaquée (on enlève, pendant la période de repos de la végétation, au moyen d'un instrument tranchant, la partie dure de l'écorce et on laisse la partie tendre) et en la badigeonnant ensuite avec du coaltar. On peut du reste appliquer ce moyen préservatif aux arbres quelconques.

2° Les Hylurges ou Blastophages.

Nuisibles aux conifères; les principales espèces sont :

L'**Hylurge piniperde** (*Hylurgus piniperda*) [fig. 13, 2 et 3]. — Espèce commune, causant des dégâts importants aux diverses espèces de pins.

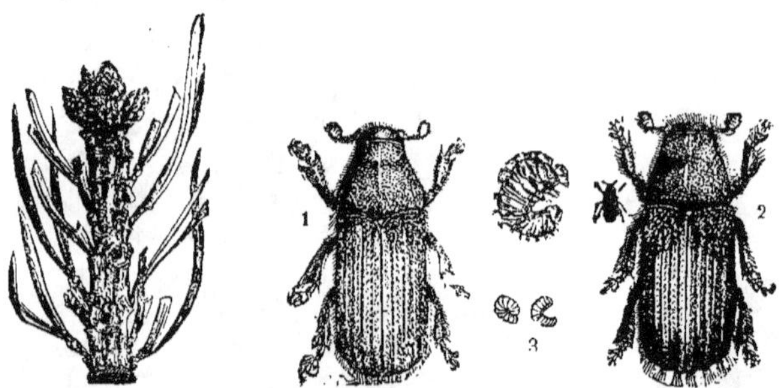

Fig. 13. — A gauche, bourgeon terminal d'une pousse de pin rongé par l'Hylurge piniperde; les bourgeons latéraux, au contraire, sont respectés et seuls se développeront.
1, Petit Hylurge des Pins, très grossi; 2, Hylurge piniperde très grossi et de grandeur naturelle ; 3, Larves de l'Hylurge piniperde, dont deux de grandeur naturelle et une très grossie.

L'adulte, de couleur noirâtre, mesure un peu moins d'un demi-centimètre de long. Il éclot en juin et juillet et se nourrit des jeunes pousses dont il perce l'écorce et à l'intérieur desquelles il creuse des galeries remontant jusqu'au bourgeon terminal par lequel il sort et qui ne pourra plus se développer (fig. 13). La femelle dépose ses œufs dans une cavité creusée entre l'écorce et l'aubier des troncs affaiblis, et les larves creusent des galeries partant de cette cavité et allant en s'élargissant de plus en plus. La transformation en nymphe et en adulte s'effectue dans ces galeries. L'adulte passe l'hiver engourdi dans les anciennes galeries ou sous les mousses et se réveille au printemps; il apparaît alors parfois en essaims considérables.

Le petit **Hylurge des pins** (*H. minor*) [fig. 13, 1]. — Plus petit et moins commun que le précédent. A les mêmes mœurs.

Les Hylurges se combattent comme les Scolytes.

3" Les Hylésines.

Parmi lesquels :

L'**Hylésine de l'olivier** (*Hylesinus oleiperda*). — Espèce abondante dans le midi de la France et nuisible surtout à l'olivier.

L'adulte, de 3 millimètres, est noir et couvert de poils roux; il paraît au printemps. La larve creuse ses galeries dans les branches qui prennent alors une teinte spéciale, rousse ou violacée.

Comme pour les autres Scolytides, on doit tenir les arbres en bonne santé et couper (avant l'éclosion de l'adulte) les branches attaquées, afin d'empêcher la propagation de l'Insecte.

L'**Hylésine du frêne** (*H. fraxini*). — Espèce commune, s'attaquant aux frênes, surtout à ceux qui sont peu vigoureux. La galerie maternelle est disposée horizontalement et les galeries larvaires verticalement. Il peut y avoir deux générations par an.

L'adulte mesure 3 millimètres; il est noirâtre avec des taches grises et des stries sur les élytres.

Se combat comme les espèces précédentes.

4° Les Bostriches ou Tomiques.

Parmi lesquels on remarque surtout :

Le **Bostriche typographe** (*Tomicus typographus*) [fig. 14]. — Espèce commune, très nuisible surtout à l'épicea.

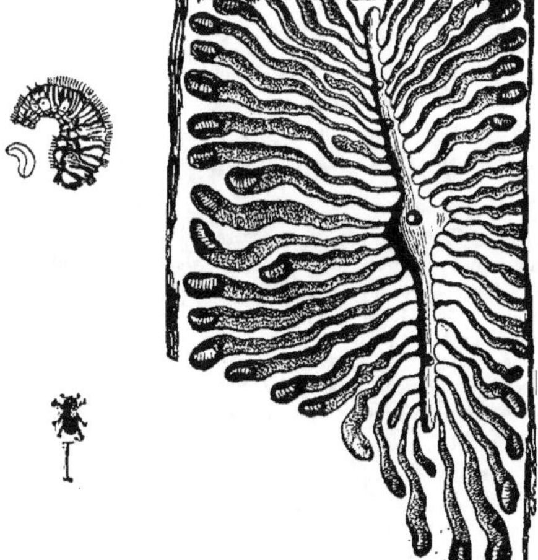

Fig. 14. — Galerie maternelle et galeries larvaires du Bostriche typographe. A gauche de la figure : adulte, larve de grandeur naturelle et larve grossie de la même espèce.

L'adulte, de couleur rousse, mesure environ trois quarts de centimètre de longueur; ses élytres portent plusieurs saillies. Il perce l'écorce et pénètre entre celle-ci et l'aubier en creusant des galeries.

Les œufs sont déposés dans les galeries et les larves creusent chacune un sillon plus ou moins incliné sur la galerie maternelle. Il y a deux générations annuelles, l'une au printemps, l'autre en été. Les individus provenant de la dernière passent l'hiver dans des abris divers et rentrent en action au printemps suivant.

Les arbres affaiblis ou récemment abattus sont de préférence attaqués; aussi les emploie-t-on comme pièges. Lorsqu'ils sont pour ainsi dire *saturés* de larves, on les écorce et on les ébranche, et on brûle les débris ainsi enlevés avec les larves contenues.

Le **Bostriche chalcographe** (*Tomicus chalcographus*) [fig. 15]. — Espèce ayant les mêmes mœurs que la précédente. L'adulte, de couleur brun rougeâtre en dessus, a les pattes jaunes; il mesure seulement 2 millimètres de long; il attaque surtout les petites branches. On le combat par le même procédé que le B. typographe.

Fig. 15. — Galeries de Bostriche chalcographe.

Le **Bostriche sténographe** (*T. stenographus*). — Nuisible tout particulièrement au pin. L'adulte est noir et mesure 6 à 7 millimètres; il paraît au commencement de mai.

Le **Bostriche à deux dents** (*T. bidens*). — Mêmes mœurs que le précédent; mais l'espèce est beaucoup plus petite (2 millimètres), noire, et présente à l'extrémité de chaque élytre deux petites dents.

Le **Bostriche strié** (*T. lineatus*). — Espèce très nuisible au pin et au sapin; elle mesure 3 millimètres et a les élytres rousses.

Il existe encore d'autres espèces voisines, nuisibles aux différents arbres résineux; elles se comportent et se combattent comme les précédentes.

Famille des Charançons (Curculionides).

Renferme un nombre considérable d'espèces extrêmement nuisibles aux plantes cultivées. Ces Coléoptères s'appellent communément Porte-becs, Lisettes, Bécares, Becmares, etc. Ce sont des Insectes ordinairement de petite taille, qui sont surtout nuisibles à l'état larvaire. L'adulte se reconnaît immédiatement à la forme allongée que revêt sa tête, laquelle a l'aspect d'un rostre ou bec (d'où le nom de Porte-bec) [fig. 16]. La bouche se trouve placée à l'extrémité du bec et munie de pièces broyeuses petites mais très fortes. Grâce à ce rostre parfois pointu comme une aiguille, les Charançons percent des trous dans les organes des plantes et y déposent leurs œufs. Sur le bec se trouvent les antennes qui sont droites ou coudées; leur base, dans ce dernier cas, est souvent appliquée dans un sillon longitudinal creusé le long du bec et invisible au premier abord.

Fig. 16. — Tête, bec et antenne de Charançon.

Les larves sont ordinairement petites, arquées, sans pattes et sans yeux. Le plus souvent elles sont molles, blanchâtres, avec une tête brune; elles vivent à l'intérieur des organes des plantes ou dans les feuilles roulées. On les rencontre, suivant les cas, dans les bourgeons, les fruits, les graines, les racines, les tiges, les feuilles roulées ou même à l'intérieur du parenchyme des feuilles. Leurs dégâts s'observent partout, dans les champs, les bois, les jardins, les greniers.

La destruction des Charançons est difficile et souvent impossible; leur petite taille les met parfois à l'abri de toute atteinte; il en est de même des endroits cachés où ils se tiennent. Quand on le peut, on doit recueillir et détruire les adultes; on doit aussi brûler les bourgeons et les fruits contenant les larves.

Les principales espèces les plus nuisibles peuvent se grouper de la manière suivante :

1ᵒ Les Bruches.

L'adulte, de couleur foncée et à corps épais et bombé en dessus et surtout en dessous, à pattes postérieures longues et très grosses à leur base, diffère de celui des autres Charançons en ce que sa tête, déprimée et inclinée, n'est pas allongée en bec. La larve vit à l'intérieur des graines des légumineuses et provient d'un œuf pondu sur la jeune gousse. Elle grossit en même temps que la graine et ronge cette dernière à l'intérieur tout en respectant l'embryon. La graine conserve son aspect habituel et est même encore susceptible de germer. La nymphose se produit dans la graine et l'adulte en sort, au printemps, en pratiquant un petit trou rond. Avant la sortie on peut apercevoir, à l'endroit où sera percé le trou, une petite tache arrondie; on reconnaît ainsi les graines attaquées et à détruire; si l'on plantait ces dernières, en effet, la Bruche en sortirait et irait pondre sur les jeunes gousses saines, dès leur formation.

On reconnaît aussi les graines habitées par les Bruches à ce que souvent elles flottent sur l'eau. Enfin en soumettant, en vase clos, les graines à l'action de vapeurs d'insecticides puissants tels que le sulfure de carbone, on asphyxie les Bruches contenues.

Les espèces de Bruches sont nombreuses; les principales sont :

La **Bruche du pois** (*Bruchus pisi*) [fig. 17], nuisible au pois. Chaque graine ne renferme qu'un seul Insecte.

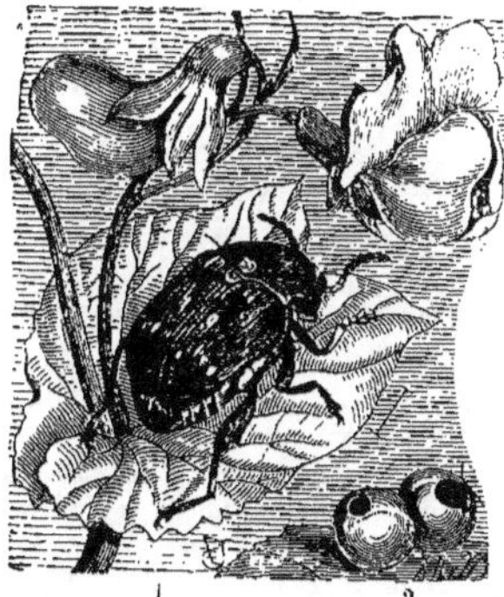

Fig. 17. — Bruche du pois. 1, adulte très grossi; 2, pois contenant l'adulte et montrant l'ouverture de sortie.

La **Bruche des fèves** (*B. rufimanus*), nuisible aux fèves et aux féverolles. Chaque fève peut contenir plusieurs Insectes.

La **Bruche du haricot** (*B. obtectus*), nuisible au haricot. Chaque graine peut renfermer aussi plusieurs Insectes.

En outre, plusieurs espèces attaquent la lentille, principalement :

La **Bruche des lentilles** (*B. pallidicornis*) [fig. 18].

Fig. 18. — Bruche des lentilles.

Enfin, d'autres espèces nuisent aux légumineuses fourragères, particulièrement :

La **Bruche nébuleuse** (*B. nubilus*), qui s'attaque à la vesce.

2° Les Rhynchites.

Adulte ayant un bec allongé, dilaté à son extrémité, et de belles couleurs à reflets métalliques. La larve se nymphose en terre. Les espèces les plus nuisibles sont :

Le Cigarier ou **Rhynchite du bouleau** (*Rhynchites betuleti*) [fig. 19]. — Adulte de 5 à 7 millimètres de long, de couleur vert doré, avec les antennes noires; parfois il est bleu indigo.

Fig. 19. — Rhynchite du bouleau. A droite, une feuille roulée en cigare.

La femelle roule en cigare les feuilles de la vigne, du poirier, du bouleau, du hêtre après avoir préalablement coupé le pétiole à moitié. Elle perce le cigare en plusieurs endroits et dépose un œuf dans chaque trou. Les feuilles se flétrissent, se dessèchent et tombent, pendant que les larves grandissent à leur intérieur, puis abandonnent la feuille tombée et s'enfoncent en terre pour se nymphoser. Les dégâts produits sur la vigne sont parfois considérables et, les Cigariers paraissant au printemps, au début de la végétation, celle-ci peut être compromise.

Recueillir les feuilles roulées et les brûler avant qu'elles soient tombées.

Le **Rhynchite du peuplier** (*R. populi*). — Espèce voisine de la précédente et ayant des mœurs semblables (nuit aux arbres forestiers ou fruitiers).

Le Coupe-bourgeon ou **Rhynchite conique** (*R. conicus*). — L'adulte, de 3 à 4 millimètres, est bleu foncé, avec les antennes noires.

Au printemps il paraît sur les arbres fruitiers, surtout le poirier (il s'attaque aussi à l'abricotier, au prunier, au cerisier) et perce avec son rostre des trous dans les jeunes pousses; il y dépose ses œufs, puis coupe la tige de la pousse environ aux trois quarts. Celle-ci se flétrit, se dessèche et tombe; la larve, qui est alors parvenue à sa grosseur finale, s'enfonce en terre pour se nymphoser.

Sur les arbres en plein vent, le tort causé par le Coupe-bourgeon n'est ordinairement pas grand; mais sur les arbres taillés il n'en est plus de même. Enlever tous les bourgeons flétris qu'on peut atteindre et les brûler alors qu'ils contiennent encore les larves. En mai et en juin, secouer les arbres fruitiers le matin et recueillir puis détruire les Charançons qui tombent.

Le **Rhynchite Bacchus** (*R. Bacchus*). — L'adulte, de 6 à 8 millimètres, est d'un rouge cuivreux avec reflets violets.

1° Il attaque la vigne comme le Rhynchite du bouleau;

2° Il attaque les ovaires des pommiers et des poiriers et y pond ses œufs. La larve mange le jeune fruit qui finit par tomber; elle s'enfonce alors en terre.

Recueillir et brûler les cigares sur la vigne et les pommes et les poires attaquées.

Le **Rhynchite des pruniers** (*R. cupreus*). — L'adulte, de couleur bronzé cuivreux, mesure de 3 à 4 millimètres de long. La femelle pond ses œufs dans les jeunes prunes ou cerises dont elle coupe en outre le pédoncule; les fruits attaqués tombent peu après, tandis que les larves en mangent la pulpe, puis s'enfoncent en terre quand elles ont atteint leur grosseur finale.

Brûler les fruits tombés.

Le **Rhynchite du fraisier** (*R. fragariæ*). — Nuisible au fraisier dont il coupe les pousses dans lesquelles il dépose ses œufs et où se développent ses larves. Brûler les pousses attaquées avec les larves contenues.

3° Les Apions.

Adultes de très petite taille, mesurant seulement quelques millimètres au plus.

Ont des couleurs variables, noires, bleues, vertes, pourpres.

Le bec est très allongé.

Le corps est de forme conique.

Il y a de nombreuses espèces nuisibles soit à la grande culture, soit à l'horticulture; elles sont difficiles à combattre à cause de leur petitesse. Les principales sont :

L'**Apion du trèfle** (*Apion apricans*) [fig. 20]. — Adulte de 3 millimètres, noir, avec la partie supérieure des pattes jaune.

Fig. 20. — Apion du trèfle, très grossi.

La femelle pond dans les fleurs de la luzerne et du trèfle, et la larve se développe dans le fruit. La métamorphose a lieu aussi dans celui-ci, après que la graine a été rongée, et l'adulte sort en juin ou juillet.

L'**Apion à pattes jaunes** (*A. flavipes*). — Mêmes mœurs que l'espèce précédente; nuit surtout au trèfle blanc.

L'**Apion bronzé** (*A. œneum*), qui, à l'état adulte, ronge les bourgeons des roses trémièreset, à l'état larvaire, en creuse les tiges dans la région de la moelle.

L'**Apion violet** (*A. violaceum*), dont les larves nuisent à l'oseille montant pour fleurir; elles en rongent la tige à l'intérieur.

L'**Apion de Pomone** (*A. Pomonæ*). — L'adulte se trouve dans les fleurs du pommier et du poirier où il n'occasionne pas de grands dégâts. La femelle va pondre à la base des pédoncules des feuilles et la larve vit en piquant celles-ci qui deviennent noires et se dessèchent.

Autant que possible, recueillir l'adulte sur des toiles en secouant les branches, et le détruire.

À côté des Apions, se placent les Apodères dont la principale espèce est :

L'**Apodère du noisetier** (*Apoderus coryli*) [fig. 21]. — L'adulte, à corps noir et à élytres rouges, mesurant 7 à 9 millimètres de long, découpe les feuilles du noisetier (et parfois de chêne, hêtre, etc.) et fait, avec les morceaux, des rouleaux cylindriques caractéristiques dans lesquels sont déposés les œufs et où vivent les larves. Le tort fait par cette espèce est peu considérable.

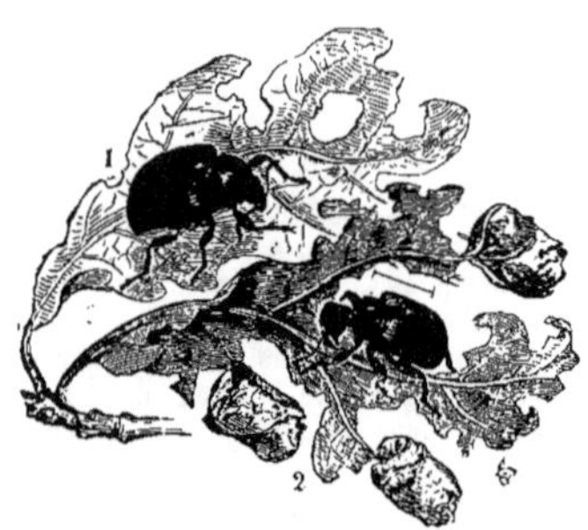

Fig. 21. — Apodère du noisetier; adultes et rouleaux construits avec des lambeaux de feuille.

4° Les Polydroses et les Phyllobies.

Charançons dont les adultes s'attaquent aux feuilles des arbres les plus divers; ils les percent de trous et en dévorent le parenchyme. Quand l'attaque a lieu sur des arbres robustes et bien développés, le tort n'est pas considérable; mais quand il s'agit de jeunes greffes, il peut devenir très grave. On doit secouer les arbustes des pépinières qui sont attaqués, et recueillir puis détruire les Charançons qui s'y trouvent.

Ces Charançons, ordinairement noirâtres, sont recouverts d'écailles peu adhérentes, de couleur verdâtre ou dorée. Leur corps est allongé et mou. Les espèces les plus communes sont :

Le **Polydrose soyeux** (*Polydrosus sericeus*). — De 5 à 7 millimètres, commun sur les noisetiers, le chêne, le saule.

Le **Polydrose brillant** (*P. micans*). — De 8 à 9 millimètres, sur le noisetier, le hêtre, le bouleau, le saule.

La **Phyllobie du poirier** (*Phyllobius pyri*). — De 6 millimètres, sur le poirier et le pommier.

La **Phyllobie argentée** (*P. argentatus*). — De 5 millimètres, également sur le poirier et le pommier.

La **Phyllobie oblongue** (*P. oblongus*). — De 6 millimètres, sur le poirier, le pommier, le cerisier.

La **Phyllobie du bouleau** (*P. betulae*). — De 5 à 6 millimètres, sur le pommier, le poirier, le bouleau, le noisetier, le hêtre.

5° Les Phytonomes.

Espèces surtout nuisibles par leurs larves; la principale est :

Le **Phytonome variable** (*Phytonomus variabilis*). — Petit Charançon (5 millimètres) de couleur grise, dont les larves, ayant une teinte verte, mangent les feuilles de la luzerne. Les œufs sont pondus au printemps sur les tiges et les feuilles de cette plante. Quand les larves sont abondantes, le mieux est de faucher la récolte afin de la sauver et d'empêcher ainsi le Phytonome d'arriver à l'état adulte. La projection, sur la luzerne, d'un mélange de chaux et de naphtaline détruit aussi les larves.

6° Les Hylobies et les Pissodes.

Ces espèces s'attaquent aux arbres résineux et sont très nuisibles.

Les œufs sont pondus dans les fentes et crevasses des écorces, et de là les jeunes larves pénètrent dans le bois et y creusent des galeries. Les adultes, de leur côté, rongent les écorces et les bourgeons.

Les principales espèces sont :

L'Hylobie du sapin (*Hylobius abietis*) [fig. 22]. — Espèce très commune, très nuisible aux pins et aux sapins, parfois même à d'autres arbres tels que le bouleau, le sorbier.

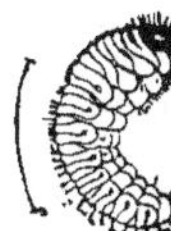 

Fig. 22. — Hylobie du sapin. A gauche, larve très grossie ;
à droite, adulte à peu près de grandeur naturelle.

L'adulte, d'environ 1 centimètre et demi de long, est brun noirâtre avec des taches fauves. Il ronge les jeunes pousses et les bourgeons. Les œufs, blanchâtres, sont déposés dans les fissures des écorces, surtout sur les vieilles souches. Les larves pénètrent dans celles-ci et creusent des galeries dans l'aubier ; elles s'y métamorphosent ensuite.

Placer, le soir, des *appâts* faits d'écorces de sapin disposées le côté convexe en dessus, ou de fagots, ou de bûches, et les enlever le matin pour les brûler avec tous les adultes qui s'y sont réfugiés la nuit. Écorcer les souches des arbres languissants pour y empêcher le dépôt des œufs.

L'Hylobie du mélèze (*H. pineti*). — Nuisible au mélèze.

Le **Pissode ponctué** (*Pissodes notatus*) [fig. 23]. — Espèce très nuisible, particulièrement aux pins. L'adulte, d'un peu plus d'un demi-centimètre de long, a une couleur brun roussâtre et présente des taches formées de poils blanchâtres. Il paraît au mois de mai et perce les bourgeons

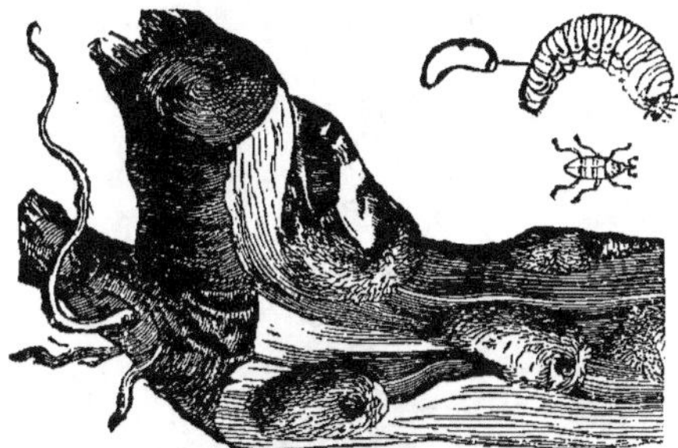

Fig. 23. — Pissode ponctué. En haut, larve grossie et de grandeur naturelle ;
au milieu, adulte de grandeur naturelle ; souche de pin attaquée par cet Insecte.

et les jeunes pousses, d'où exsudation d'une sève abondante. Les œufs sont pondus sur les troncs, et les larves creusent des galeries entre le bois et l'aubier ; elles y passent l'hiver et s'y transforment au printemps. Enlever les plants atteints et tendre des appâts comme pour l'*Hylobius*.

Le **Pissode du pin** (*P. pini*). — Nuisible également aux pins et aux sapins.

7° Les Otiorhynques.

Charançons mangeant surtout la nuit, incapables de voler par suite de l'atrophie des ailes postérieures, à rostre court, renflé au milieu et découpé au bout, à élytres coriaces.

Les principales espèces nuisibles sont :

L'Otiorhynque de la Livêche (*Otiorhynchus ligustici*). — Gros Charançon, ayant de 1 centimètre à 1 centimètre et demi, de couleur gris cendré, commun dans les chemins ou sur les murs des jardins. Il mange la luzerne, la vesce et souvent les fleurs et les jeunes pousses des pêchers ; il s'attaque aussi aux pousses de la vigne. On préserve les arbres fruitiers de ses attaques, en semant de la luzerne dans le voisinage, de façon à y retenir le Charançon. Le mieux est de recueillir l'adulte que sa grande taille signale facilement, et de le détruire.

L'**Otiorhynque rauque** (*O. raucus*). — De taille moitié de celle de l'espèce précédente à laquelle il ressemble comme couleur. Il ronge les feuilles des poiriers et les bourgeons de la vigne; on le trouve, dans le jour, le long des murs des jardins et on peut alors le capturer et le tuer.

L'**Otiorhynque sillonné** (*O. sulcatus*). — Espèce ayant environ 1 centimètre, de couleur gris foncé, avec des stries sur les élytres. Pendant le jour il se tient caché sous les feuilles et les écorces, et la nuit il sort pour manger les pousses de la vigne. La larve est aussi reconnue comme très nuisible aux racines de beaucoup de plantes, telles que les plantes en serre, sous châssis, et aussi aux racines de la vigne. Détruire l'adulte quand on le rencontre et le rechercher à la lanterne si c'est nécessaire. Déplanter les plantes en pots quand elles souffrent par suite de la présence des larves sur les racines et les rempoter après les avoir nettoyées.

Le **Péritèle gris** (*Peritelus griseus*). — Espèce voisine des Otiorhynques, mesurant de 5 à 7 millimètres, de couleur grise avec des taches claires. Elle mange les bourgeons des arbres fruitiers et de la vigne. Écraser l'adulte quand on le rencontre.

8° Les Molytes.

La principale espèce nuisible est :

Le **Molyte couronné** (*Molytes coronatus*) [fig. 24]. — Gros Charançon, ayant un peu plus de 1 centimètre, de couleur noire, à élytres rugueuses. Il mange les feuilles des carottes.

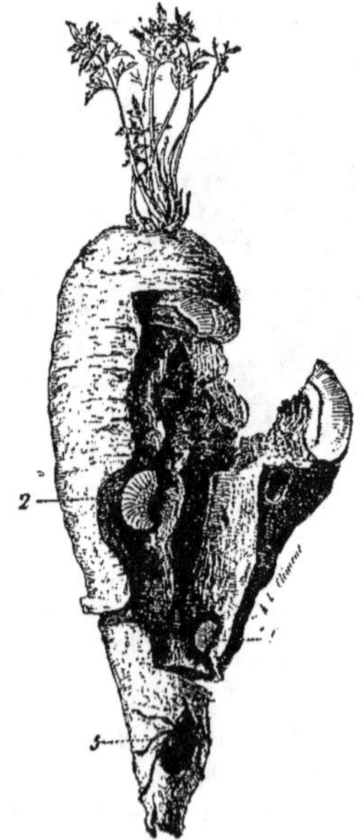

Fig. 24. — Carotte attaquée par le Molyte couronné. 1 et 2, larves; 3, adulte.

Sa larve, provenant d'œufs pondus en terre, pénètre dans les racines et les ronge intérieurement

Capturer l'Insecte adulte, ce que sa grande taille facilite, et arracher puis donner aux bestiaux les carottes dont la racine est envahie par les larves.

9° Les Anthonomes.

Petits Charançons, de 4 à 7 millimètres, dont les larves vivent dans les fleurs (d'où le nom d'Anthonome). Sont de grands ennemis du poirier et du pommier; certaines espèces s'attaquent en outre aux rosier, fraisier, cerisier, dont ils détruisent un grand nombre de bourgeons à fruits. Sont de couleur grisâtre ou brunâtre, avec des bandes plus claires sur les élytres. La femelle pond ses œufs dans les bourgeons, surtout les bourgeons à fruits; la larve, apode, qui ressemble à un petit Ver, ronge les étamines et les ovaires tout en respectant la corolle. Le bourgeon ne s'épanouit pas. A la place que devraient occuper les fleurs, se trouvent alors des bourgeons roussâtres, paraissant brûlés, et qui finissent par tomber. A la campagne, on attribue souvent, à tort, la présence de ces bourgeons à l'influence pernicieuse des «vents roux» de mai. Les principales espèces d'Anthonomes sont :

L'Anthonome du pommier (*Anthonomus pomorum*) [fig. 25]. — L'adulte, de 4 à 6 millimètres, est brun grisâtre, avec une bande transversale oblique plus claire au milieu de chaque élytre. Au printemps, la femelle perce les boutons du pommier (avant la floraison) et dépose ses œufs à l'intérieur. La larve, de couleur blanche, éclot au bout d'une huitaine de jours et ronge les étamines et le

Fig. 25. — Anthonome du pommier. 1, adulte de grandeur naturelle sur un bouton;
3, adulte très grossi; 4, larve très grossie; 5, nymphe très grossie.

pistil. La fleur est ainsi atrophiée et reste sous forme de bourgeon roux. Au bout d'une quinzaine de jours, la larve, qui atteint sa grosseur définitive (environ 6 millimètres), se nymphose dans le bourgeon. A la fin d'avril ou plus tard si la saison est tardive, l'adulte paraît et sort en perçant un trou dans la paroi de celui-ci. Il passe l'été et l'hiver caché dans des abris divers et reparaît au printemps suivant pour s'accoupler et se reproduire.

Parfois l'Anthonome du pommier s'attaque également au poirier.

L'Anthonome du poirier (*A. pyri*). — Espèce ressemblant beaucoup à l'Anthonome du pommier, mais cependant un peu plus grosse (environ 1 millimètre de plus). En outre l'adulte pond *en automne* dans les bourgeons du poirier. La larve, appelée *Ver d'hiver* par les jardiniers, passe l'hiver dans ces bourgeons et se nymphose au printemps.

L'Anthonome des drupes (*A. druparum*) dont la larve vit dans les bourgeons à fleur des cerisiers et des merisiers.

Il est difficile de combattre les Anthonomes; cependant on peut diminuer beaucoup leurs ravages en prenant les précautions suivantes :

1° Tenir les pommiers, poiriers et cerisiers bien propres; n'y laisser ni mousses ni lichens ni vieilles écorces qui abritent les adultes. Ne pas laisser au pied de ces arbres, ni dans le voisinage, de matériaux ou débris capables de leur servir de lieux de retraite;

4.

2° Enlever et brûler les bourgeons roux autant que cela est possible;

3° Secouer les arbres quand les Anthonomes viennent nombreux pour y pondre; recueillir les Insectes sur des toiles et les détruire rapidement car ils s'envolent facilement.

10° Les Balanins.

Charançons à corps épais, bi-conique, à bec très long, très fin et arqué au bout. Sont nuisibles, à l'état larvaire, à différents fruits. Les espèces principales sont :

Le **Balanin des noisettes** (*Balaninus nucum*) [fig. 26]. — Rend «véreuses» les noisettes des bois et des jardins.

Fig. 26. — Balanin des noisettes; à gauche très grossi, à droite de grandeur naturelle et en train de percer une jeune noisette.

L'adulte, assez gros (environ 1 centimère), est de couleur jaunâtre. Au printemps, la femelle pique les jeunes noisettes et dépose un œuf dans chacune d'elles. La larve, de couleur blanche, est le «Ver» de la noisette; elle grossit et mange celle-ci à mesure qu'elle grossit elle-même. Quand la noisette véreuse tombe, la larve perce un trou circulaire dans sa coque, sort et s'enfonce en terre pour se nymphoser au printemps suivant.

Recueillir et brûler les noisettes véreuses (elles tombent souvent de bonne heure). On peut en outre recueillir et détruire un grand nombre de larves au moment de la récolte des noisettes. Il suffit de placer celles-ci, nouvellement récoltées, dans des boîtes ou des récipients quelconques à fond *bien fermé*; quelques jours après, toutes les larves qui étaient restées dans les noisettes recueillies en sont sorties et se trouvent accumulées au fond des boîtes ou des récipients.

Le **Balanin des glands** (*B. glandium*), à corps roux, de 6 à 7 millimètres, dont la femelle perce les jeunes glands pour y déposer ses œufs. Les larves vivent ensuite en mangeant les glands qui bientôt tombent à terre; elles s'en échappent alors et s'enfoncent en terre pour se nymphoser au printemps suivant.

11° Les Cryptorhynques et Ceutorhynques.

Le bec de ces Charançons, par suite de la grande mobilité de la tête, peut se replier, au repos, entre les pattes antérieures. Les espèces principales sont :

Le **Cryptorhynque de la patience** (*Cryptorhynchus lapathi*). — Cette espèce vit sur les saules, les aulnes, les bouleaux et les peupliers. Elle est surtout nuisible aux pépinières et aux jeunes arbres. L'adulte, de couleur noire, a environ 6 millimètres de long. La femelle perce des trous au bas de la tige des arbres qu'elle attaque et dépose des œufs à l'intérieur de chacun d'eux. Les larves creusent des galeries dans le bois, de bas en haut; la santé des arbres et leur solidité sont alors très compromises, surtout s'il s'agit d'arbres jeunes. La nymphose se produit dans les galeries mêmes et l'adulte sort au dehors en perçant un trou.

Le **Ceutorhynque à cou sillonné** (*Ceutorhynchus sulcicollis*) [fig. 27]. — Petit Charançon de 3 millimètres, noir avec des poils grisâtres, à corselet présentant un sillon longitudinal. La larve est très nuisible aux choux, aux navets, aux turneps et au colza. Elle provient d'œufs déposés au collet de ces plantes, dans des trous pratiqués par la femelle; autour d'elle se produit une nodosité ou galle dans laquelle elle grandit. Il y a souvent plusieurs larves dans chaque nodosité. La présence de ces galles épuise les plantes atteintes. Quand les larves sont arrivées à leur grosseur définitive, elles percent les galles et se transforment en nymphes dans de petites coques placées sur la terre.

Fig 27. — Galles produites par le Ceutorhynque à cou sillonné..

Dans les jardins, arracher les choux atteints (ils jaunissent) afin d'enrayer la multiplication du Charançon. Dans la grande culture, arrêter pendant un certain temps la culture des crucifères lorsque les Charançons sont devenus trop nombreux.

Le **Ceutorhynque du navet** (*C. napi*). — Nuisible au chou et au colza. La larve ronge la tige à l'intérieur, sans produire de déformation visible extérieurement. — Même traitement que pour l'espèce précédente.

Le **Ceutorhynque assimilé** (*C. assimilis*). — Nuisible au colza et à la navette. Même traitement que pour les deux espèces précédentes.

12° Les Baridies.

Petits Charançons nuisibles aux crucifères. Ont le bec arqué et sont de couleur verdâtre; ils comprennent plusieurs espèces dont les principales sont :

La **Baridie verdâtre** (*Baris chlorizans*), de 4 millimètres, de couleur vert sombre La femelle dépose ses œufs dans des trous qu'elle perce à la base des tiges des choux; les larves creusent celles-ci à l'intérieur. Cette espèce attaque aussi la navette.

La **Baridie verte** (*Baris chloris*), espèce voisine de la précédente, très souvent nuisible au colza.

13° Les Orchestes.

Petits Charançons *sauteurs* à l'état adulte. Les larves vivent en *mineuses* dans les feuilles des arbres tandis que les adultes rongent ces feuilles et les percent de trous. Au niveau des galeries creusées par les larves, la feuille se dessèche. La nymphose se produit dans la galerie même et un renflement de la feuille indique extérieurement la présence de la nymphe. Les deux espèces principales sont :

L'**Orcheste du hêtre** (*Orchestes fagi*) [fig. 28]. — Espèce nuisible au hêtre. L'adulte, qui mesure 2 millimètres, est noir avec des reflets grisâtres.

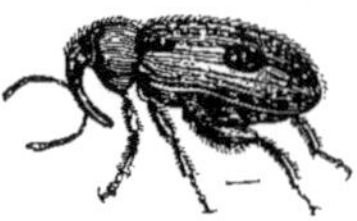
Fig 29.
Orcheste de l'aulne.

Fig. 30.
Calandre du blé très grossie.

Fig. 28. — Orcheste du hêtre.

L'**Orcheste de l'Aulne** (*O. alni*) [fig. 29], dont la larve creuse des galeries dans les feuilles de l'aulne et de l'orme. L'adulte mesure 3 millimètres; il a la tête noire et les élytres jaunes avec chacune deux taches noires.

14° Les Calandres.

Petits Charançons s'attaquant aux graines mûres des céréales.

Ont une forme oblongue, le corselet presque aussi long que les élytres et un bec assez allongé. Les principales espèces sont :

La **Calandre du blé** (*Calandra granaria*) [fig. 30]. — Causait des dégâts énormes à l'époque où l'on conservait pendant longtemps le blé dans les greniers. Depuis qu'il n'en est plus ainsi, la nocivité de ce Charançon a bien diminué.

L'adulte, de 3 millimètres, a le corps allongé, oblong, brun, avec les élytres striées. La femelle pond dans les tas de blé, au printemps; chaque œuf est déposé dans un petit trou qu'elle pratique dans le sillon médian de chaque grain. La larve, molle, blanche, à tête jaunâtre, pénètre dans le grain en en rongeant tout l'intérieur. Elle s'y nymphose. L'adulte qui en résulte ronge lui-même les grains; il ne tarde pas à pondre à son tour et il y a ainsi plusieurs générations pendant l'été et l'automne. A l'approche de l'hiver, les Charançons devenus très nombreux quittent le tas de blé et vont s'abriter dans tous les recoins du grenier où ils attendent le printemps suivant.

1° Remuer souvent les tas de blé et laisser, sans le remuer, un tas d'appât dans un coin. Tous les Charançons s'y réfugient; en inondant le tas d'eau bouillante, on les détruit;

2° Avoir des greniers bien aérés et bien éclairés (les Calandres recherchent l'obscurité). Ne pas y laisser de balayures et les blanchir souvent à la chaux;

3° On soumet le blé, placé dans des tonneaux ou des silos bien secs, aux vapeurs de sulfure de carbone;

4° Le mieux est de ne pas conserver longtemps les tas de blés dans les greniers.

La **Calandre du riz** (*C. orizæ*) s'attaque au riz comme la précédente au blé. On s'en préserve de la même manière.

Famille des Longicornes (Cérambycides).

Insectes nuisibles à l'état larvaire. L'adulte se reconnaît immédiatement à la grande longueur des antennes qui dépassent généralement la moitié de la longueur du corps, et même parfois celle du corps tout entier. Le corps est lui-même le plus souvent très allongé et à bords parallèles entre eux.

Les larves vivent à l'intérieur des tiges ou des racines, surtout des arbres; elles proviennent d'œufs pondus dans les fissures des écorces. Elles manquent souvent de pattes.

Les Longicornes nuisibles les plus importants sont les suivants :

1° Longicornes nuisibles au bois sur pied.

Ils comprennent :

Le **Grand Capricorne noir** (*Cerambyx heros*) [fig. 31], très nuisible aux troncs des vieux chênes.

L'adulte, de très grande taille (4 à 5 centimètres) et à très longues antennes, paraît en été et vole le soir. La femelle dépose ses œufs dans les fissures de l'écorce. La larve, de couleur blanc jaunâtre, à

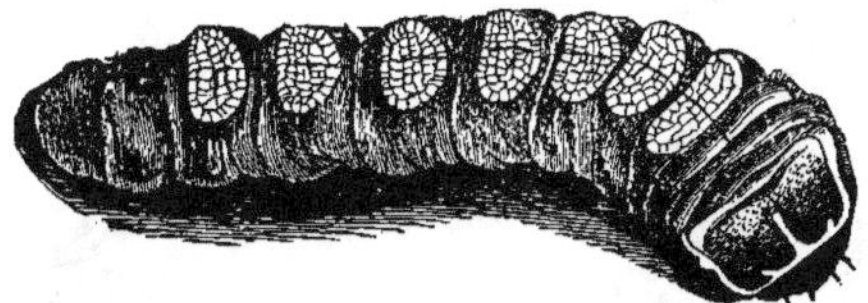

Fig. 31. — Larve du Grand Capricorne noir.

tête brune, ayant des plaques cornées sur la région dorsale des anneaux du corps, pénètre dans le tronc et y creuse des galeries en tous sens; elle met trois ou quatre années à atteindre sa taille définitive (7 ou 8 centimètres). Les larves étant très difficiles à atteindre dans leurs galeries, écraser les adultes quand on peut les rencontrer.

Le **Petit capricorne noir** (*C. cerdo*). — Beaucoup plus commun que le précédent. La larve vit dans les troncs des poiriers, pommiers, cerisiers, groseilliers. L'adulte n'a que 2 centimètres et demi environ; il est noir, avec les antennes gris cendré.

Écraser les adultes que l'on peut atteindre.

L'**Aromie musquée** (*Aromia moschata*). — L'adulte, d'environ 2 centimètres et demi, a les élytres d'un beau vert brillant; il dégage une forte odeur de musc.

La larve creuse ses galeries dans les tiges des saules. Capturer l'adulte.

La **Saperde chagrinée** (*Saperda carcharias*) [fig. 32]. — L'adulte, d'environ 2 centimètres et demi, est couvert d'un duvet jaunâtre; il paraît en été.

Fig. 32. — Saperde chagrinée.

La larve, privée de pattes, creuse des galeries d'abord sous l'écorce, puis dans le bois lui-même des troncs de peuplier, surtout des jeunes arbres auxquels elle fait souvent grand tort.

Détruire les adultes.

La **Saperde du peuplier** (*S. populnea*). — L'adulte, qui paraît au printemps, a environ 1 centimètre de long ; il est noir, couvert d'une pubescence grise et présente deux bandes jaunes sur la tête et des taches de même couleur sur les élytres.

La larve, sans patte, blanche et molle, vit dans les branches du tremble.

Le **Capricorne tisserand** (*Lamia textor*). — L'adulte, de 3 centimètres de long en moyenne, de couleur noir grisâtre, se rencontre sur les branches de saule à l'intérieur desquelles vit la larve.

La **Rhagie chercheuse** (*Rhagium indagator*) [fig. 33]. — L'adulte, de couleur cendrée avec des points noirs et trois côtes saillantes sur les élytres, pond ses œufs sur les écorces des pins et sapins. Les larves creusent des galeries en dessous.

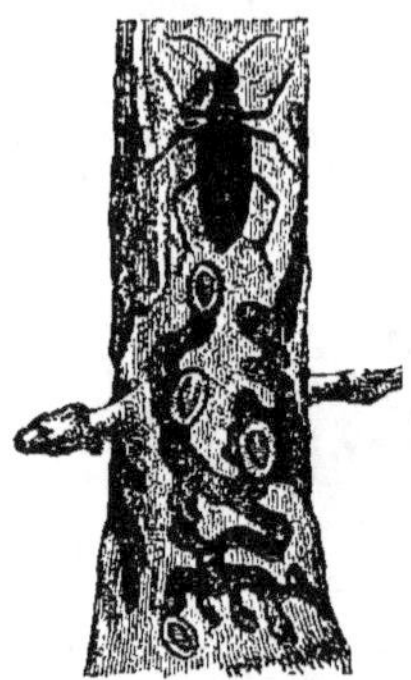

Fig. 33. — Rhagie chercheuse sur un tronc décortiqué montrant les galeries larvaires et les loges des nymphes.

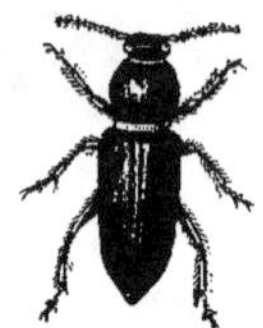

Fig. 34. — Spondyle buprestoïde.

Le **Spondyle buprestoïde** (*Spondylus buprestoides*) [fig. 34]. — L'adulte, de couleur noire, atteint de 1 et demi à 2 centimètres. La larve, qui vit dans le tronc des pins, a des pattes bien dévepées.

2° Longicornes nuisibles au bois abattu.

Les larves de ces espèces perforent toutes sortes de bois abattus dans les forêts, les chantiers, les maisons. Les principales sont :

La **Callidie couleur de sang** (*Callidium sanguineum*). — L'adulte est recouvert d'un duvet rouge. Il a environ 1 centimètre de long ; il sort souvent des bûches de chêne au printemps, d'où sa présence dans les maisons. La femelle pond sur l'écorce du chêne abattu et sa larve vit à l'intérieur où elle se nymphose ensuite.

La **Callidie violette** (*C. violaceum*). — L'adulte est de couleur bleue ; la larve vit dans le bois de sapin.

Il y a plusieurs autres espèces de Callidies ayant toutes des mœurs semblables à celles des deux espèces précédentes.

Le **Clyte arqué** (*Clytus arcuatus*). — L'adulte est noir avec des taches et des bandes jaunes sur le dos ; il mesure environ 1 centimètre et demi. La larve se trouve dans les bois de chêne et de châtaignier.

Il y a plusieurs espèces voisines ayant des mœurs semblables.

3° Longicornes nuisibles au blé.

Ils comprennent :

L'**Aiguillonier** (*Calamobius gracilis*). — Espèce très nuisible dans le Midi de la France. L'adulte, de près de 1 centimètre de long, est noir, recouvert d'un duvet cendré, avec une raie jaune sur la tête et le corselet. La femelle perce le chaume des blés en fleur, sous l'épi, et pond un œuf dans le trou pratiqué. La larve ronge le pourtour du chaume au niveau du trou, ce qui amène la chute de l'épi, puis descend à l'intérieur du chaume dont elle perce successivement les nœuds pour aller s'installer finalement à une petite distance du sol (7 ou 8 centimètres); au printemps suivant elle se métamorphose. Les tiges de blé privées de leur épi ressemblent à des aiguillons fichés en terre (d'où le nom d'Aiguillonier).

En déchaumant après la moisson et brûlant les chaumes, on détruit les larves.

4° Longicornes nuisibles à la vigne.

Ils comprennent :

Le **Vespère de Xatart** (*Vesperus Xatarti*). — Les larves de cette espèce mangent les racines de la vigne dans le Sud de la France et sont très nuisibles. Dans les Pyrénées-Orientales, où elles causent de grands dégâts, on les nomme communément Boutous ou Mange-Mallols. Elles mènent une vie souterraine active qui dure deux ans, puis elles se nymphosent et les Insectes adultes paraissent en hiver. Leur taille est de 2 à 3 centimètres; la femelle est plus grosse que le mâle et n'a pas d'ailes postérieures qui existent au contraire chez le mâle. La couleur est grisâtre. Les adultes, qui ne causent directement aucun dégât, s'accouplent en janvier, puis la femelle dépose ses œufs, au nombre de plusieurs centaines, sous les écorces des ceps. Les larves, dès leur sortie de l'œuf, se laissent tomber, s'enfoncent en terre et commencent leurs ravages.

Dans certaines régions, les larves mangent non seulement les racines de la vigne, mais celles d'autres plantes (pin, arbres forestiers, etc.).

1° Chasser et détruire les Insectes adultes;

2° Rechercher les œufs en écorçant les ceps et brûlant les écorces arrachées, et empêcher les femelles d'aller les pondre sur les arbres voisins en entourant les troncs de ceux-ci avec des anneaux de goudron;

3° Injecter du sulfure de carbone dans le sol comme pour le Phylloxéra. Il suffit pour cela de percer des trous à 25 centimètres du cep et d'y placer le sulfure de carbone (2 trous par cep, contenant chacun 7 grammes de liquide insecticide).

Famille des Chrysomélides ou Phytophages.

Espèces très nombreuses et généralement très nuisibles aux plantes. La larve et l'adulte ne vivent que de végétaux (ordinairement de feuilles), d'où le nom de Phytophages.

L'adulte a ordinairement une taille petite ou moyenne (inférieure ou voisine de 1 centimètre). Le corps est le plus souvent assez ramassé; les élytres emboîtent bien l'abdomen; les couleurs sont souvent brillantes. Les œufs sont généralement pondus sur les plantes dont se nourrit l'adulte, et les larves elles-mêmes vivent en général de la même manière que l'adulte.

Les principales espèces nuisibles sont :

1° Les Cassides.

Chez l'adulte des Cassides, tout le corps, y compris la tête, est recouvert complètement par les élytres et le corselet qui est très élargi. Il faut regarder sous l'animal pour voir les pattes et la tête. L'Insecte est ainsi recouvert comme une Tortue par sa carapace. Le corps de la larve est aplati; les excréments sont déposés sur des prolongements caudaux qui peuvent se rabattre sur le dos et protéger ainsi l'animal.

Les deux espèces de Cassides les plus nuisibles sont :

La **Casside verte** (*Cassida viridis*). — L'adulte, de 7 à 8 millimètres, est noir en dessous et vert en dessus; ses pattes sont jaunes, noires à la base; on le trouve sur les feuilles de l'artichaut. Les œufs sont aussi déposés sur ces feuilles et les larves qui en naissent vivent également à leurs dépens. Ces larves, de forme ovale, de couleur verte, sont garnies d'épines et ont l'abdomen terminé par une fourche; elles rabattent cette fourche, recouverte d'excrément, sur leur dos et se protègent ainsi.

Les dégâts faits par cette espèce sur les artichauts sont souvent très importants.

Recueillir et écraser les larves et les adultes; les larves se détruisent en outre facilement par projection d'un peu de chaux vive pulvérulente sur leur corps.

La **Casside nébuleuse** (*C. nebulosa*) [fig. 35]. — Un peu plus petite que l'espèce précédente (1/2 centimètre seulement) et de couleur rouille tachée de noir en dessus. La larve est verte, tachée

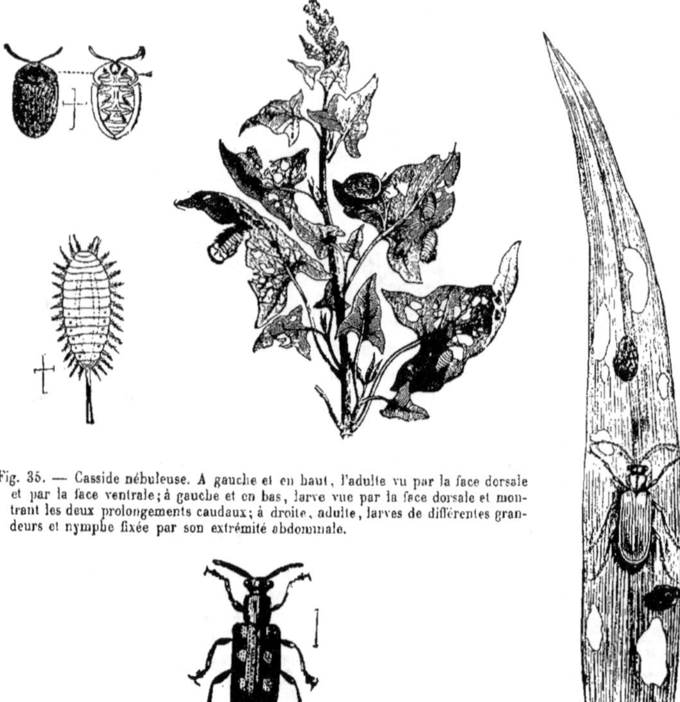

Fig. 35. — Casside nébuleuse. A gauche et en haut, l'adulte vu par la face dorsale et par la face ventrale; à gauche et en bas, larve vue par la face dorsale et montrant les deux prolongements caudaux; à droite, adulte, larves de différentes grandeurs et nymphe fixée par son extrémité abdominale.

Fig. 37. — Criocère de l'asperge.

Fig. 36 — Criocère du lis. Adulte et larves.

de blanc. Cette espèce mange les feuilles des radis, navets betteraves. La combattre comme l'espèce précédente.

2° Les Criocères.

Ces espèces ont le corps assez allongé et·la tête ovale avec les yeux saillants; le corselet est de forme cylindrique. Il y en a trois espèces principales :

La **Criocère du lis** (*Crioceris merdigera*) [fig. 36]. — L'adulte, de couleur rouge vermillon, a 6 ou 7 millimètres de long; il se trouve au printemps sur les lis dont il ronge les feuilles. La femelle pond ses œufs sur celles-ci et la larve, qui se recouvre de ses excréments, a ainsi l'aspect d'une petite boule informe; elle ronge également les feuilles. La nymphose a lieu en terre et les adultes, nés en automne, hivernent et reprennent la vie active au printemps suivant.

Recueillir et écraser les larves et les adultes. Les larves peuvent également être tuées au moyen de poussière de chaux projetée sur elles.

La **Criocère de l'asperge** (*C. asparagi*) [fig. 37]. — Adulte de 6 millimètres, à tête bleue, à corselet rouge, élytres bleues, orangées et jaunes. Se trouve sur les asperges dès que celles-ci sortent de terre. Les œufs sont pondus sur les mêmes plantes et les larves vivent également sur elles ; ces larves ont une couleur vert jaunâtre avec la tête noire. Elles vont se nymphoser en terre.

A détruire comme l'espèce précédente.

La **Criocère à douze points** (*C. duodecimpunctata*). — L'adulte, les œufs, les larves de cette espèce se trouvent mélangés à ceux de l'espèce précédente sur les asperges. Chaque élytre présente ici 6 points noirs qui font immédiatement reconnaître l'espèce.

A détruire comme la Criocère de l'asperge.

3° Les Eumolpes.

La principale espèce est :

Le **Gribouri** ou **Eumolpe de la vigne** (*Bromius vitis*) [fig. 38]. — L'adulte, d'un demi-centimètre de long, a le corps noir et les élytres rougeâtres. Il ronge les grains de raisin et les feuilles de la vigne. Celles-ci, découpées en tous sens, présentent un aspect spécial qui fit donner à l'Insecte le nom d'Écrivain.

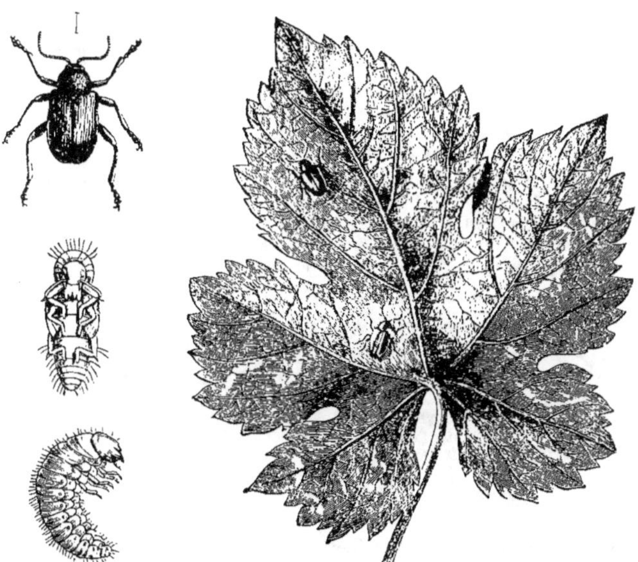

Fig. 38. — Gribouri. A gauche, adulte, nymphe et larve très grossis ; à droite, feuille de vigne attaquée par l'adulte.

Les œufs sont pondus, en juillet, au pied des ceps. Les larves, d'abord blanchâtres, puis brunâtres, mangent les racines qu'elles creusent et percent en tous sens. A la fin de l'automne elles atteignent environ 1 centimètre de long. Elles hivernent en terre. Au printemps elles se répandent sur les jeunes pousses dont elles se nourrissent. Au mois de mai elles se transforment en nymphes, puis en adultes.

Le Gribouri est très commun dans le midi et le centre de la France. On emploie deux procédés principaux pour le combattre. Le premier consiste à secouer les ceps au-dessus de larges entonnoirs en fer-blanc aboutissant à des poches en toile. Les Insectes se laissent tomber facilement et il est possible de les recueillir, surtout si l'on opère le matin, alors qu'ils sont encore engourdis. Le deuxième procédé consiste à les faire manger par des Poules que l'on apporte le matin dans les vignes où on les laisse en liberté pendant le jour. Des Cailles apprivoisées sont aussi employées au même usage dans les serres.

4° Les Colaspes.

L'espèce principale est :

Le **Négril** (*Colaspidema atra*). — Espèce très nuisible aux luzernes.
L'adulte, entièrement noir, a un demi-centimètre ; il mange les feuilles de luzerne.
Les larves, d'abord jaunes, puis noires, vivent comme l'adulte et émigrent d'un champ à un autre quand elles ont dévasté le premier.

On combat cette espèce de plusieurs manières :

1° En faisant manger larves et adultes par des volailles amenées dans les champs ;

2° En recueillant les Insectes avec des filets-fauchoirs ou divers appareils analogues ;

3° En répandant de la chaux en poudre sur les luzernes envahies.

4° En fauchant la luzerne prématurément quand la récolte est tout à fait compromise.

5° Les Chrysomèles.

Elles comprennent plusieurs espèces très nuisibles dont les principales sont :

La **Chrysomèle de la pomme de terre** (*Leptinotarsa decemlineata*) [fig. 39]. — Cette espèce, qui a causé des dégâts énormes en Amérique, n'existe pas en France grâce aux précautions spéciales que l'on prend pour en empêcher l'importation. La larve et l'adulte vivent aux dépens des feuilles des solanées : pomme de terre, tabac, tomate, mais c'est surtout à la première de ces trois plantes qu'ils se montrent nuisibles. Cette Chrysomèle s'appelle communément *Doryphora*.

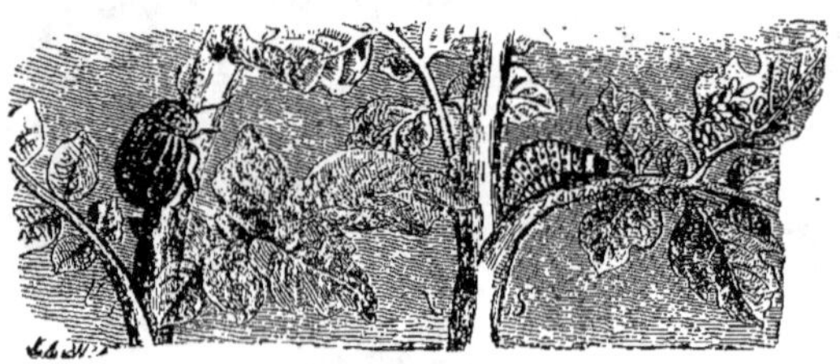

Fig. 39. — Chrysomèle de la pomme de terre. A gauche, adulte ; à droite, larve et œufs.

L'adulte a environ 1 centimètre ; il est jaune avec des taches et des lignes noires (5 lignes noires sur chaque élytre). Les œufs, de couleur jaune, sont pondus sous les feuilles par groupes de 30 à 40. La larve est jaune orangé avec la tête noire. Il y a 3 générations par an, ce qui assure à l'espèce une multiplication prodigieuse quand elle se trouve dans des conditions favorables.
Le meilleur procédé à employer contre le *Doryphora* est celui qui est utilisé contre le Silphe de la betterave (composés arsenicaux, voir page 6).
La **Chrysomèle de l'oseille** (*Gastrophysa raphani*). — L'adulte, la larve et les œufs se rencontrent sur l'oseille. L'adulte, d'environ un demi-centimètre, est de couleur vert émeraude avec

éclat métallique. La femelle prête à pondre a l'abdomen gonflé comme un ballon et est alors beaucoup plus grosse que le mâle. Les œufs sont jaunes et de forme oblongue ; on les trouve fréquemment sur l'oseille vendue sur les marchés.

Faucher et enlever l'oseille atteinte de façon à supprimer la nourriture aux larves et aux adultes et à détruire les œufs. Répandre des insecticides sur le sol afin de tuer les nymphes qui pourraient s'y trouver. L'oseille, repoussée très vite, sera ainsi dorénavant indemne. En outre ne pas laisser, dans le voisinage, des plantes spontanées sur lesquelles la Chrysomèle de l'oseille vit également bien (certains polygonum par exemple).

La **Chrysomèle du peuplier** (*Lina populi*) et la **Chrysomèle du tremble** (*L. tremulæ*) [fig. 4o].

Ces deux espèces, très voisines, se trouvent à l'état larvaire et à l'état adulte sur les jeunes rameaux des peupliers dont elles mangent les feuilles. On trouve, en même temps que les larves et les adultes, les œufs et les nymphes fixés sur les feuilles. Les œufs sont rouges dans la première

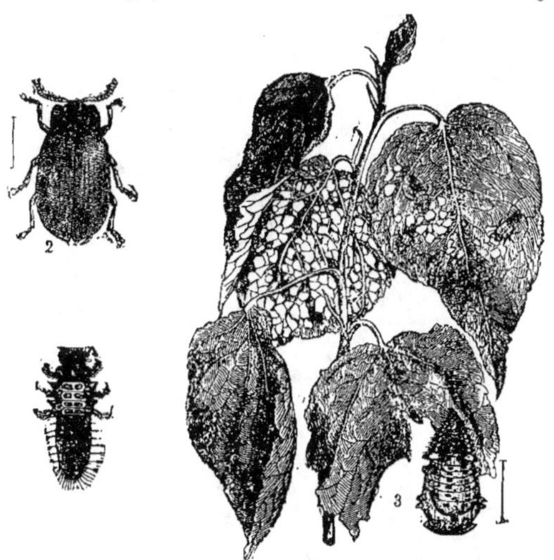

Fig. 4o. — Chrysomèle du tremble. A gauche, adulte et larve; à droite, larves mangeant les feuilles et nymphe pendue et fixée par son extrémité abdominale.

espèce et blancs dans la deuxième; ils sont pondus sous les feuilles, par groupes en moyenne d'une vingtaine d'œufs chacun. Les nymphes sont suspendues et fixées par l'extrémité caudale. L'adulte de la première espèce est un peu plus gros (1 centimètre) que celui de la seconde (8 millimètres). Dans les deux espèces les élytres sont rouges. Les larves sont de couleur blanc sale piqueté de noir; quand on les touche elles laissent suinter des gouttelettes de liquide blanchâtre, d'odeur très forte, par l'ouverture de glandes placées sur le dos, en deux rangées longitudinales.

Récolter les adultes et les larves en battant les branches des jeunes arbres au-dessus de toiles.

6° Les Galéruques.

Les larves et l'adulte rongent le parenchyme des feuilles et respectent souvent les nervures les feuilles ressemblent alors à des lambeaux de dentelle.

Les deux espèces les plus nuisibles sont :

La **Galéruque de l'orme** (*Galerucella luteola*) [fig. 41]. — Adulte jaune verdâtre, de 6 millimètres, présentant une bande noire sur le bord interne de chaque élytre. La femelle, au printemps, pond sur les feuilles de l'orme des œufs blancs et oblongs. Les larves, de couleur jaune tachetée de noir, font de grands dégâts sur les ormes. Dans certaines années, les ormes des parcs et des boulevards ont pour ainsi dire toutes leurs feuilles réduites à leur réseau de nervures. Quand les dégâts se continuent plusieurs années de suite, l'existence des arbres est sérieusement compromise.

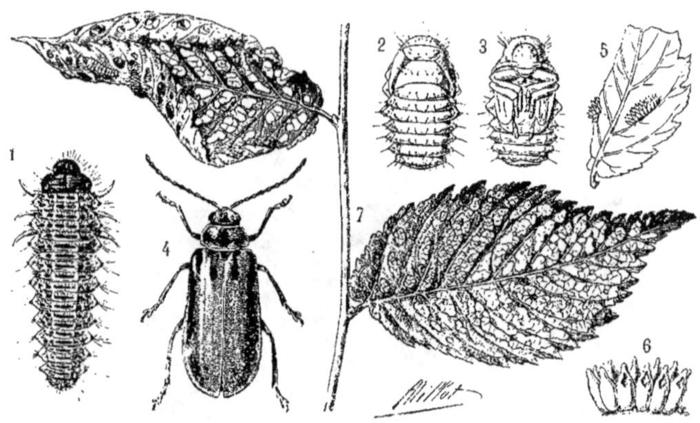

Fig. 41. — Galéruque de l'orme. 1, larve; 2 et 3, nymphe vue de dos et de face; 4, adulte; 5, feuille portant des groupes d'œufs; 6, groupe d'œufs grossis; 7, feuilles d'orme rongées par les larves. (Figure reproduite d'après un cliché communiqué par M. Künckel d'Herculais.)

Quand elles ont atteint leur grosseur, les larves descendent de l'arbre et vont se nymphoser au pied de celui-ci, parfois simplement sur la terre, parfois dans les crevasses de la base ou même en terre. Les adultes, qui naissent en été et en automne, hivernent souvent en grand nombre dans les habitations voisines des plantations d'ormes.

Il est très difficile de détruire complètement les Galéruques, car elles se tiennent à un niveau peu accessible, mais on peut employer divers moyens pour en restreindre le nombre :

1° On doit détruire dans les habitations celles qui y passent l'hiver, parfois en masses considérables ;

2° On peut secouer les branches des arbres atteints et recueillir sur des toiles les larves et les adultes ;

3° Au moment où la nymphose se produit au pied des arbres atteints, on verse de l'eau bouillante sur le sol de manière à tuer nymphes et larves. Parfois on peut recueillir directement, au balai et à la pelle, les amas de nymphes reposant sur le sol. Si l'on prend la précaution de placer près des arbres des abris faits de tas de moellons, les larves s'y rendent en grand nombre et il est facile ensuite de recueillir les nymphes.

Certains Insectes parasites des larves de la Galéruque de l'orme contribuent en outre à détruire celle-ci ; ils appartiennent à la famille des Chalcidiens.

La **Galéruque de l'aulne** (*Agelastica alni*) [fig. 42]. — L'adulte, de couleur bleu violacé, mesure 6 à 7 millimètres. La femelle pond des amas d'œufs jaunes sur les feuilles de l'aulne. Les larves, de couleur noire, mangent le parenchyme des feuilles et vont ensuite se nymphoser en terre.

Fig. 42. — Galéruque de l'aulne. A gauche, adulte et larve :
à droite, feuilles d'aulne mangées, larves, Galéruque adulte et œufs.

L'adulte provenant de ces nymphes paraît en automne et hiverne pour se reproduire au printemps suivant.

Combattre cette espèce comme la précédente. Elle se laisse facilement tomber sans chercher à s'envoler, de sorte que la récolte directe avec secouage des branches est facile.

7° Les Altises.

Insectes de très petite taille (en moyenne 2 ou 3 millimètres). A l'état adulte, ils sautent, ce qui les fait appeler communément *Puces* ou *Pucettes*. Les cuisses des pattes postérieures sont très renflées, ce qui est en rapport avec cette faculté de pouvoir sauter. Les élytres sont lisses, luisantes et présentent souvent de vives couleurs. A l'état larvaire comme à l'état adulte, les Altises vivent uniquement de

Fig. 43. — Altise de la vigne très grossie.

végétaux ; malgré leur petite taille elles causent de grands dégâts en criblant de nombreux trous les feuilles de diverses plantes ; elles vivent d'ailleurs ordinairement rassemblées en grand nombre. Les espèces sont nombreuses ; on peut y distinguer :

L'**Altise de la vigne** (*Graptodera ampelophaga*) [fig. 43]. — En France, cet Insecte est surtout commun dans les régions méridionales. L'adulte, d'environ 4 millimètres, est vert brillant ou vert bleuâtre ; il saute vivement.

La larve est d'abord jaune, puis de couleur de plus en plus foncée. Les œufs, de couleur jaunâtre, sont pondus sous les feuilles. Il y a deux générations chaque année : une au printemps et une à la fin de l'été. Les Insectes provenant de la deuxième génération passent l'hiver abrités au pied des ceps, sous les écorces, dans les broussailles, etc.

Les Altises, surtout les larves, font beaucoup de dégâts en dévorant les feuilles, les grappes et les tiges tendres. On les combat suivant plusieurs procédés parmi lesquels les deux signalés plus haut à propos du Gribouri. En outre, il est important de brûler, l'hiver, toutes les broussailles ramassées dans les vignes ou même déposées exprès, comme pièges, auprès des vignobles. Ces broussailles contiennent un grand nombre d'adultes qui s'y sont réfugiés. On peut aussi recueillir directement et brûler les feuilles recouvertes de larves, ou projeter sur celles-ci des insectides pulvérulents tels que la chaux délitée ou des substances liquides telles que le jus de tabac additionné d'eau. Enfin, on peut promener, au-dessus des vignes, des planches recouvertes de goudron ; les Altises adultes, en sautant, viennent s'engluer dans celui-ci.

L'**Altise des bois** (*Phyllotreta nemorum*). — L'adulte est noir et présente deux bandes jaunes sur chaque élytre. Il crible de trous les feuilles des navets, des choux, des radis. Dans les jeunes semis il fait de grands dégâts en dévorant complètement les très jeunes plantules. Les larves creusent des galeries dans les feuilles des mêmes plantes. Cette espèce nuit encore aux très jeunes betteraves.

L'**Altise à tête dorée** (*Psylliodes chrysocephala*). — Nuit au colza et aussi aux très jeunes betteraves.

L'**Altise potagère** (*Haltica oleracea*). — Nuisible aux haricots, choux, luzerne, betteraves, colza.

L'**Altise du navet** (*Psylliodes napi*). — Nuisible aux navets et aux radis des jardins ; elle nuit aussi au cresson.

L'**Altise du chou** (*Phyllotreta brassicæ*). — Nuisible au chou.

D'autres espèces, voisines des précédentes, sont également nuisibles aux mêmes plantes.

MOYENS DE COMBATTRE LES ALTISES DES CHAMPS ET DES JARDINS.

Dans les champs et les jardins on peut employer divers moyens :

1° On sème dans les potagers et les champs un mélange de naphtaline et de sable. L'odeur de la naphtaline *éloigne* les Altises ; ce procédé paraît être en réalité peu efficace et a surtout le défaut de ne détruire aucun Insecte ;

2° Dans les champs de colza on emploie parfois des appareils secoueurs que l'on fait passer entre deux rangées de plantes. Les Insectes tombent dans une caisse munie d'un regard en verre contre lequel ils viennent se réunir ;

3° On passe, au-dessus des plantes attaquées par les Altises, des planches goudronnées où les Insectes viennent se prendre ;

4° Les Altises vivant indifféremment souvent de plusieurs plantes, il arrive que certaines espèces, qui ordinairement se trouvent sur des plantes spontanées, n'envahissent les plantes cultivées que si celles-ci sont dans le voisinage des premières. On évitera alors leur attaque en tenant les terres cultivées bien proprement, c'est-à-dire de façon que les plantes spontanées nourrissant des Altises en soient radicalement exclues. Ce moyen paraît être très efficace en ce qui concerne particulièrement la culture des betteraves sucrières ; dans les régions où cette culture est faite avec de grands soins, les Altises ne font pas de ravages ;

5° Contre les larves et même les adultes, on peut projeter au pulvérisateur, sur les plantes attaquées, des liquides insecticides à base de jus de tabac.

Famille des Coccinelles (Coccinellides).

A l'état adulte, ces Insectes, appelés communément *bêtes à bon Dieu*, se reconnaissent facilement à la forme globuleuse, presque hémisphérique de leur corps. Lorsqu'on les prend ils laissent suinter un liquide d'odeur très désagréable, replient leurs pattes et se laissent tomber : ils «font le mort».

Les larves ont un corps allongé, aminci en arrière, droit et à aspect verruqueux ; elles sont agiles et s'aident, pour marcher, d'un mamelon visqueux placé à l'extrémité postérieure du corps. Lors de la nymphose, les larves se fixent en outre par ce mamelon (fig. 44).

Fig. 44. — Coccinelles. Adultes, larve et nymphe fixée par l'extrémité abdominale.

La plupart des Coccinelles sont très utiles aussi bien à l'état larvaire qu'à l'état adulte, car elles se nourrissent surtout de Pucerons (d'où le nom d'Aphidiphages qu'on leur donne). Ces espèces se trouvent en abondance sur les plantes habitées par les Pucerons; elles doivent être soigneusement protégées.

Les deux principales espèces nuisibles sont :

La **Coccinelle des cucurbitacées** (*Epilachna argus*). — La larve et l'adulte mangent les feuilles des diverses Cucurbitacées cultivées. Les dégâts sont généralement peu sensibles, à cause du grand développement des feuilles attaquées.

La **Coccinelle de la luzerne** (*Lasia globosa*). — L'adulte, de couleur jaune rougeâtre, mesure 3 ou 4 millimètres; il a de nombreux points noirs sur les élytres. La larve et l'adulte se nourrissent des feuilles de luzerne, trèfle, vesce, etc.; quand ils sont abondants leurs dégâts sont considérables. On peut en recueillir alors directement de grandes quantités, en promenant sur les luzernières des poches de toiles comme pour la récolte du Colaspe. Un changement de culture peut parfois s'imposer dans les régions trop infestées.

CHAPITRE II.

ORTHOPTÈRES ET HYMÉNOPTÈRES.

A. Orthoptères.

Insectes munis, à l'état jeune comme à l'état adulte, de pièces buccales broyeuses. Mangent énormément, de sorte que les espèces nuisibles causent souvent des dégâts considérables.

L'adulte a deux paires d'ailes dont l'antérieure a souvent une consistance parcheminée, tandis que la paire postérieure est membraneuse. Celle-ci se plie ordinairement longitudinalement, en éventail, lorsque l'Insecte est au repos. Le corps est allongé et mou. Les pattes sont disposées soit pour marcher, soit pour courir, soit pour sauter. La femelle pond un très grand nombre d'œufs.

Fig. 45. — Nymphe d'Orthoptère (Criquet).

La larve ressemble fort à l'adulte, mais s'en distingue par sa taille plus petite et par l'absence d'ailes; elle se nourrit des mêmes aliments que l'adulte.

La nymphe qui succède à la larve est caractérisée par la présence d'ailes rudimentaires [fig. 45]: elle conserve les mœurs de la larve et continue à prendre de la nourriture; elle passe insensiblement à l'adulte.

Les principaux Orthoptères nuisibles aux plantes cultivées sont :

1° Les Perce-Oreilles ou Forficules.

La principale espèce est la **Perce-oreille commune** (*Forficula auricularia*) [fig. 46]. — Espèce très commune et connue de tout le monde par suite de la facilité avec laquelle la pince terminale de l'abdomen la fait reconnaître. Quand elle est très abondante dans les jardins, elle peut causer aux fleurs et aux fruits des dommages sérieux. Elle ronge les boutons des pêchers, des œillets, les jeunes pousses de dahlias, les graines de melon. Elle préfère les fruits sucrés : abricots, prunes, pêches, poires et attaque surtout ceux qui sont tombés à terre.

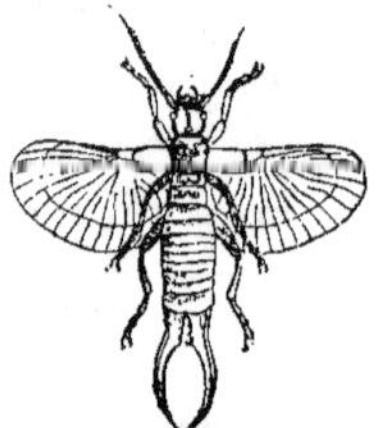

Fig. 46. — Perce-Oreille commune ayant les ailes déployées.

A l'état jeune comme à l'état adulte, la Forficule fuit la lumière; pendant le jour, elle se dissimule dans les abris les plus divers. On profite de cette circonstance pour lui tendre des pièges, tels que feuilles de choux pliées en quatre, paquets de brindilles ou de tiges fistuleuses suspendus aux espaliers ou autour des tiges d'œillets et de dahlias, pots à fleurs renversés sur des morceaux de fruits, etc. On n'a plus ensuite qu'à écraser ou à brûler les Insectes capturés.

2° Les Courtilières.

La principale espèce est la **Courtilière commune** (*Gryllotalpa vulgaris*), appelée aussi Taupe-grillon. — Insecte carnassier mais nuisible parce qu'il coupe les racines qu'il rencontre en creusant ses galeries dans le sol et parce qu'il bouleverse les semis des jardins.

Cette espèce est connue de tous à cause de sa forme peu habituelle. Elle se rencontre surtout dans les jardins potagers, les pépinières, les champs de blé. Elle se tient dans les terres meubles et légères où elle peut facilement creuser ses galeries.

La femelle pond deux ou trois cents œufs dans un nid souterrain, gros comme un œuf de poule, et communiquant au dehors par un conduit recourbé. Diverses galeries vont en outre du nid dans différentes directions. Les jeunes mettent plusieurs années à devenir adultes.

Les Courtilières se tiennent le jour dans leurs galeries, mais la nuit elles en sortent et les adultes peuvent voler d'un endroit à un autre.

On peut employer de nombreux procédés pour les détruire :

1° On les attire dans des pièges formés soit par des pots enterrés jusqu'au ras du sol, et contenant de l'huile ou de l'eau avec un peu d'essence de térébenthine, soit par de petits tas de fumier placés dans des trous. Elles tombent, la nuit, dans le liquide insecticide et s'y noient, ou se réfugient dans les tas de fumiers où on les tue alors facilement.

2° On verse des insecticides (eau mélangée à de l'huile lourde ou à une solution de savon noir) dans les trous où on sait les Insectes réfugiés;

3° Lorsque les champs sont trop infestés de Courtilières, on peut les détruire radicalement en injectant du sulfure de carbone dans le sol, dans la proportion de 4o grammes par mètre carré dans les terrains compacts et de 3o grammes dans les terrains moins serrés. On injecte à 1o centimètres de profondeur au moyen de pals. En même temps que les Courtilières, on détruit ainsi tous les autres Insectes contenus dans le sol.

3° Les Éphippigères.

Gros Insectes voisins du groupe des Locustides ou Sauterelles. Elles ont, comme celles-ci, des antennes plus longues que le corps et un oviscapte en forme de lame de sabre, très développé et qui sert à pondre les œufs dans des trous percés en terre. Elles sont caractérisées spécialement par l'absence à peu près complète d'ailes et par la disposition, en forme de *selle*, du corselet (d'où le nom d'Éphippigère ou Porte-selle). En outre, les pattes sont très longues et l'abdomen volumineux.

Elles comprennent principalement :

L'**Éphippigère des vignes** (*Ephippigera vitium*). — Espèce nuisible à diverses plantes mais surtout à la vigne dont elle mange les feuilles, les pousses et les raisins. Elle est commune en France; surtout en août et septembre.

L'**Éphippigère de Béziers** (*E. bitterensis*). — Espèce un peu plus grande que la précédente (3 à 4 centimètres de longueur au lieu de 3). A les mêmes mœurs.

Ramasser les Éphippigères et les détruire.

Près des deux espèces précédentes se place :

Le **Barbitiste de Bérenguier** (*Barbitistes Berenguieri*). — Le corselet n'a pas la forme de selle. Les mœurs de cette espèce sont les mêmes que celles des Éphippigères. On doit la détruire comme celles-ci.

4° Les Criquets.

Nuisibles pour ainsi dire à toutes les plantes, mais tout particulièrement aux céréales. Ils dévastent souvent complètement les régions qu'ils habitent, puis s'avancent plus loin pour chercher de nouvelle nourriture. Ils se tiennent alors en troupes nombreuses, et les adultes, pouvant voler et en outret poussés par le vent, parcourent des distances considérables et envahissent d'autres régions lointaines. Les larves et les nymphes, au contraire, ne pouvant voler, s'avancent sur le sol en dévorant toutes les plantes qu'elles rencontrent. C'est surtout en Algérie et dans les pays méridionaux que les Criquets exercent leurs ravages; en France, ils ne causent guère de dégâts qu'en Provence et dans le sud-ouest.

Les Criquets s'appellent communément Sauterelles. Ils diffèrent en réalité de ces derniers Insectes en ce qu'ils ont les antennes moins longues; l'extrémité abdominale de la femelle ne présente pas non plus le long appendice recourbé en lame de sabre (oviscapte), qui caractérise la femelle des Sauterelles. Ils ont la faculté d'exécuter des sauts énormes. Ils pondent leurs œufs dans des trous creusés en terre et peu profonds; ces œufs sont réunis en masses autour desquelles se trouvent, agglutinés par une matière visqueuse, des grains de sable ou de terre.

Dans le midi de la France, on détruit les Criquets en écrasant directement sur place les très jeunes larves alors qu'elles ne sautent pas encore et se tiennent groupées ensemble, et en rassemblant les larves et les nymphes, ainsi que les adultes, au moyen de branchages que l'on traîne sur le sol; on pousse les Insectes recueillis dans des fosses que l'on recouvre de terre, ou on les brûle sur des amas de paille imbibée de pétrole. On dirige aussi parfois les Insectes sur des *melhafas*, ou pièces de toile à sac de 1o mètres de long sur 3 mètres de large. On dresse ces melhafas verticalement, en laissant le tiers ou la moitié de leur largeur sur le sol. A chaque bout se tiennent plusieurs personnes munies de branches d'arbres et venant faire, au devant de la toile, un demi-cercle de 15 à 2o mètres de rayon. Puis ces personnes s'avancent en chassant les Criquets vers la toile. Alors on saisit les bords de la partie placée à terre et on les rapproche de la partie tenue en l'air. On secoue enfin brusquement l'espèce de sac contenant les Insectes, lesquels sont ainsi étourdis. On peut alors les enfouir ou les donner aux animaux domestiques. On doit également rechercher les amas d'œufs et les détruire. Enfin, on peut détruire les Criquets en projetant sur eux, au moyen d'arrosoirs ou de pulvérisateurs, des liquides insecticides. M. Künckel d'Herculais recommande l'emploi du mélange suivant :

Savon noir.. 1 kilogr.
Huile lourde 5
Eau .... 94 litres.

On mélange au savon noir 3 litres d'eau bouillante par petites doses successives, de manière à obtenir un mélange parfait (on agite avec un bâton). On ajoute peu à peu les 5 kilogrammes d'huile lourde en continuant à agiter. Au moment d'en faire usage, on ajoute à la pâte la quantité d'eau nécessaire pour compléter les 94 litres.

Les principales espèces de Criquets nuisibles que l'on trouve dans le midi de la France sont :

Le **Criquet voyageur** (*Pachytylus migratorius*) [fig. 47].

Fig. 47. — Criquet voyageur.

Le **Criquet italique** (*Caloptenus italicus*) [fig. 48].

La première espèce a une couleur variant du gris jaunâtre au vert livide et les ailes beaucoup plus longues que l'abdomen.

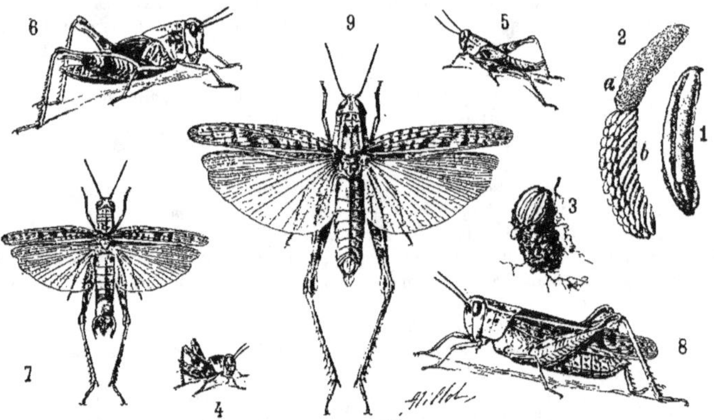

Fig. 48. — Criquet italique. 1, œuf très grossi; 2, grappe d'œufs surmontée d'un amas de matière protectrice déposée par la femelle sur ses œufs; 3, fragment d'une coque ovigère montrant la disposition des œufs; 4, 5, 6, jeunes Caloptènes; 7, mâle adulte; 8 et 9, femelle adulte.
(D'après un cliché communiqué par M. Künckel d'Herculais.)

La deuxième espèce a les ailes postérieures roses; c'est elle qui dans le midi de la France et en Charente est la plus fréquente. Les larves paraissent au printemps (mai et juin); elles sont devenues adultes en juillet. Les œufs sont alors pondus dans des coques placées surtout dans les talus des routes ou les terrains incultes. Chaque femelle pond à plusieurs reprises, environ deux cents œufs en tout.

Une troisième espèce se trouve aussi en France, c'est :

Le **Criquet marocain** (*Stauronotus maroccanus*). — Espèce mesurant 2 à 3 centimètres de longueur, de couleur rousse avec des taches brunes sur le dos. Les jeunes naissent en avril d'œufs pondus dans le sol à l'automne.

C'est surtout en Algérie que cette espèce exerce ses ravages. En France elle se montre dans la région de la Camargue, où elle cause assez souvent des dégâts.

B. Hyménoptères.

Insectes ayant ordinairement des ailes membraneuses et transparentes, dont les postérieures sont plus petites que les antérieures et se trouvent au-dessous d'elles pendant le repos. La bouche est armée de pièces buccales dont les unes servent à saisir et à broyer (mandibules) et les autres, jouant le rôle de langue, à lécher les substances liquides (languette).

Beaucoup d'Hyménoptères ont des instincts très perfectionnés et font même preuve d'une intelligence réelle. Certains vivent en sociétés dans lesquelles le principe de la division du travail est porté à un haut degré. On trouve alors trois sortes d'individus dans ces espèces : les mâles, les femelles et les neutres ou ouvrières. Ces dernières ne concourent plus à la reproduction de l'espèce, mais sont adonnées uniquement à différents travaux qui profitent à l'ensemble de la société.

Les larves qui sortent des œufs sont très souvent privées de pattes; mais parfois aussi elles en possèdent un nombre supérieur à trois paires et ressemblent aux chenilles des Papillons; on les appelle alors *fausses-chenilles*. Lorsqu'elles ont atteint leur taille définitive, les larves se transforment en nymphes immobiles comme chez les Coléoptères, c'est-à-dire éprouvent des métamorphoses complètes. De la nymphe sort ensuite, après un temps plus ou moins long, l'Hyménoptère adulte.

Les Hyménoptères ont des mœurs très variables suivant les espèces. Parfois ils vivent du nectar des fleurs, qu'ils transforment en miel, et sont utiles soit par le miel et la cire qu'ils produisent (Abeille), soit parce qu'ils assurent la fécondation chez beaucoup de plantes des jardins et des champs (Abeilles, Bourdons). Souvent, ils sont carnassiers et détruisent beaucoup d'Insectes; ils sont encore considérés comme utiles. Enfin, certaines espèces dont les larves prennent une nourriture végétale sont nuisibles aux feuilles, aux fruits ou à d'autres parties des plantes cultivées.

Famille des Guêpes (Vespides).

Insectes à corps lisse et luisant, présentant ordinairement un mélange de couleurs jaunes et noires. Ont un aiguillon venimeux, avec lequel elles se défendent lorsqu'elles sont dérangées.

A l'exception de certaines espèces, elles vivent en sociétés dans des nids ou *guêpiers* où l'on trouve des mâles, des femelles et des ouvrières. Ces guêpiers, dans les régions froides ou tempérées, ne sont habités que pendant la belle saison; à l'approche de l'hiver, les Guêpes meurent en effet, sauf quelques femelles fécondées qui hivernent dans des trous et attendent le printemps suivant pour fonder chacune un nouveau guêpier. La femelle, après avoir choisi un trou pour y faire son nid, pond, et des œufs naissent: d'abord des ouvrières qui agrandissent le nid en construisant de nouvelles cellules et ramassent les provisions, puis des mâles et des femelles. Ces deux dernières catégories d'individus donnent naissance, après s'être accouplées, à de nouvelles larves et de nouveaux adultes qui augmentent la population du guêpier.

La nourriture des Guêpes sociales et les provisions qu'elles rapportent au nid pour l'alimentation des larves sont très variées; elles consistent surtout en nectar qu'elles dégorgent ensuite sous forme de miel, en fruits, en morceaux de viande, en Insectes. Les Guêpes pillent aussi souvent les ruches d'Abeilles et tous les jus sucrés. C'est surtout à la fin de l'été et au commencement de l'automne qu'elles deviennent très nuisibles; les guêpiers sont alors en effet très peuplés. Les Guêpes envahissent les maisons pour y piller le sucre et les confitures et attaquent les fruits sucrés (prunes, pêches, poires, raisins). Elles sont en outre dangereuses pour l'homme et les animaux domestiques, à cause des piqûres qu'elles peuvent faire.

Les Guêpes sociales sont assez nombreuses en espèces qui sont toutes nuisibles. Au contraire, les Guêpes solitaires (Eumènes, Odynères) ne sont pas nuisibles, car elles ne vivent que d'Insectes lorsqu'elles sont à l'état de larve, et de nectar à l'état adulte.

Les principales Guêpes sociales sont :

La **Guêpe commune** (*Vespa vulgaris*), qui construit son nid dans la terre, à une profondeur de 15 à 20 centimètres, sur le bord des bois, dans les jardins ou les champs.

La **Guêpe germanique** (*V. germanica*) [fig. 49]. Très voisine de la précédente. C'est une espèce très commune, faisant aussi son nid en terre. Chaque guêpier peut contenir, vers la fin de l'été, deux mille individus.

Fig. 49. — Guêpe germanique

La **Guêpe frelon** (*V. crabro*), que sa grande taille (3 centimètres à 3 centimètres 1/2) fait facilement reconnaître. Elle fait son nid dans les troncs d'arbre, sous les tuiles des toits, dans les vieux murs. Ses piqûres sont très douloureuses et on doit éviter de déranger les nids et de tenir les animaux domestiques dans le voisinage de ceux-ci. Cette remarque relative aux animaux domestiques (surtout au Cheval et au Bœuf) peut du reste s'appliquer aux diverses espèces de Guêpes.

Il est facile de s'opposer à la multiplication trop abondante des Guêpes. On détruit les guêpiers en brûlant à l'entrée des mèches soufrées et en refermant ensuite cette entrée, en y versant de l'eau bouillante, ou mieux des liquides asphyxiants tels que pétrole, benzine, etc. On doit attendre la nuit our effectuer cette destruction, car alors toutes les Guêpes sont rentrées. Au printemps, il est avantageux de capturer au filet les grosses femelles qui errent çà et là à la recherche d'un endroit propice pour établir leur nid. Chaque femelle détruite est un guêpier de moins pour l'année. Dans les jardins, suspendre aux espaliers, aux treilles, aux arbres à fruits sucrés, des flacons d'eau miellée où les Guêpes viennent se noyer; protéger les raisins par des sacs de crin et les poires et pommes de luxe avec des sacs en papier.

L'effet des piqûres faites par les Guêpes se neutralise facilement au moyen d'eau ammoniacale.

Famille des Fourmis (Formicides).

Hyménoptères vivant en sociétés dans les bois, les prairies, les jardins, etc. Chaque espèce comprend encore trois sortes d'individus : des mâles, des femelles et des ouvrières. Les mâles ont des ailes; les femelles en ont au moment de la reproduction, mais les perdent après l'accouplement; enfin, les ouvrières en sont toujours privées. Les femelles et les ouvrières possèdent aussi des glandes venimeuses et parfois, mais pas toujours, un aiguillon.

Les nids des Fourmis, ou *fourmilières*, ont une disposition très compliquée, attestant le grand développement des facultés intellectuelles de ces animaux. Les mâles ne font que féconder les femelles puis meurent; les femelles pondent les œufs sans s'en occuper ensuite davantage; ce sont les ouvrières qui soignent les œufs, les larves et les nymphes, ramassent les provisions et font tous les travaux qui profitent à l'ensemble de la colonie.

Les Fourmis se nourrissent de gommes, amidon, sucre, nectar, fleurs, fruits, bourgeons, Insectes vivants ou morts, cadavres d'animaux. Dans les jardins elles causent surtout des dégâts en mangeant les fleurs, les bourgeons et les fruits de la vigne, du pêcher, du poirier, du cerisier, etc. Elles recherchent les Pucerons et certaines Coccides pour se nourrir des liquides sucrés rejetés par ces Insectes: elles les excitent même avec leurs antennes pour activer le rejet des matières sucrées; à ce point de vue elles nuisent indirectement aux plantes sur lesquelles se tiennent les Pucerons, en augmentant pour ceux-ci le besoin de nourriture. Certaines espèces, appelées Fourmis *moissonneuses*, font des provisions de céréales, ou de graines de composées, de plantes potagères ou d'ornement, de trèfle, etc. Ces provisions sont conservées pour l'hiver et ne sont ainsi amassées que par des espèces des régions méridionales, espèces dont les fourmilières durent non seulement l'été, comme dans les pays froids, mais encore pendant l'hiver.

On doit considérer comme utiles les Fourmis qui vivent à peu près uniquement d'Insectes ou autres animaux nuisibles (Chenilles, larves de Scolytes, Coccides, Cloportes, Limaces, Thrips), et comme nuisibles celles qui rongent le bois, les fleurs ou les bourgeons, activent les sécrétions des Pucerons et des Cochenilles, mangent les fruits, pillent les provisions des maisons, ou récoltent des graines pour l'hiver. Les principales espèces nuisibles sont :

La **Fourmi jaune** (*Lasius flavus*), dont les ouvrières sont jaunes, le mâle noir et la femelle noirâtre, sauf l'abdomen qui est jaunâtre. Très commune dans les jardins, où elle fait son nid sous les gazons, au pied des plantes et même dans les pots à fleurs.

La **Fourmi brune** (*L. niger*), de couleur noir luisant, avec les pattes roussâtres, fréquente dans les jardins et les couches des maraîchers.

La **Fourmi rouge** (*Myrmica rubra*), de couleur rouge fauve, commune dans les gazons des parcs; elle pique fortement.

Les **Fourmis moissonneuses** (*Atta structor* et *A. barbara*), du midi de la France. Elles nuisent dans les champs de blé, les jardins, les prairies artificielles; elles ramassent en effet les graines des semailles et en font des provisions sous terre; au printemps, ces graines, qui ont subi un commencement de germination et sont devenues sucrées, sont mangées par les Fourmis.

MOYENS DE COMBATTRE LES FOURMIS.

Ils sont assez efficaces et de nature variée :

1° Pour empêcher les Fourmis de monter aux arbres, on met un collier de glu ou de ouate à la base;

2° On arrose les fourmilières avec du pétrole ou de l'eau bouillante, ou on y met des capsules de sulfure de carbone;

3° On met des éponges imbibées de liquide sucré dans les endroits fréquentés par les Fourmis et on les jette de temps en temps dans l'eau chaude;

4° Les poudres insecticides, insufflées dans les rainures des magasins ou des maisons, en tuent les Fourmis qui s'y réfugient;

5° Dans les jardins on suspend aux plantes (arbres, espaliers, etc.) ou contre les murs des flacons d'eau miellée semblables à ceux que l'on emploie contre les Guêpes;

6° Pour empêcher les Fourmis de pénétrer dans les serres, les fruitiers, les placards et en général dans tous les endroits clos, placer, aux ouvertures par lesquelles elles s'introduisent, des tampons de coton imbibé de benzine.

Famille des Cynips (Cynipides).

Espèces de petite taille, ayant ordinairement moins de 1 centimètre de long. Couleur ordinairement foncée. Antennes droites, filiformes. La femelle a une longue tarière en forme de soie très fine, rentrée dans l'abdomen à l'état de repos et qui est utilisée pour percer des trous lors de la ponte des œufs. La reproduction de ces Insectes est remarquable; il y a ordinairement alternance entre une génération sexuée, c'est-à-dire où il y a des mâles et des femelles, et une génération asexuée (où il n'existe que des femelles qui pondent des œufs sans avoir besoin d'être fécondées). En outre, les individus appartenant aux deux sortes de générations sont tellement différents les uns des autres, qu'on n'a reconnu qu'avec peine qu'ils appartenaient à la même espèce.

Certains Cynipides pondent leurs œufs dans le corps de larves ou de chenilles et sont utiles, car leurs larves dévorent leur hôte; d'autres les pondent dans les tissus des plantes. Dans ce dernier cas, il se produit, à l'endroit piqué, une excroissance particulière appelée *galle*. La nature et la forme de

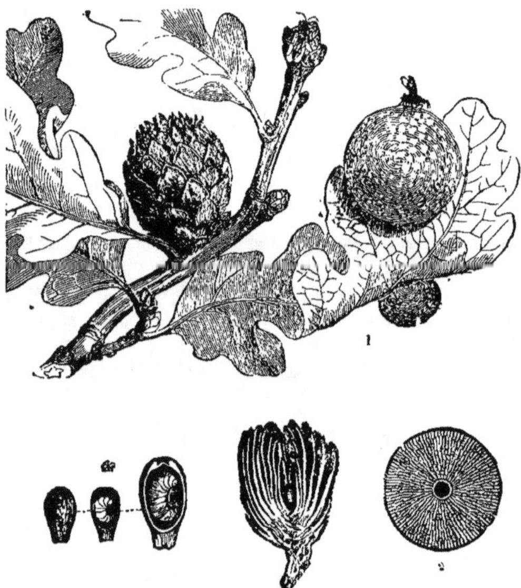

Fig. 5o. — Galles produites sur le chêne par la piqûre de Cynips. En haut et à droite, galles en forme de cerise produites sous les feuilles par la piqûre de la femelle sexuée. De cette galle sortiront des femelles parthénogénésiques qui piqueront les bourgeons et non plus les feuilles, d'où résulteront des galles différentes, desquelles sortiront les femelles sexuées. En haut et à gauche, galle «en forme d'artichaut» produite par la piqûre d'une autre espèce (*Andricus pilosus*). En bas et en allant de droite à gauche : coupe d'une galle en cerise montrant, au centre, la loge larvaire vide; coupe d'une galle en artichaut montrant, au centre, la loge larvaire; 2 coupes de cette dernière, dont l'une grossie et l'autre de grandeur naturelle, montrant la larve dans la loge; loge larvaire isolée du reste de la galle. [Sur la grosse galle en cerise, le *Torymus regius* (Chalcidien qui parasite les Cynips); à l'extrémité du rameau, le *Dryophanta scutellaris*.]

la galle sont caractéristiques de l'espèce qui a piqué la plante. En outre, comme il y a différence entre les deux sortes d'individus des deux générations alternantes, les galles qui correspondent aux deux sortes d'individus sont également de deux sortes. Les Cynipides qui produisent ainsi des galles sur les végétaux (particulièrement sur le chêne) ne causent pas en réalité un tort bien considérable. Parmi ces espèces, on peut citer :

Le **Cynips des galles «en forme de cerise» du chêne** (*Dryophanta scutellaris*) [fig. 5o]. Cette espèce est peu nuisible. L'adulte sexué mesure $2^{mm} 1/2$ et l'adulte parthénogénésique 4 millimètres.

Le **Cynips des bédéguars** (*Rhodites rosæ*) [fig. 51], qui nuit aux rosiers et aux églantiers. L'adult est noir, avec les pattes et l'abdomen jaune roussâtre; il mesure à peine un demi-centimètre. A la fin du printemps, la femelle pond une dizaine d'œufs dans une entaille qu'elle fait aux rameaux. Il se

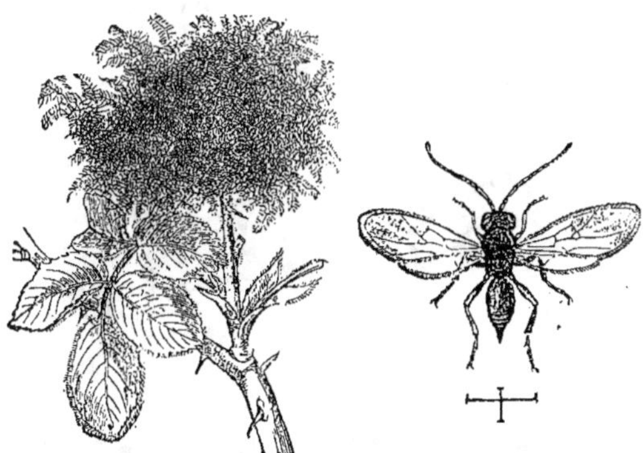

Fig. 51. — Cynips des bédéguars. A gauche, bédéguar; à droite, Insecte adulte très grossi.

produit une galle moussue, commune sur les rosiers et les églantiers, et connue sous le nom de *bédéguar*. Au printemps suivant, les Cynips ailés quittent la galle et s'envolent.

Brûler les bédéguars avant leur complet développement.

Famille des Tenthrèdes (Tenthrédinides).

L'abdomen de l'adulte, au lieu d'être rattaché au thorax par un mince pédicule, lui est largement attaché sur toute sa surface antérieure. La femelle ni le mâle ne portent jamais d'aiguillon, mais la première a une tarière dentée en scie, qui lui sert à faire des incisions dans les tissus des plantes lors de la ponte des œufs. Cette disposition fait désigner les Tenthrèdes sous le nom de *Mouches à scie*.

Les larves offrent la plus grande ressemblance avec les chenilles des Papillons; comme elles, elles possèdent de nombreuses pattes; mais si on compte ces appendices, on trouve qu'il y en a 9, 10 ou 11 paires, alors que dans les véritables chenilles il n'y en a au plus que 8 paires. On leur donne le nom de *fausses-chenilles*. Du reste, ces fausses-chenilles vivent de la même manière que les vraies chenilles et sont tout aussi nuisibles que ces dernières. Elles prennent uniquement une nourriture végétale et causent des dégâts considérables à de nombreuses plantes.

On divise les Tenthrédinides en deux groupes, suivant que la tarière est grande et visible à l'état de repos ou, au contraire, petite et dissimulée.

a. TENTHRÉDINIDES À TARIÈRE COURTE, PEU VISIBLE À L'ÉTAT DE REPOS.

Ont des fausses-chenilles vivant presque toujours à découvert; on les trouve souvent enroulées sur les feuilles. Les principales des nombreuses espèces nuisibles appartenant à ce groupe sont :

1° Les Cimbex.

Ces grosses espèces, dont les fausses-chenilles mangent ordinairement les feuilles des arbres forestiers, sont de couleur noire et jaune. La principale forme est :

Le **Cimbex du bouleau** (*Cimbex betulæ*) [fig. 52], nuisible au bouleau, au saule, au hêtre.

L'abdomen de la femelle est jaune, celui du mâle, noir violacé. Le reste du corps est recouvert de poils noirs ou jaunes. Les ailes sont teintées de brun. La larve est vert bleuâtre avec une ligne longi-

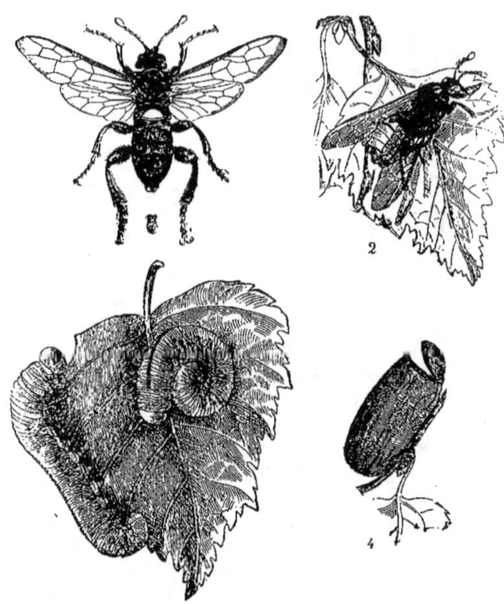

Fig. 52. — Cimbex du bouleau ; 2, femelle ; 4, cocon ; 5, mâle ; fausses-chenilles sur une feuille.

tudinale noire sur le dos, entourée, de chaque côté, de stries jaunes. La tête est jaune. Au repos, la larve est roulée à la face inférieure des feuilles ; quand elle mange, elle attaque celles-ci par la tranche. En automne, quand elle a atteint sa taille définitive, elle se construit un cocon brun, en forme de tonnelet, qu'elle fixe à une branche, dans lequel elle passe l'hiver et d'où l'adulte sort au printemps. Elle reste trois années à l'état de fausse-chenille.

2° Les Allantes.

Comprennent de nombreuses espèces ordinairement peu nuisibles parmi lesquelles :
L'**Allante bordée** (*Allantus marginellus*), parfois commune sur l'aulne.
La **Tenthrède à triple ceinture** (*A. tricinctus*). La larve mange les feuilles du chèvrefeuille.

3° Les Tenthrèdes proprement dites (et espèces très voisines).

Les adultes des Tenthrèdes proprement dites, à corps cylindrique et élancé, à longues antennes, sont souvent carnassiers. Parmi les espèces nuisibles se trouvent :
La **Tenthrède verte** (*Perineura viridis*), dont les fausses-chenilles sont communes sur les feuilles de saule, d'aulne et de peuplier. L'adulte est vert clair avec des taches noires.
La **Tenthrède difforme** (*Cladius difformis*), dont la larve mange les feuilles du rosier.
La **Tenthrède noire** (*Tenthredo æthiops*), dont les larves d'abord vert jaunâtre, puis brunes, rongent la face supérieure des feuilles du rosier.

La **Tenthrède zonée** (*T. zonata*), nuisible au rosier.

La **Tenthrède à ceinture rousse** (*T. rufocincta*), ayant mêmes mœurs.

La **Tenthrède à ceinture** (*Emphytus cinctus*). La larve vit dans la tige du rosier, dont elle mange la moelle. Elle provient d'œufs pondus dans des incisions de rameaux, que la femelle fait avec sa tarière.

Détruire les fausses-chenilles de toutes ces espèces, soit en les recueillant sur les feuilles, soit en projetant sur elles des liquides insecticides.

4° Les Lyda.

Ces espèces sont caractérisées par leurs longues antennes filiformes, la présence, entre la tête et le thorax, d'un «cou» distinct, leur corps large et aplati. Les fausses-chenilles vivent sur les arbustes et sur les arbres; elles sont très nuisibles. Les principales sont :

La **Lyda du poirier** (*Lyda pyri*) [fig. 53]. L'adulte est noir avec des taches jaunes et a les ailes tachées de noir. Les fausses-chenilles vivent en commun dans des nids soyeux, où on en rencontre

Fig. 53. — Fausses-chenilles de la Lyda du poirier (rongeant un rameau d'aubépine).

Fig. 54. Lyda champêtre (larve et adulte).

jusqu'à une vingtaine. On les trouve sur les pommiers, les poiriers, les aubépines, dont elles mangent les feuilles. Elles se rendent en terre pour se nymphoser.

Détruire ces fausses-chenilles par l'échenillage.

Les larves de plusieurs espèces de Lyda sont nuisibles aux arbres résineux, particulièrement aux pins et aux sapins, dont elles mangent les feuilles. Elles se rassemblent sous des toiles communes, ce qui facilite leur destruction par les procédés habituels d'échenillage. Telles sont notamment :

La **Lyda champêtre** (*Lyda campestris*) [fig. 54], de près de 2 centimètres, de couleur noire et jaune, avec des taches blanches sur le corselet. La larve est jaune, puis verte.

La **Lyda des prairies** (*L. pratensis*), de 1 cent. 1/2 environ, noire et jaune, à larve brune avec une ligne blanche sur le dos, passant l'hiver dans la terre et se transformant au printemps.

La **Lyda à tête rouge** (*L. erythrocephala*), ayant les antennes noires et le corps bleu. La larve est vert foncé.

5° Les Sélandrées (et espèces voisines).

Insectes de petite taille; les deux principales espèces sont :

La **Sélandrée noire** (*Eriocampa limacina*) [fig. 55]. L'adulte, de 4 à 5 millimètres de long, est noir luisant, avec les ailes présentant une bande brunâtre. Les fausses-chenilles, imprégnées d'un mucus qui leur donne l'apparence de petites Limaces (d'où le nom de « Tenthrède-Limace » donné à l'espèce), rongent le parenchyme des feuilles de poirier en août et septembre et les transforment en « dentelle ».

Fig. 55. — Larves de Sélandrée noire rongeant le parenchyme d'une feuille de poirier.

Elles sont de couleur d'abord vert foncé, puis jaunâtre; leur corps s'amincit de plus en plus vers l'arrière. Au mois d'octobre, elles s'enfoncent en terre pour se nymphoser dans l'été suivant.

Les fausses-chenilles peuvent se détruire au moyen de la chaux en poudre.

La **Sélandrée des pruniers** (*Hoplocampa fulvicornis*). L'adulte, de couleur noire, avec des poils roux sur la tête et le thorax, pond ses œufs dans l'ovaire des pruniers. La fausse-chenille ronge l'intérieur des jeunes prunes, lesquelles tombent avant la maturité.

Brûler les fruits à mesure qu'ils tombent.

6° Les Némates.

Espèces de petite taille, à antennes velues. La principale est :

Le **Némate du groseillier** (*Nematus ventricosus*), dont la fausse-chenille mange les feuilles des groseilliers.

L'adulte, qui mesure 7 millimètres, a la tête et le dessus du corselet noirs et le reste du corps de couleur jaune. Les fausses-chenilles sont vertes et ont une tête noire; on les trouve sur les feuilles au printemps et à l'automne; l'adulte se montre également deux fois, un peu avant l'apparition des fausses-chenilles; il y a donc deux générations annuelles.

Secouer les groseilliers au-dessus d'un parapluie ou de toiles et écraser les fausses-chenilles qui tombent. Quand le Némate a été abondant, on peut en outre détruire un grand nombre de nymphes en fouillant le sol au pied des groseilliers, après que les larves ont disparu de ces arbustes pour aller se nymphoser en terre.

7° Les Athalies.

Ont des antennes courtes et au contraire de longues ailes.

Elles comprennent deux espèces nuisibles principales :

L'**Athalie de la rave** (*Athalia spinarum*) [fig. 56]. La larve mange les feuilles des crucifères, particulièrement du navet, auquel elle cause parfois de grands dégâts (Croissy, 1901). Elle est incolore, puis gris verdâtre, puis noire, et finalement gris ardoisé. Elle s'enfonce en terre pour se nymphoser dans un cocon de soie.

L'adulte a de 6 à 8 millimètres de long, est de couleur jaune rougeâtre, avec la tête noire et le thorax jaune et noir. Il y a deux générations annuelles, de sorte que les larves causent leurs dégâts de juin à octobre. Les œufs sont pondus dans le parenchyme des feuilles que les femelles entament avec leur tarière.

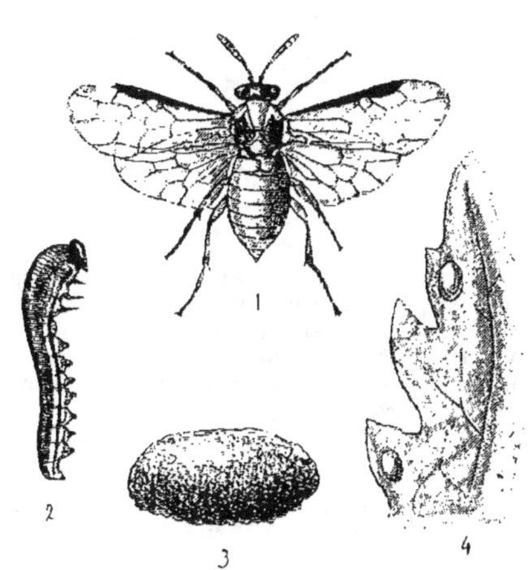

Fig. 56. — Athalie de la rave. Adulte, fausse-chenille, cocon, œufs pondus sur le bord des feuilles, et navets attaqués par les fausses-chenilles.
(D'après un cliché communiqué par M. le Dʳ Marchal.)

1° Faire des pulvérisations d'insecticides à base de savon noir et de pétrole;

2° Lorsque les larves ont dévoré les feuilles dans un champ, ou qu'on aura arraché les navets de ce champ, protéger les champs voisins par un fossé taillé à pic du côté du champ à protéger, et en pente douce du côté opposé. Les larves s'accumulent dans le fossé et on peut les tuer facilement;

3° Au moment des mues, promener des balais de branchage sur les champs infestés; les larves en train de muer tombent à terre et y périssent;

4° Changer de culture quand les Athalies ont été très abondantes;

5° Les Hirondelles, et beaucoup d'Insectes parasites, détruisent un grand nombre d'individus.

L'Athalie de la rose (*Athalia rosæ*). Espèce nuisible au rosier.

L'adulte, de 6 à 8 millimètres, a la tête et le corselet noirs et l'abdomen jaune rougeâtre. La femelle fait des entailles sur les rameaux pour y pondre ses œufs. Les fausses-chenilles mangent le parenchyme et l'épiderme de la face inférieure des feuilles, mais respectent les nervures et l'épiderme de la face supérieure. Il y a deux générations annuelles; la nymphose a lieu en terre.

Récolter et tuer l'adulte au moment de la ponte, ainsi que les larves sur les feuilles.

8° Les Hylotomes.

Ils comprennent une espèce principale :

L'**Hylotome de la rose** (*Hylotoma rosæ*) [fig. 57]. L'adulte est jaunâtre, avec la tête noire; il mesure de 7 à 8 millimètres. La femelle pond ses œufs dans des incisions qu'elle pratique dans les tiges de rosier, surtout dans les parties tendres. Les fausses-chenilles, de couleur vert brunâtre avec des taches jaunes et noires, mangent les feuilles en ne laissant que les grosses nervures. Il y a deux

Fig. 57. — Hylotome de la rose. Adultes, larves et feuilles mangées par celles-ci.

générations annuelles. Les fausses-chenilles vont se nymphoser en terre dans de petits cocons. Celles de la dernière génération y passent l'hiver.

Le meilleur moyen à employer pour combattre l'Hylotome de la rose consiste à recueillir directement, au printemps et à l'automne, les adultes qui viennent pondre sur les rosiers et les fausses-chenilles qui peuvent se trouver sur les feuilles. On peut aussi projeter sur les fausses-chenilles des liquides insecticides.

9° Les Lophyres.

Insectes à antennes ayant de nombreux articles et pectinées chez le mâle. La forme principale est :

Le **Lophyre du pin** (*Lophyrus pini*) [fig. 58]. Espèce très commune et très nuisible aux pins. Deux ou trois générations de mai à septembre.

Fig. 58. — Lophyre du pin; adultes (mâle de grandeur naturelle et femelle grossie, à gauche de la figure), larves et cocon.

Le mâle a le corps entièrement noir (les pattes sont jaunes), tandis que la femelle est noire et jaune. Les œufs sont déposés dans des incisions faites dans les feuilles. Les larves, de couleur vert jaunâtre, se portent en masses sur les jeunes pousses et même les feuilles plus dures, et les dévorent. Arrivées à leur grosseur, elles s'enferment dans de petits cocons grisâtres ou brunâtres fixés sur les branches ou cachés dans la mousse.

On peut combattre cette espèce en coupant les branches couvertes de cocons et les brûlant, et en échenillant aux époques où les larves sont rassemblées en grande quantité sur les branches. Les porcs, amenés au pied des pins, mangent les cocons placés dans la mousse.

10° Les Cèphes.

Ces Insectes sont de petite taille, à antennes ayant de nombreux segments et renflées au bout chez les mâles. Les deux espèces nuisibles principales sont :

Le **Pique-bourgeon** ou **Cèphe comprimé** (*Cephus compressus*). Espèce nuisible au poirier.
Le mâle a 7 millimètres; son abdomen et ses pattes sont jaunes. La femelle a près de 1 centimètre; son abdomen est noir et rouge et ses pattes noires, tachées de blanc. Elle pique les bourgeons des poiriers et y dépose ses œufs.
La fausse-chenille, blanche, recourbée en S, creuse l'intérieur du bourgeon, puis de la tige. En mai, elle se nymphose dans sa galerie, et l'adulte s'échappe au dehors après avoir percé la paroi de celle-ci.
En taillant, couper et brûler les rameaux minés (ils sont noircis et desséchés).

Le **Cèphe du chaume** (*Cephus pygmæus*) [fig. 59]. Espèce nuisible au blé et au seigle. L'adulte, qui mesure 7 millimètres chez le mâle et 1 centimètre chez la femelle, est noir avec deux bandes jaunes sur l'abdomen. La femelle incise, au printemps, les tiges sous les épis et dépose ses œufs dans les trous.

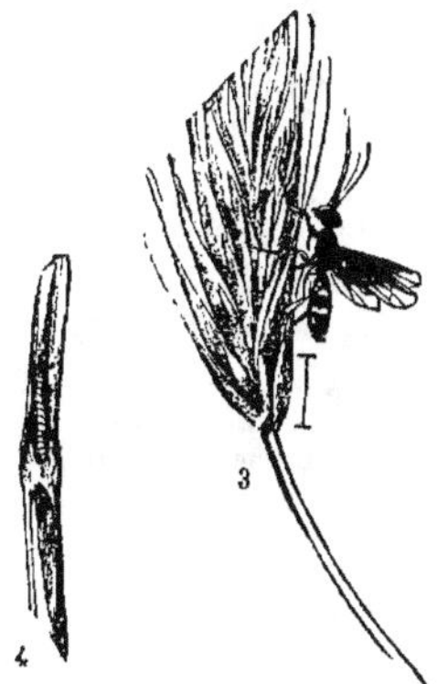

Fig. 59. — Cèphe du chaume, adulte et larve.

Les fausses-chenilles, de couleur blanche, avec la tête noire, descendent dans le chaume tout en le rongeant. En bas, elles se font un cocon et y restent pour passer l'hiver. Les épis restent blancs, sans mûrir.

Déchaumer après la moisson et brûler les chaumes; en outre, si le Cèphe a été abondant, changer de culture.

b. ESPÈCES À LONGUES TARIÈRES.

Sont de grosses espèces à abdomen long et cylindrique, rares en France.
La tarière sert à percer les arbres résineux ou autres, au moment de la ponte des œufs. Les fausses-

chenilles pénètrent dans le bois et y creusent des galeries ; elles n'ont que des pattes peu développées et ont aussi un corps allongé et cylindrique. Les trois espèces principales sont :

Le **Sirex bouvillon** [*Sirex juvencus*]. L'adulte, de 2 à 3 centimètres, est bleu métallique avec les ailes jaunâtres et les pattes rousses. Chez le mâle, l'abdomen présente une bande rougeâtre.

Les larves, blanches, mettent deux ans à atteindre leur grosseur définitive et se nymphosent dans leurs galeries, qui sont surtout creusées dans les pins, sapins et épicéas.

Le **Sirex géant** (*S. gigas*) [fig. 60]. Espèce nuisible aux pins, sapins, mélèze, parfois au hêtre et au peuplier. L'adulte, qui mesure de 3 à 4 centimètres, a un aspect de Frelon. L'abdomen est jaune et noir. Mêmes mœurs que l'espèce précédente.

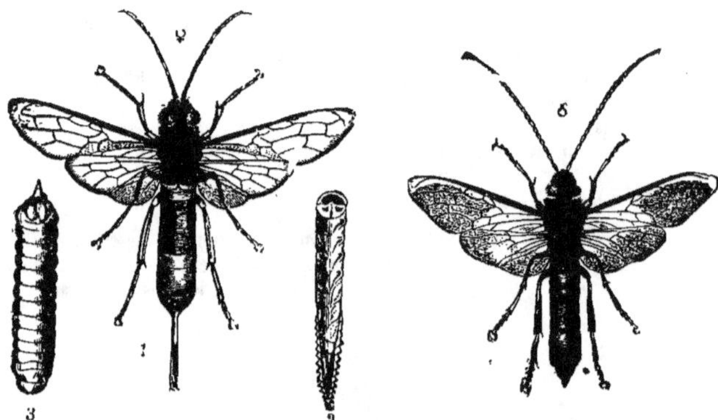

Fig. 60. — Sirex géant. 1, femelle adulte ; 2, extrémité de sa tarière (très grossie) : 3, sa larve ; à droite, mâle adulte.

Le **Sirex spectre** (*Sirex spectrum*). Nuit surtout à l'épicéa. Est de couleur noire.

Les galeries creusées par les larves de *Sirex* dans le bois enlèvent à celui-ci une partie de sa valeur marchande ; il y a donc intérêt à abattre, pour les exploiter de suite, les arbres reconnus atteints. En outre, dans les plantations d'arbres verts, on peut recueillir les adultes quand ils paraissent et en détruire ainsi une grande quantité.

CHAPITRE III.

LÉPIDOPTÈRES (PAPILLONS).

La plupart des Papillons considérés à l'état adulte sont inoffensifs, car ils ne vivent que de liquides floraux ou même ne prennent pas de nourriture. Mais chez un très grand nombre d'espèces, les jeunes ou *chenilles* sont extrêmement nuisibles aux plantes cultivées ; ils ne se nourrissent en effet que de substances végétales et sont doués d'un très grand appétit.

Le Papillon adulte, reconnaissable immédiatement à ses 4 ailes membraneuses recouvertes d'écailles très fines qui se détachent facilement quand on tient l'Insecte avec les doigts, porte ordinairement, au devant de la bouche, un long filament creux, enroulé en spirale au repos, mais se déroulant lorsque l'animal s'en sert pour aspirer le suc des fleurs ou d'autres substances liquides. C'est la *spiritrompe;* elle est rudimentaire ou nulle chez les Papillons qui ne prennent pas de nourriture.

La femelle dépose ses œufs en des endroits très divers, en rapport avec les mœurs qu'ont les chenilles de l'espèce à laquelle elle appartient. Ces œufs sont souvent pondus très nombreux au même endroit, de sorte que les chenilles vivent souvent, pendant une plus ou moins grande partie de leur existence, rassemblées en grand nombre. Souvent elles se tiennent alors dans des toiles communes, ce qui permet de les atteindre facilement lorsqu'on veut les détruire.

Les chenilles, par suite de la forme de leur corps, reessmblent à des Vers; elles possèdent une tête distincte suivie de douze anneaux à peu près semblables les uns aux autres et placés l'un derrière l'autre. La tête porte une bouche qui est munie de pièces buccales ressemblant non à celles du Papillon adulte, mais à celles des Insectes broyeurs. Il s'ensuit que les chenilles se nourrissent tout autrement que les Papillons adultes; elles rongent en effet la plupart du temps, grâce à leurs puissantes mâchoires, les substances (bois, feuilles. etc.) dont elles vivent. Les anneaux du corps portent pour la plupart des pattes. On distingue parmi celles-ci : les *vraies pattes* ou *pattes thoraciques*, qui sont au nombre de 3 paires et portées par les 3 premiers anneaux du corps, et les *fausses-pattes* ou *pattes abdominales*, qui sont ordinairement au nombre de 5 paires (1 paire de *pattes anales* placées sur le dernier anneau, 4 paires placées dans la région moyenne de l'abdomen). Dans certaines espèces, il n'y a que 4, 3, 2 ou même 1 seule paire de fausses-pattes.

Quand elles ont atteint leur grosseur définitive, les chenilles se transforment en *chrysalides*. Celles-ci, à peu près immobiles, sont renfermées ou non dans un cocon de soie pure ou mélangée de particules diverses (terre, bois). La durée de la vie des chenilles et des chrysalides est très variable; beaucoup passent l'hiver pour donner l'adulte au printemps, mais beaucoup donnent très vite naissance à l'adulte. Dans certains cas même, il y a deux ou plusieurs générations successives chaque année.

Les espèces de Papillons nuisibles aux plantes cultivées sont extrêmement nombreuses; on peut les répartir en plusieurs groupes qui sont :

Les Papillons diurnes ou Rhopalocères;

Les Papillons à antennes de forme variable ou Hétérocères;

Les Papillons de petite taille ou Microlépidoptères.

A. Papillons diurnes.

Ces Papillons volent le jour; ils se reposent en tenant les ailes relevées verticalement. Les antennes sont longues et terminées au bout par un renflement plus ou moins ovoïde (voir les figures ci-après). Les chenilles de beaucoup d'espèces ne sont que peu ou pas nuisibles, car elles vivent aux dépens de plantes spontanées. Les espèces les plus nuisibles se répartissent parmi les Vanesses, les Piérides et les Papillons (sens strict).

1° Les Vanesses.

Papillons de grande taille, ayant souvent de belles couleurs, à ailes dentées ou anguleuses; ils passent l'hiver dans des endroits abrités et reparaissent au printemps pour s'accoupler et pondre. Certaines espèces ont deux ou trois générations par an. Les chenilles ont de longs poils épineux et ramifiés. Les chrysalides sont suspendues par leur extrémité postérieure, ont une forme anguleuse et présentent deux fortes épines sur la tête.

Les chenilles de quelques espèces sont nuisibles, principalement :

La Vanesse Belle-Dame ou **Vanesse du chardon** (*Vanessa cardui*). — Le Papillon a les ailes brunes avec des taches blanches et d'autres fauve rougeâtre; il se montre au printemps et en automne. La chenille, qui vit pendant l'été, se rencontre ordinairement sur le chardon. Dans certains cas on la trouve sur l'artichaut, dont elle mange les feuilles.

La récolter et la détruire.

La **Vanesse grande Tortue** (*Vanessa polychloros*). — Papillon de 5 à 6 centimètres d'envergure, à ailes fauves avec taches noires et jaunes, à bord externe présentant des lignes noires onduleuses. Sur les ailes postérieures sont des taches bleues en croissant. Se rencontre de juillet en septembre. Chenille mangeant les feuilles des ormes et parfois des saules, cerisiers, pruniers.

Écheniller en mai quand les chenilles se tiennent encore au nid, sous une toile commune.

2° Les Piérides.

Papillons de taille moyenne, généralement blancs avec des taches noires.

Chenilles cylindriques, allongées, atténuées aux deux extrémités, couvertes de poils courts et légers. Chrysalides attachées par l'extrémité caudale et, en outre, soutenues par une ceinture transversale qui les maintient inclinées. Les chenilles de plusieurs espèces sont très nuisibles ; ce sont notamment :

Le **Grand Papillon blanc du chou** (*Pieris brassicæ*) [fig. 61]. — La chenille mange les feuilles des diverses variétés de choux et des autres crucifères. Elle est gris verdâtre avec trois lignes longitu-

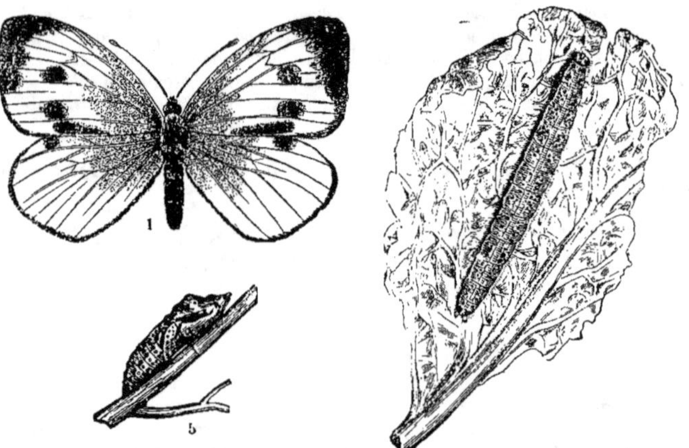

Fig. 61. — Grand Papillon blanc du chou. Adulte, chenille et chrysalide.

dinales jaunes séparées par des points noirs qui portent des poils blancs. Elle finit par atteindre près de 5 centimètres de longueur. Elle se trouve souvent en petite société sur la plante nourricière. Les chrysalides, de couleur blanchâtre, tachetées de noir et de jaune, se rencontrent dans les trous de murs, les fentes des écorces et autres abris analogues. L'adulte paraît de mai à septembre, il a 6 centimètres d'envergure. Il a le corps noir, mais couvert de poils blancs; les ailes antérieures portent une tache noire chez le mâle et trois chez la femelle ; les ailes postérieures ont une seule tache noire. La femelle pond ses œufs à la surface des feuilles des plantes nourricières; ils sont disposés par plaques de couleur blanc jaunâtre.

1° Détruire les plaques d'œufs sur les choux des jardins et, si on le peut, capturer les Papillons au filet lorsqu'ils viennent pour y pondre ;

2° Écheniller les choux et les autres plantes attaquées.

Le **Petit Papillon blanc du chou** (*P. rapæ*) [fig. 62]. — Chenille nuisible également aux crucifères, particulièrement au chou, au navet, à la rave, à la capucine. Ressemble, sauf la taille qui est beaucoup plus petite, à l'espèce précédente. De même pour l'adulte. La femelle pond ses œufs isolément et non par groupes.

A combattre comme l'espèce précédente.

La **Piéride du navet** (*P. napi*) [fig. 63]. — La chenille a les mêmes mœurs que celle des deux espèces précédentes; elle est surtout très commune dans les champs. Le Papillon est «blanc veiné de vert».

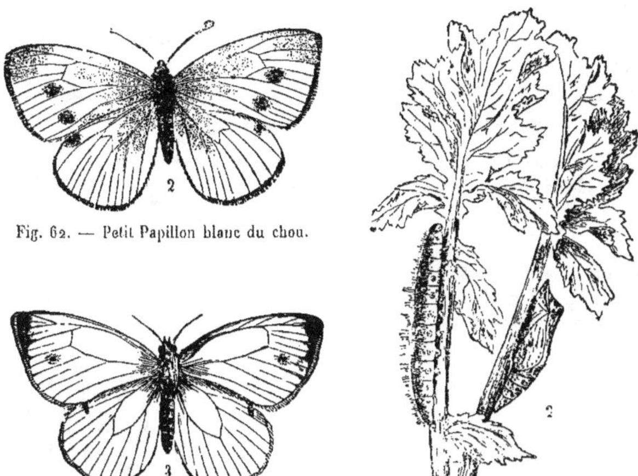

Fig. 62. — Petit Papillon blanc du chou.

Fig. 63. — Piéride du navet. Adulte, chenille et chrysalide.

A combattre comme les deux espèces précédentes.

La **Piéride de l'aubépine** (*P. cratægi*). — La chenille mange les feuilles de l'aubépine et celles des arbres fruitiers (pruniers, cerisiers, amandiers, etc.). Elle se tient en société dans une toile commune qu'elle quitte seulement pour aller ronger les feuilles et les bourgeons. Elle a le dos brun noirâtre avec deux bandes longitudinales fauves et le reste du corps gris; la tête est noir luisant. La chrysalide est blanc verdâtre avec deux lignes latérales jaunes et de nombreuses taches noires. L'adulte est blanc avec les nervures des ailes noires; il ne présente pas de taches noires sur les ailes. La femelle pond, à l'automne, ses œufs par tas sur les arbres fruitiers; les chenilles éclosent peu après et construisent une toile à l'abri de laquelle elles passent l'hiver.

Écheniller les arbres fruitiers *et les aubépines* au commencement du printemps.

3° Les Papillons (sens strict).

Ces Papillons, qui sont de grande taille, ont les ailes antérieures triangulaires et les postérieures munies d'un prolongement en forme de queue. Ces ailes sont de couleur jaune avec des taches ou des bandes noires. Les chenilles sont lisses, nues et portent, sur la face dorsale du premier anneau du corps, deux prolongements rétractiles caractéristiques qu'elles font saillir à volonté. On distingue deux espèces nuisibles principales :

Le **Papillon machaon** (*Papilio machaon*). — Chenille verte, présentant des bandes noires, mangeant les feuilles de la carotte. Écheniller.

Le **Flambé** (*P. podalirius*). — Chenille verte, présentant des points rouges et des lignes transversales jaunes, mangeant les feuilles du prunellier et celles des arbres fruitiers. Écheniller.

8.

B. Papillons hétérocères.

Antennes non terminées en massue, mais en forme de soies ou pectinées. Au repos, les ailes reposent horizontalement ou *en toit* sur le corps. Les chenilles d'un grand nombre d'espèces sont très nuisibles. On distingue deux subdivisions dans ce groupe :

Les *Crépusculaires*, volant généralement seulement au crépuscule, où les antennes ont ordinairement la forme de fuseau ou la forme prismatique; ils contiennent des espèces nuisibles appartenant à deux familles : les Sphinx et les Sésies.

Les *Nocturnes*, où les antennes sont sétacées, dentées ou pectinées. Ils volent surtout le soir (parfois aussi le jour, surtout les mâles). Ils comprennent notamment :
Les Bombycides, les Noctuelles et les Phalènes.

Famille des Sphinx (Sphingides).

Les Papillons volent au crépuscule; ils ont une très grande taille et leur vol est très puissant. Au repos, les ailes sont placées horizontalement. La spiritrompe est très développée et l'abdomen très gros et fusiforme. Chenilles devenant très grosses, possédant vers la partie terminale du corps une corne recourbée en arrière; elles sont ordinairement vivement colorées. Elles vont en terre pour se chrysalider et se construisent une coque au moyen de matière terreuse agglutinée avec de la soie.

Les espèces ne sont généralement pas très nombreuses en individus, de sorte qu'elles sont habituellement peu nuisibles. On peut citer parmi elles :
Le **Sphinx du pin** (*Sphinx pinastri*) [fig. 64]. — Espèce généralement peu commune et, par

Fig. 64. — Sphinx du pin. Papillon, chenille et œufs pondus sur une feuille de pin.

suite, peu nuisible. L'adulte a en moyenne 7 centimètres d'envergure et est de couleur sombre; la chenille, de couleur variable suivant son âge (jaune, puis verte, puis brune, avec des bandes jaunes latérales), se tient au sommet des branches de pin dont elle mange les feuilles. Arrivée à sa taille définitive, elle va s'enterrer au pied de l'arbre pour se chrysalider. La chrysalide, de couleur noire, passe l'hiver et l'adulte ne paraît pas avant le mois de juin. La femelle pond des œufs de couleur vert pâle sur les feuilles des pins.

Le **Sphinx du troène** (*Sphinx ligustri*). — Les chenilles mangent les feuilles des lilas, des frênes, des chèvrefeuilles et des troènes, et, si elles sont nombreuses, leurs dégâts sont importants. Elles sont de couleur verte, mais présentent des lignes obliques de couleur noire, violette, blanche. Elles vont se nymphoser quand elles ont atteint environ 8 centimètres de long. Les Papillons qui proviennent des chrysalides ayant hiverné se montrent en mai et juin. Ils mesurent 10 centimètres d'envergure en moyenne; leur corps est brun avec annulation rose et noire. Les ailes antérieures sont rougeâtres avec une large bande brune, les ailes postérieures roses avec trois bandes noires et une bande roussâtre. La femelle pond sur les arbustes où vivent les larves.

Détruire les chenilles.

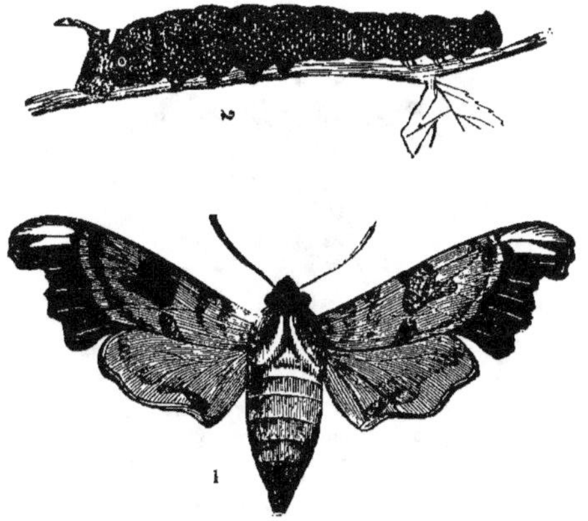

Fig. 65. — Sphinx du tilleul. Chenille et Papillon.

Le **Sphinx du tilleul** (*Smerinthus tiliæ*) [fig. 65]. — Chenille verte avec des bandes obliques blanchâtres et une corne bleuâtre à pointe verte; se trouve en été sur les feuilles d'orme et de tilleul. Est peu nuisible généralement. Le Papillon paraît au printemps; sa couleur est très variable.

Famille des Sésies (Sésiides).

Les Papillons ont les ailes à peu près complètement dépourvues d'écailles et, par suite, transparentes; ils ressemblent souvent à des Hyménoptères, mais la présence d'une spiritrompe bien développée permet facilement de les reconnaître. Les chenilles ne mangent pas de feuilles, mais creusent des galeries dans le bois de nombreux arbres. Elles se chrysalident dans ces galeries et se construisent des cocons avec des parcelles de bois agglutinées. Elles sont très nuisibles aux plantes dans les tiges desquelles elles se tiennent; on reconnaît leur présence aux amas de sciure de bois mélangée de sève, rejetés à l'extérieur par des ouvertures percées dans ces tiges. Les principales espèces sont :

La **Sésie apiforme** (*Sesia apiformis*) [fig. 66]. — La chenille vit dans les tiges du peuplier, du tremble et d'autres bois blancs tels que le bouleau et le saule. Elle est blanchâtre et a la tête noire; elle atteint 4 centimètres de longueur au bout de deux années d'existence et se nymphose alors. Le

Papillon paraît en juin et juillet; il a le corps jaune et noir et ressemble à une Guêpe; il mesure environ 2 centimètres et demi de long. La femelle pond ses œufs dans les fentes des écorces, de sorte que les larves, dès leur naissance, s'enfoncent dans les troncs.

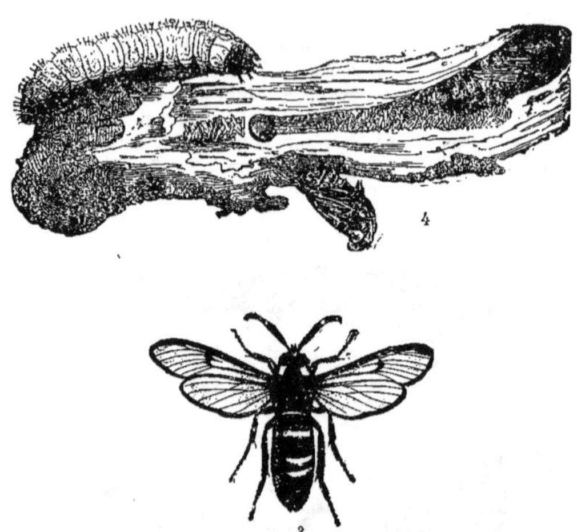

Fig. 66. — Sésie apiforme. Chenille, chrysalides et Papillon.

On peut combattre les Sésies : 1° en enfonçant, dans les galeries, des fils de fer crochus au bout, de manière à extraire les larves; 2° en plaçant, dans les ouvertures des galeries, des tampons de ouate imbibés de benzine et en fermant ensuite ces ouvertures avec du mastic.

La **Sésie asiliforme** (*S. asiliformis*). — Mêmes mœurs que l'espèce précédente, mais de taille plus petite. L'adulte a l'abdomen noir bleuâtre avec trois anneaux jaunes; ses ailes antérieures sont opaques et ses ailes postérieures transparentes. La chenille est aussi de couleur blanchâtre et nuit surtout aux peupliers et aux bouleaux. On la combat comme celle de la Sésie apiforme.

La **Sésie tipuliforme** (*S. tipuliformis*). — Chenille vivant dans les branches du groseillier et du noisetier. Elle est blanchâtre avec la tête fauve. Le Papillon, qui a 2 centimètres d'envergure, a encore l'abdomen noir et jaune; ses ailes sont transparentes.

Couper et brûler les rameaux contenant les chenilles.

Famille des Bombycides.

Papillons volant surtout le soir; beaucoup de femelles même ne volent que peu ou pas et s'éloignent peu des dépouilles de la chrysalide d'où elles sont sorties. Corps lourd et épais, revêtu ordinairement d'une véritable fourrure de poils d'aspect laineux. Antennes bipectinées, caractère surtout très accentué chez le mâle. Ailes formant, au repos, un toit sur le corps, les antérieures recouvrant plus ou moins les postérieures. Adultes n'ayant souvent pas de spiritrompe bien développée et ne prenant alors pas de nourriture. Chenilles sérigènes à un haut degré, formant, au moment de se chrysalider, des cocons qui, dans certaines espèces, fournissent la soie utilisée par l'homme. Ces chenilles sont souvent très poilues.

Si certaines espèces sont utiles à l'Homme en fournissant la soie, beaucoup sont, par contre, nuisibles à un grand nombre de plantes; les chenilles de ces espèces nuisibles comptent parmi les plus communes.

Le **Cossus ronge-bois** (*Cossus ligniperda*) [fig. 67]. — La chenille est extrêmement nuisible à un grand nombre d'arbres forestiers ou fruitiers : saule, peuplier, orme, tilleul, chêne, aulne, bouleau, cerisier, pommier, poirier. Elle ronge l'écorce du tronc à la partie inférieure, ou à toute autre place où elle peut s'attaquer, et pénètre à l'intérieur où elle creuse, pendant les trois années de son existence, des galeries en tous sens, surtout dans le sens des fibres. Les galeries communiquent au dehors par des ouvertures où passent des bourrelets de sciure et d'excréments. La chenille a la tête noire, le dos brun, les côtés rougeâtres; elle atteint et même dépasse la taille de 8 centimètres. Elle se chrysalide dans un gros cocon placé à l'entrée des galeries.

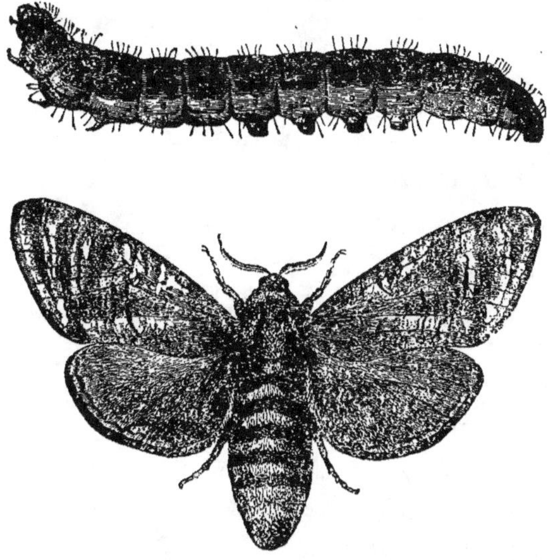

Fig. 67. — Cossus ronge-bois. Chenille et Papillon.

Le Papillon, qui se montre en été, est de couleur brun grisâtre, il a le corps massif et reste immobile sur les troncs d'arbres; il mesure de 7 à 9 centimètres d'envergure. La femelle pond environ un millier d'œufs qu'elle dépose sur les écorces des arbres; les jeunes chenilles, dès leur naissance, commencent à ronger et à percer celles-ci.

Les arbres attaqués par le Cossus ronge-bois sont souvent incapables de résister; ils s'affaiblissent, ce qui facilite, en outre, leur attaque par les Scolytes, et finissent ordinairement par mourir.

1° Détruire les adultes et leurs œufs quand on les rencontre sur les écorces des arbres.

2° Rechercher l'entrée des galeries et y introduire un fil de fer de manière à tuer les chenilles contenues. Comme on ne peut pas toujours les atteindre, introduire, dans les ouvertures, des tampons de coton imbibés de benzine ou de tout autre liquide volatil asphyxiant et boucher ensuite tous les trous avec un mastic imperméable.

La **Zeuzère du marronnier** (*Zeuzera æsculi*) [fig. 68]. — Chenille ayant des mœurs semblables à celles de l'espèce précédente et nuisant aux poirier, pommier, cognassier, frêne, lilas, troène, marronnier, etc. Elle est de couleur jaune pâle, avec des points noirs pourvus de poils sur chaque anneau. Elle atteint une longueur de 5 centimètres et vit trois années avant de se chrysalider. Le Papillon est blanc et a les ailes mouchetées de nombreux points bleu foncé. La femelle, beaucoup

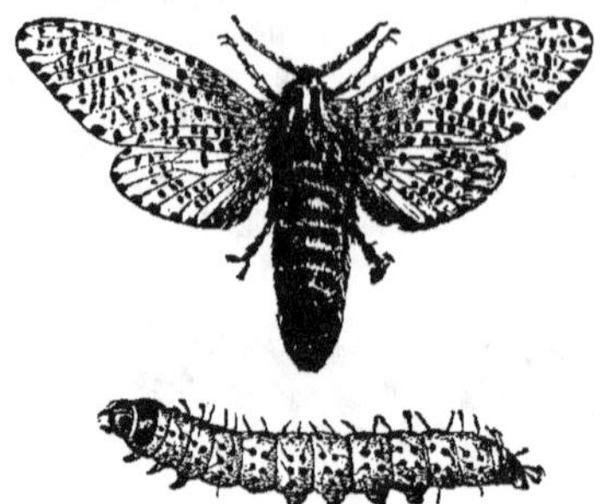

Fig. 68. — Zeuzère du marronnier. Papillon et chenille.

plus grosse que le mâle, pond ses œufs sur les écorces des arbres. La chenille pénètre à l'intérieur dès sa naissance.

Combattre cette espèce comme la précédente.

L'Hépiale du houblon (*Hepialus humuli*). — La chenille cause des dégâts, dans le nord de la France, au houblon, dans les racines duquel elle vit parfois. Elle est blanchâtre avec la tête brune.

La chrysalide est cylindrique et très allongée. Le Papillon paraît en été et pond ses œufs sur les plantes.

Arracher et brûler les plantes attaquées et les remplacer par d'autres.

Le **Grand Paon de nuit** (*Saturnia pyri*) [fig. 69]. — Chenille mangeant les feuilles des arbres fruitiers : pommier, poirier, prunier, amandier, etc., et celles de différents autres arbres tels que

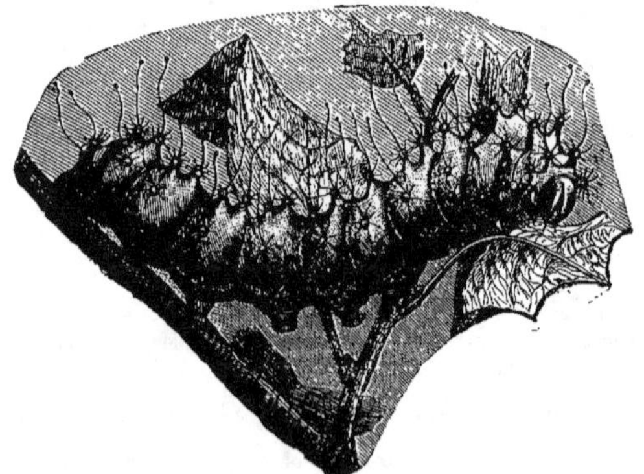

Fig. 69. — Chenille du Grand Paon de nuit.

l'orme. Elle est ordinairement peu commune. Elle paraît en juillet et atteint sa taille définitive, qui est énorme (longueur et grosseur du doigt) en septembre; elle se chrysalide alors et se construit un grossier cocon, de couleur brunâtre, que l'on trouve sous les branches ou sous le rebord des murs.

Cette chenille se reconnaît facilement à sa couleur vert tendre et aux tubercules d'un beau bleu, garnis de poils noirs, qui se trouvent en grand nombre sur les anneaux de son corps. Le Papillon paraît au printemps; c'est la plus grosse espèce de nos pays, il atteint 12 centimètres d'envergure. Il est brun et sur chacune de ses ailes, d'aspect velouté, se trouve un «œil de Paon». La femelle dépose ses œufs sur les arbres fruitiers.

Écraser les chenilles ou les chrysalides que leur grande taille fait facilement reconnaître.

Le **Bombyx du chêne** (*Bombyx quercus*) [fig. 70]. — Chenille mangeant les feuilles du chêne et de divers autres arbres forestiers. Elle est ordinairement peu commune et peu nuisible. Le Papillon est

Fig. 70. — Bombyx du chêne.

brun foncé, sauf la partie externe des ailes, qui est de couleur plus claire. Les ailes antérieures portent en outre une tache blanche et arrondie caractéristique.

Le **Bombyx processionnaire du chêne** (*Cnethocampa processionnea*) [fig. 71]. — Chenilles très nuisibles aux chênes des bois et des parcs dont elles mangent les feuilles. Elles ont le dos d'une

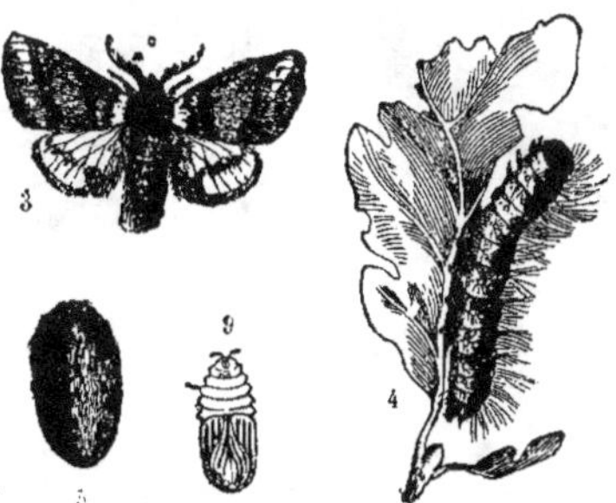

Fig. 71. — Bombyx processionnaire du chêne.
Papillon, chenille, cocon et chrysalide.

couleur noir bleuâtre, les côtés gris pâle et le ventre jaunâtre pâle; elles portent en outre de nombreux petits tubercules rougeâtres d'où partent des poils longs, inégaux, terminés par de petits crochets et doués de propriétés urticantes spéciales. Elles exercent leurs ravages de mai en juin et se tiennent dans des poches soyeuses collées le long des troncs ou des branches. Elles se trouvent dans ces poches en nombre considérable (plusieurs centaines) et ne les quittent qu'au crépuscule pour aller manger les feuilles. Elles changent souvent de nid, notamment après les mues, s'en construisant de nouveaux. Elles changent même d'arbre quand elles ne trouvent pas suffisamment de nourriture sur celui où elles se trouvent. Toutes les chenilles d'un même nid se déplacent toujours ensemble, *en procession* (d'où le nom de Bombyx processionnaire). En juin, chaque chenille se construit un cocon particulier dans le nid commun et se chrysalide. Les Papillons, de couleur grise, portant des poils bruns, sont longs de 1 centimètre et demi environ et ont une envergure ne dépassant pas 3 centimètres; ils ont des bandes plus foncées et sinueuses sur les ailes supérieures. Ils se montrent en août et septembre. La femelle pond ses œufs en tas sur les troncs et les branches des chênes et les recouvre de poils bruns arrachés à son abdomen. Ces œufs passent l'hiver en place et éclosent au printemps.

1° Détruire les tas d'œufs pendant l'hiver.

2° Détruire les nids de chenilles pendant l'été, soit en les flambant avec des torches, soit en les recueillant pour les brûler, soit en les inondant avec des liquides insecticides. Ne toucher les nids qu'avec des gants et la figure protégée par un masque, afin d'éviter la piqûre des poils urticants.

Le **Bombyx processionnaire du pin** (*Cnethocampa pityocampa*). — Espèce commune dans le midi de la France, nuisible aux pins et aux cèdres.

Le Papillon est de couleur gris ferrugineux. Les chenilles se tiennent dans un nid commun de soie blanche, volumineux, situé au sommet des branches. Lorsqu'elles veulent prendre leur nourriture, ces chenilles sortent *en procession* de leur nid et y rentrent plus tard de même. Les poils des chenilles sont urticants par l'acide formique qu'ils contiennent.

La destruction des nids est indispensable; on peut les détacher et les brûler, ou y injecter un liquide insecticide.

Le **Bombyx neustrien** (*Bombyx neustria*) [fig. 72]. — Espèce commune en France; la chenille est très nuisible aux arbres fruitiers et aux arbres forestiers dont elle mange les feuilles.

Fig. 72. — Bombyx neustrien.
Œufs pondus autour d'une branche, Papillon et chenille.

Le Papillon, qui paraît en juillet, mesure près de 3 centimètres d'envergure; il est de couleur jaune d'ocre plus ou moins foncé. Les ailes antérieures présentent deux bandes blanches limitant une bande plus foncée que la teinte générale. En août la femelle pond ses œufs en bracelet autour des petites branches d'arbre (d'où le nom de *bague* donné à la ponte par les jardiniers). Les chenilles éclosent au printemps; elles restent d'abord en société sur les feuilles de l'arbre, puis plus tard se dispersent.

Ces chenilles portent une raie blanche longitudinale sur le milieu du dos et, latéralement, plusieurs raies rouges et bleues (d'où leur nom de *livrée*).

Racler et brûler les œufs, ou les goudronner. Détruire les chenilles tandis qu'elles sont encore en société. Recueillir entre les feuilles, sous les corniches des murs, etc., les cocons de soie blanche saupoudrée de jaune et les brûler (ils contiennent les chrysalides).

Le **Bombyx du pin** (*Lasiocampa pini*) [fig. 73]. — Espèce parfois très commune et alors très nuisible aux pins et aux sapins.

L'adulte est de couleur variable, mais ordinairement brun roussâtre. Il porte sur l'aile antérieure une petite tache blanche (lunule) caractéristique.

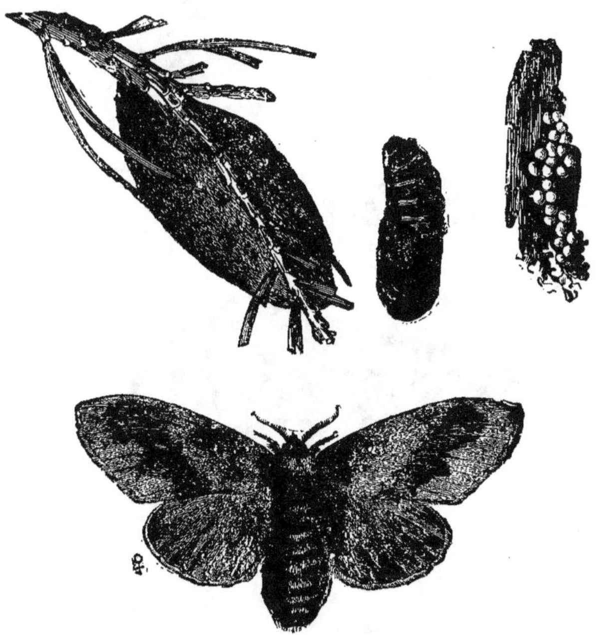

Fig. 73. — Bombyx du pin. Cocon, Papillon, œufs et chrysalide.

Les œufs sont déposés sur les écorces. Les chenilles, pourvues de poils urticants et de couleur grise ou brune, se dispersent sur les feuilles qu'elles mangent; elles hivernent au pied des arbres, dans la mousse et les broussailles. Au printemps elles recommencent leurs dégâts. En juin, elles filent un cocon blanc sale et le Papillon paraît en juillet.

Détruire autant qu'on le peut les Papillons, les œufs, les chenilles et les cocons.

Le **Bombyx cul-brun** (*Liparis chrysorrhea*) [fig. 74]. — Espèce extrêmement commune. La chenille dépouille de leurs feuilles les arbres forestiers, les arbres fruitiers, les arbustes des jardins, les haies, les buissons.

Le Papillon, de 3 centimètres environ d'envergure, est blanc; il se reconnaît facilement au bouquet de poils fauves qui termine son abdomen et est surtout très volumineux chez la femelle. Il paraît en été.

9.

Les œufs sont pondus sur les feuilles et les branches des arbres et des arbustes; ils sont contenus et dissimulés dans un amas de poils roux provenant de l'abdomen de la femelle. Les jeunes chenilles éclosent en automne et hivernent dans des toiles communes englobant des paquets de feuilles à l'extrémité des rameaux. Au printemps elles se dispersent sur les feuilles de l'arbre. Quand elles sont grosses elles se reconnaissent facilement à leur couleur brune, aux nombreux poils qui les recouvrent, aux raies dorsales rouges qu'elles portent et aux taches blanches latérales qu'elles présentent.

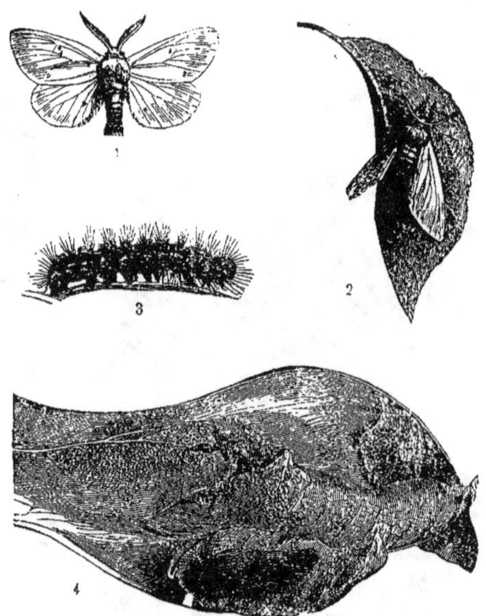

Fig. 74. — Bombyx cul-brun. Papillon (1. mâle; 2, femelle en train de pondre; 3, chenille; 4, nid de chenilles).

Les chrysalides sont de couleur brun noirâtre.

Enlever les toiles communes où sont les chenilles et les brûler. Cette opération doit se faire pendant l'hiver (au moment de la taille), car les toiles sont alors bien visibles; elle doit s'étendre non seulement aux arbres fruitiers, mais aux haies, arbustes, buissons, etc.

Le **Bombyx disparate** (*Ocneria dispar*) [fig. 75]. — Espèce très commune en France. La chenille mange les feuilles d'un grand nombre d'arbres (arbres fruitiers, orme, tilleul, arbres forestiers) et est très nuisible.

Le Papillon paraît en août. L'envergure du mâle est d'environ 4 centimètres; celle de la femelle atteint le double. Les ailes antérieures, grisâtres chez le mâle, blanc jaunâtre chez la femelle, présentent quatre lignes noires en zig-zag sur leur face supérieure.

La femelle, très lourde, vole peu et se tient sur les troncs d'arbres. Elle y pond ses œufs au milieu d'un amas de poils roussâtres qui les dissimulent et les protègent; la ponte ressemble à un amas d'amadou. Les œufs, pondus en août, passent l'hiver, et les petites chenilles naissent au printemps; elles se répandent alors sur les feuilles. Elles sont noires et portent des mamelons rouges et bleus ornés de houppes de poils roux.

La destruction des nids d'œufs se fait en les raclant avec soin et les brûlant ensuite ou mieux en les recouvrant de créosote. Ceux qu'on ne peut atteindre directement doivent être enduits de créosote

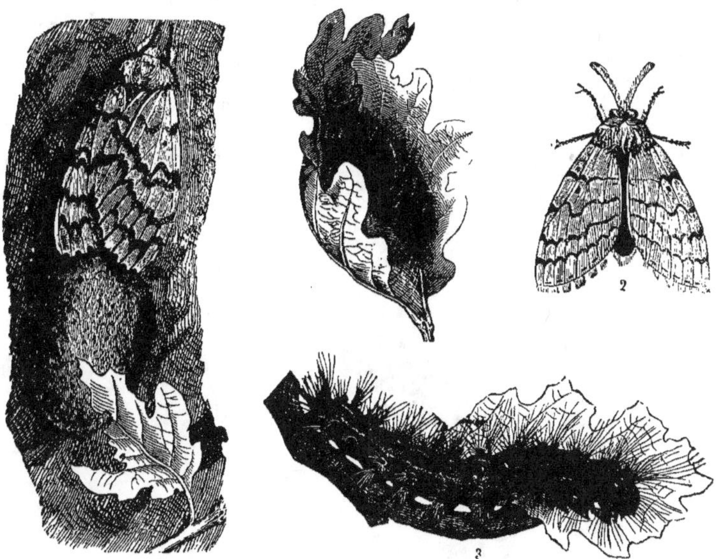

Fig. 75. — Bombyx disparate. Papillon (femelle en train de pondre, à gauche; 2, femelle); 3, chenille; en haut, cocon placé dans une feuille et contenant la chrysalide.

au moyen d'un pinceau attaché à une perche. On doit aussi détruire les chenilles, les chrysalides et les Papillons.

Le **Bombyx nonne** (*Liparis monacha*) [fig. 76]. — Espèce parfois assez répandue; elle est

Fig. 76. — Bombyx nonne. Papillon (femelle et mâle) et chenille.

nuisible surtout aux pins, et, dans une moindre mesure, aux sapins, bouleaux, charmes, hêtre, chêne et arbres fruitiers.

L'adulte a les ailes supérieures blanches, portant des lignes noires en zig-zag, avec des taches noires sur le bord et à la base. Les ailes postérieures sont gris cendré, l'abdomen est rose.

Les œufs sont pondus, par plaques, sur les écorces, au printemps. Les jeunes chenilles se dispersent, au bout de cinq ou six jours, sur les feuilles qu'elles dévorent. A leur état de complet développement elles ont 4 centimètres de long; leur couleur est très mélangée: sur un fond gris verdâtre on trouve du blanc et du noir, ainsi que des tubercules poilus, de couleur rouge et bleue.

On doit détruire, autant que possible, les plaques d'œufs des écorces et les jeunes chenilles tandis qu'elles sont encore groupées.

Le **Bombyx du saule** (*Liparis salicis*) [fig. 77]. — Chenille mangeant les feuilles des peupliers et des saules et faisant parfois des dégâts importants.

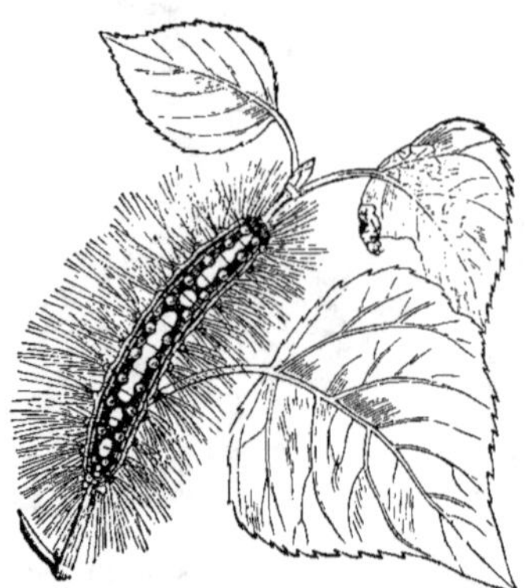

Fig. 77. — Bombyx du saule. Chenille.

Papillon blanc, à pattes présentant des anneaux noirs. La femelle pond ses œufs sur les troncs des peupliers et des saules et les dispose par plaques qu'elle recouvre d'une matière blanche qui se dessèche ensuite et constitue une couverture protectrice. Ces œufs passent ainsi l'hiver et éclosent seulement au printemps. Les chenilles, à dos noirâtre parsemé de taches blanchâtres, à tubercules latéraux portant des poils roussâtres et à dessous du corps brun pourpre, se dispersent sur les feuilles dès leur naissance. Elles se chrysalident dans des cocons placés dans les feuilles ou dans les fissures des écorces.

Détruire les plaques d'œufs pendant l'hiver.

Le **Bombyx bucéphale** (*Pygæra bucephala*). — Espèce non très commune et par suite généralement peu nuisible.

La chenille velue, noire, avec des bandes longitudinales jaunes, se nourrit des feuilles d'un assez grand nombre d'arbres forestiers.

L'**Orgyie antique** (*Orgyia antiqua*). — Chenilles mangeant les feuilles des arbres fruitiers, du rosier, du tilleul. Elles portent des tubercules rouges où s'insèrent des pinceaux de poils colorés. En avant, deux faisceaux de poils spéciaux, plus longs, présentent l'aspect de deux cornes. A l'extrémité postérieure du corps, un autre faisceau médian est dirigé vers l'arrière. Le Papillon mâle a des ailes bien développées, tandis que la femelle n'en a que de rudimentaires. Il y a plusieurs générations annuelles.

A combattre par l'échenillage. En outre, mettre un collier de glu ou de goudron à la base des tiges, afin d'empêcher la femelle d'y monter pour pondre ses œufs.

Le **Bombyx pudibond** (*Dasychira pudibunda*) [fig. 78]. — Chenille dévorant les feuilles des arbres forestiers, particulièrement des hêtres.

Fig. 78. — Bombyx pudibond. Papillon, chenille et cocon contenant la chrysalide.

Le Papillon, de couleur terne, ayant des lignes ondulées sur ses ailes antérieures |de couleur grisâtre, paraît au printemps. La chenille se reconnaît facilement à sa couleur jaune soufre et au pinceau de poils rouges qu'elle porte à l'extrémité de l'abdomen. Elle a en outre quatre brosses de poils jaunes sur le dos. Elle se chrysalide sur le sol, dans les feuilles sèches.

Recueillir et détruire les chenilles.

La **Grande Queue fourchue** (*Harpyia vinula*) [fig. 79]. — Chenille mangeant les feuilles des saules et des peupliers, mais en général peu nuisible.

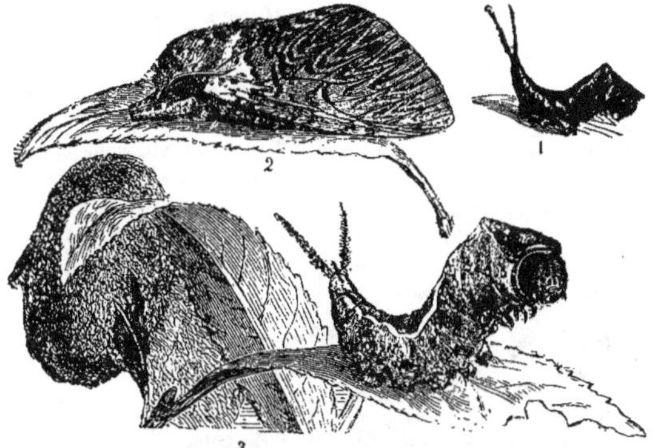

Fig. 79. — La Grande Queue fourchue. Papillon, chenilles, cocon.

Papillon gris blanchâtre ayant, au repos, les ailes disposées en toit sur le corps. Chenille caractérisée par sa *queue fourchue;* elle se chrysalide dans un cocon dont la teinte se confond avec celle des arbres qui lui servent de nourriture.

L'**Écaille martre** (*Arctia caja*). Synonymes : *Taura bourrudo* ou *Peludo des vignes* (Languedoc), Écaille martée. — Espèce commune dans le midi de la France (Hérault, Gard).

La chenille porte une épaisse fourrure rousse et ronge les bourgeons de la vigne. Le Papillon a l'abdomen rouge avec des raies noires; ses ailes postérieures sont rouge brique avec six taches bleues.

Recueillir et détruire la chenille.

Famille des Noctuelles (Noctuides).

Beaucoup d'espèces de ce groupe ont des chenilles nuisibles à la grande culture, aux jardins et aux potagers. Les Papillons sont, en général, de taille moyenne, mais à tête et à corps relativement gros; ils ont une spiritrompe bien développée. Les ailes antérieures ont ordinairement un ton grisâtre et présentent des dessins nuageux; elles ont souvent deux taches colorées caractéristiques : une tache dite *orbiculaire* qui est ronde ou elliptique, et une de forme courbe dite *tache réniforme*. Au repos, les ailes recouvrent le corps de manière à former un double toit déclive; les ailes postérieures sont, en outre, cachées sous les antérieures.

Les chenilles ont des couleurs variées; parfois elles se cachent pendant le jour et sortent la nuit pour manger; dans d'autres cas elles se tiennent enterrées entre les racines des plantes. Beaucoup passent l'hiver enroulées sous les feuilles. Elles ont généralement seize pattes, mais quelquefois elles n'en ont que dix et marchent en arpenteuses (comme les Phalénides, voir page 76).

Les chrysalides, le plus souvent, ne sont pas dans des cocons et sont cachées en terre; les jardiniers, qui les trouvent souvent en bêchant, les appellent «fèves». Elles sont brunes et luisantes; leur extrémité abdominale, aiguë, est munie de soies raides. Elles peuvent exécuter des mouvements brusques et les anneaux abdominaux restent mobiles.

Parmi les espèces les plus nuisibles se trouvent les suivantes :

La **Noctuelle psi** (*Acronycta psi*). — Nuisible aux arbres fruitiers et aux rosiers. La chenille paraît en automne; de couleur noirâtre en dessus, elle porte un mamelon conique dans la région antérieure du corps et un autre pyramidal dans la région postérieure. Elle a, en outre, une ligne jaunâtre sur le milieu du dos et, de chaque côté, des tubercules noirs portant des poils ainsi que des traits rouges disposés par paires sur les anneaux. Sur les côtés, la teinte est gris cendré. Cette chenille se chrysalide dans les anfractuosités des écorces ou entre deux feuilles sèches. La chrysalide passe l'hiver et l'adulte paraît de mai en août.

Le Papillon est gris blanchâtre brillant; ses ailes antérieures portent trois figures caractéristiques : une sorte de trident noir, vers la base, et, vers l'extrémité opposée, deux signes dont l'un ressemble à la lettre grecque *psi*.

Capturer et écraser la chenille quand elle se trouve sur les rosiers et les poiriers des jardins.

La **Noctuelle du chou** (*Mamestra brassicæ*) [fig. 80]. — Très nuisible à la culture maraîchère, la chenille mange les diverses variétés de choux et aussi les autres plantes potagères. Elle se rencontre de

Fig. 80. — Noctuelle du chou. Chenille et Papillon.

juillet en octobre, mais c'est surtout à l'automne que les dégâts qu'elle occasionne sont énormes. Elle a en effet alors acquis une grande taille (elle atteint environ 3 centimètres) et mange beaucoup. Elle pénètre en outre à l'intérieur des choux et s'y trouve cachée. Elle n'épargne pas les choux-fleurs dont elle ronge les inflorescences. La couleur de cette chenille est très variable suivant son âge et suivant les individus. Elle varie du gris jaunâtre au vert foncé. On observe une raie foncée sur le dos et une jaune de chaque côté du corps; il y a en outre des marbrures noires ou brunes sur ce dernier. Arrivée à sa grosseur définitive, la chenille s'enfonce en terre et se transforme en une chrysalide de couleur rousse.

L'adulte ne paraît qu'en mai et juin; il est d'un gris plus ou moins foncé, mesure 4 centimètres à 4 centimètres et demi d'envergure, a les ailes supérieures gris roussâtre avec des raies transversales sinueuses et noirâtres, dont la plus extérieure est bordée de blanc et les taches orbiculaire et réniforme très-nettes. Les ailes inférieures sont grisâtres avec teinte plus foncée à l'extrémité. Les œufs sont pondus sur les choux eux-mêmes.

Le moyen le plus pratique de combattre cette espèce consiste à faire la chasse aux chenilles et à détruire toutes les chrysalides qu'on rencontre, au printemps, en travaillant la terre dans les potagers.

Il est important aussi de détruire le plus possible les chenilles alors qu'elles sont encore petites et avant qu'elles aient pénétré dans les choux. On peut les tuer en projetant sur elles de la chaux délitée.

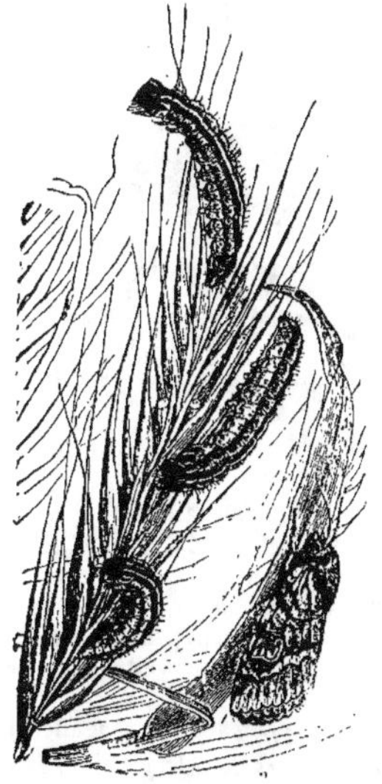

Fig. 81. — Noctuelle du chiendent. Chenilles et Papillon.

La **Noctuelle potagère** (*Mamestra oleracea*). — Chenille mangeant les plantes potagères telles que pois, fèves, oseille, épinard; les arbustes tels que groseillier et framboisier, et les plantes d'ornement, en particulier les dahlias. On la rencontre pendant toute la durée de l'été. Elle est de couleur verte et présente trois lignes longitudinales blanches et deux bandes longitudinales jaunes. Elle s'enfonce en terre en automne et se chrysalide au printemps. L'adulte, d'une envergure de près de 4 centimètres, a les ailes antérieures gris ferrugineux avec un anneau blanc, une tache jaune et une ligne blanche en forme d'M; les ailes postérieures sont grises avec le bord obscur.

Écraser les chenilles, les chrysalides et les Papillons quand on les rencontre dans les jardins.

La **Noctuelle du chiendent** (*Hadena basilinea*) [fig. 81]. — Chenille mangeant soit des herbes sans valeur, soit parfois aussi les racines, les feuilles et les graines des céréales (blé et seigle). Elle est de couleur terne grâce à laquelle elle se confond avec les plantes sur lesquelles elle vit. Il y a une ligne blanchâtre sur le dos et des taches sombres sur les côtés.

La nymphose **a** lieu au printemps. Le Papillon est brun ; les taches orbiculaires et réniformes de ses ailes sont très grandes. Les œufs sont pondus sur les feuilles des plantes nourricières.

Écraser les chenilles qui sont parfois très abondantes dans les gerbes de céréales au moment de la moisson.

La **Noctuelle de l'arroche** (*Hadena atriplicis*). — La chenille de cette espèce mange souvent l'oseille dans les jardins. Elle est brun verdâtre plus ou moins foncé et présente une raie noire et des points noirs sur le dos. Elle mange la nuit et se cache le jour dans les crevasses de la terre ou sous les pierres. Elle se rencontre pendant toute la durée de l'été et s'enferme en terre en automne. L'adulte paraît au printemps ; il a les ailes antérieures vert olive avec deux bandes sinueuses noires et une tache blanche en forme de dent. Ailes postérieures blanc grisâtre.

Recourir à la destruction directe chaque fois qu'elle est possible.

La **Noctuelle méticuleuse** (*Brotolomia meticulosa*) [fig. 82]. — La chenille mange les primevères et parfois la betterave ; elle est de couleur vert sale ou brun jaunâtre avec trois lignes longitudinales blanches. Elle passe l'hiver roulée sous les feuilles et se métamorphose au printemps.

Fig. 82. — Noctuelle méticuleuse.

Le Papillon se reconnaît à ses ailes antérieures à bord denté et à couleur verte et rose sur fond jaune pâle.

A combattre de la même manière que les espèces précédentes.

La **Noctuelle fiancée** (*Triphœna pronuba*). — La chenille mange les plantes potagères telles que laitue, oseille, épinard, choux, etc. Sa couleur est très variable (verdâtre, jaunâtre, grisâtre, roussâtre). Elle mange pendant la nuit et se cache pendant la journée ; elle atteint 5 centimètres de longueur. Elle paraît en automne, hiverne, puis reparaît au printemps. L'adulte se montre en été ; sa coloration générale est brune ; ses ailes postérieures sont jaune d'ocre avec une bande noire presque bordante.

Détruire les chenilles, chrysalides et Papillons qu'on peut atteindre directement.

La **Noctuelle de la laitue** (*Polia dysodea*). — La chenille, de couleur verte avec trois raies dorsales longitudinales brunes, mange les feuilles et les graines des laitues. L'adulte a 3 centimètres d'envergure et les ailes d'un blanc grisâtre avec des bandes et des taches plus foncées.

Même procédé de destruction que pour les espèces précédentes.

La **Noctuelle des fourrages** (*Neuronia popularis*). — La chenille de cette espèce mange l'herbe des prairies et cause parfois d'énormes dégâts.

Le Papillon a la tête et le thorax brun mélangé de blanc, les ailes antérieures brun rougeâtre avec des nervures blanc jaunâtre et les ailes postérieures blanchâtres et brunâtres. Il paraît pendant tout l'été et vole la nuit. Il pond à la base des herbes des prairies. Les larves mangent pendant la nuit (parfois pendant le jour), causent leurs dégâts pendant l'automne, puis au printemps suivant ; elles s'enfoncent en terre pour passer l'hiver, puis au mois de juin pour se nymphoser. Elles finissent par atteindre 5 centimètres de long ; elles sont brun bronzé et présentent trois lignes longitudinales claires.

Protéger les prairies indemnes, quand les chenilles sont abondantes dans le voisinage, au moyen de fossés à parois verticales. Détruire ensuite les chenilles tombées dans les fossés (au moyen de chaux ou de tout autre insecticide).

La **Noctuelle point d'exclamation** (*Agrotis exclamationis*) [fig. 83]. — Chenille de couleur très variable (roussâtre, violacée), commune dans les jardins et les prairies où elle mange les racines de nombreuses plantes. Elle nuit surtout aux plantes potagères et aux plantes d'ornement.

Fig. 83. — Noctuelle point d'exclamation.

La **Noctuelle des moissons** (*Agrotis segetum*) [fig. 84]. — La chenille de cette espèce est le type des chenilles qui sont appelées communément «Vers gris», lesquels sont excessivement nui-

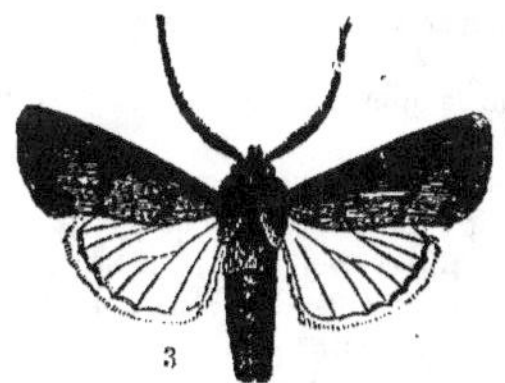

Fig. 84. — Noctuelle des moissons. Adulte et chenilles.

sibles à un grand nombre de plantes de la grande culture, telles que la betterave, la pomme de terre et les céréales, ainsi qu'aux plantes des jardins et des potagers. Elle est de couleur gris brunâtre

10.

avec le premier anneau noir luisant et deux bandes longitudinales jaunâtres; sa taille peut atteindre 5 centimètres.

L'adulte paraît à la fin de mai et en juin. Il est brun, avec les ailes antérieures grises et les ailes postérieures blanchâtres, à bordure grise. Les œufs sont pondus en terre et éclosent en juillet et août. Les chenilles hivernent et recommencent leur vie active au printemps pour se métamorphoser en mai. Elles restent cachées le jour et sortent la nuit pour manger; elles rongent les plantes au collet, coupant la tige ou pénétrant à son intérieur.

Plusieurs espèces voisines ont les mêmes mœurs; leurs chenilles sont aussi appelées «Vers gris». Telle est :

La **Noctuelle du blé** (*Agrotis tritici*). — Son Ver gris attaque le blé pendant tout l'été, rongeant la tige et même le grain.

Les principaux moyens dont on dispose pour combattre les chenilles des trois espèces précédentes et en général tous les Vers gris sont les suivants :

1° Ramasser et détruire toutes les chenilles que l'on met au jour en labourant à l'automne et ensuite en sarclant et binant les betteraves;

2° Laisser se multiplier les animaux insectivores tels que Taupes, Musaraignes et Oiseaux;

3° Détruire les Papillons, du 15 juillet au 15 août, au moyen de feux allumés pendant la nuit ou de pièges lumineux où ils viennent se brûler ou se prendre. On peut placer aussi dans les champs, dans des barils défoncés ou sur des cordes, une miellée sucrée et gluante (mélasse) où les Papillons viennent s'engluer.

La **Noctuelle gamma** (*Plusia gamma*). — Chenille parfois commune et pouvant alors nuire à un grand nombre de plantes : chou, laitue, épinard, betterave, pomme de terre, lin, chanvre, colza. Est verte avec des lignes claires sur le dos. Elle marche en arpenteuse par suite de la très faible longueur des deux premières paires de pattes abdominales. Elle se chrysalide dans un cocon de soie blanche. Le Papillon, dont l'aile antérieure porte en jaune pâle la lettre grecque caractéristique γ, paraît au printemps.

A combattre par les mêmes moyens que les espèces précédentes.

La **Noctuelle du pin** (*Trachea piniperda*). — Espèce nuisible aux pins et aux sapins.

Le Papillon, de 3 centimètres et demi d'envergure, a les ailes antérieures teintées de gris brun et de jaunâtre; il paraît en avril. La chenille présente sept lignes blanches et deux lignes jaunes placées, dans le sens longitudinal, sur un fond vert. Les œufs sont déposés sur les feuilles et les chenilles mangent celles-ci. La transformation en chrysalide a lieu au pied des arbres, sous les mousses.

De nombreux Insectes parasites du groupe des Ichneumonides détruisent un grand nombre des chenilles de cette espèce. On peut aussi en faire manger les chrysalides par les Porcs, en amenant ces animaux au pied des arbres où les chenilles ont été abondantes.

Famille des Phalènes (Phalénides ou Géométrides).

Les Papillons appartenant à cette famille ont en général le corps grêle et les ailes larges; leur spiritrompe est nulle ou peu développée.

Les chenilles se reconnaissent immédiatement à leur manière de marcher en «arpenteuses» ou «géomètres». Ce mode de locomotion est dû à ce fait que les chenilles possèdent seulement, outre les trois paires de pattes thoraciques placées à la partie antérieure du corps, deux paires de pattes abdominales situées à l'extrémité opposée. Quand elles marchent, elles sont obligées de rapprocher l'extrémité postérieure de l'extrémité antérieure, puis d'éloigner celle-ci en s'appuyant sur les pattes de l'extrémité opposée. Elles font ainsi une boucle au moment où les deux extrémités sont rapprochées, tandis que leur corps redevient horizontal quand elles éloignent leur extrémité antérieure de l'extrémité postérieure.

Les chenilles des Phalénides ont souvent en outre l'habitude de se tenir sur les tiges au moyen des pattes de leur extrémité postérieure, tandis que le reste du corps est dressé et immobile. Elles ont alors l'aspect de petits rameaux semblant appartenir à la plante même où elles se trouvent. Lorsqu'on les dérange, elles se laissent tomber au moyen d'un fil de soie qu'elles sécrètent et remontent ensuite sur la plante en pelotonnant le fil au moyen de leurs pattes. Elles se tiennent le plus souvent sur les arbres et les arbustes qu'elles dépouillent de leurs feuilles; plusieurs espèces sont très nuisibles.

La **Phalène du groseillier** (*Abraxas grossulariata*) [fig. 85]. — Le Papillon, d'assez grande taille (4 centimètres et demi d'envergure), a les ailes blanches, mais mouchetées de noir et de jaune. Il paraît en juillet et août. La femelle pond sur les groseilliers, les arbres fruitiers (pommiers, amandiers) et les aubépines.

La chenille, de couleur crème, mange les feuilles de ces arbres ou arbustes; elle passe l'hiver abritée sous les feuilles tombées des arbres. Au printemps, elle remonte sur les feuilles et recom-

Fig. 85. — Phalène du groseillier. Papillon, chenille et chrysalide.

mence à manger. A la fin de juin, elle se transforme en chrysalide qui est maintenue par quelques fils de soie aux branches des plantes où vivait la larve.

Ramasser les feuilles sèches tombées l'hiver des groseilliers et les brûler. Écheniller en outre toutes les plantes sur lesquelles vit cette espèce.

L'**Hibernie effeuillante** (*Hibernia defoliaria*) [fig. 86]. — Espèce commune et nuisible aux arbres fruitiers et aux arbres forestiers.

Le Papillon mâle ne présente rien de bien particulier, mais la femelle est complètement privée d'ailes; elle ne peut, par suite, voler et se contente de grimper le long des troncs d'arbres pour aller pondre ses œufs sur les bourgeons. Les adultes ne paraissent qu'en octobre et les œufs n'éclosent qu'au printemps. Les chenilles sont de couleur brun rougeâtre avec une bande jaune de chaque côté. Arrivées à leur taille finale (en juin), elles descendent à terre pour se transformer en chrysalides.

Fig. 86. — Hibernie effeuillante. Papillon femelle et chenille.

Secouer les branches d'arbres et recueillir les chenilles sur des toiles. Enduire d'un collier de glu ou de goudron la base des troncs d'arbres que l'on veut protéger, de façon à empêcher les femelles de grimper sur les tiges pour aller y pondre.

La **Phalène du bouleau** (*Larentia hastata*) [fig. 87]. — Chenille de couleur brun clair, mangeant les feuilles du bouleau. Le Papillon a les ailes noires avec des bandes et des taches blanches. Espèce peu nuisible.

Fig. 87. — Phalène du bouleau. Chenille et adulte.

La **Phalène hiémale** (*Cheimatobia brumata*) [fig. 88]. — L'adulte diffère encore beaucoup suivant qu'il s'agit du mâle ou de la femelle. Le premier a environ 12 millimètres de long et 3 centimètres d'envergure; il est brun clair. La femelle n'a que des ailes rudimentaires et elle est incapable de voler.

Fig. 88. — Phalène hiémale. Adulte (mâle et femelle), et chenille.

La chenille a une couleur variant du vert au brun et au jaune. Elle vit sur tous les arbres forestiers et fruitiers dont elle mange les feuilles et les bourgeons à fruits.

Les feuilles sont liées en paquets au moyen de fils de soie et la chenille s'abrite dans ces paquets. En juin elle s'enfonce en terre et se métamorphose. L'adulte paraît d'octobre à décembre, la femelle monte sur les arbres pour y pondre ses œufs à la base des bourgeons.

Cette espèce se combat comme l'Hibernie effeuillante.

La **Phalène du pin** (*Fidonia pinaria*). — La chenille, de couleur verte, ayant trois lignes longitudinales blanches sur le dos et deux lignes latérales jaunes, ronge les feuilles des pins et des sapins et les coupe vers le milieu. Elle se tient surtout à la cime des arbres. Elle paraît en juillet et descend à terre en automne pour se chrysalider sous la mousse. Le Papillon a les ailes à fond brun plus ou moins foncé, avec des parties jaunes ou rouges. La femelle dépose ses œufs en été sur les feuilles des plantes nourricières elles-mêmes.

Combattre cette espèce comme la Noctuelle du pin. De nombreux parasites détruisent également une grande quantité de chenilles.

C. Microlépidoptères.

Appelés ainsi à cause de leur petite taille. Comprennent un très grand nombre d'espèces dont beaucoup sont très nuisibles à l'état de chenille. Les Papillons ont les antennes longues, en forme de soies. Les chenilles ont le plus souvent huit paires de pattes; elles vivent du parenchyme des feuilles, de fruits et de différentes autres substances animales ou végétales.

Les Microlépidoptères comprennent trois familles principales : les Tordeuses, les Pyrales et les Teignes.

Famille des Tordeuses (Tortricides).

Comprend des espèces appelées indifféremment *Tordeuses* ou *Pyrales*.

Les Papillons ont les ailes disposées en toit au repos. Les antérieures, souvent à éclat métallique ou bariolées, sont longues et étroites et ont leur bord antérieur arqué, tandis que les postérieures, uniformément grises, sont larges.

Les chenilles vivent souvent, mais pas toujours, entre les feuilles réunies au moyen de fils de soie, d'où le nom de Tordeuses; elles sont souvent plus ou moins isolées, mais leur grand nombre les rend très nuisibles.

1° Tordeuses nuisibles à la vigne.

Elles comprennent trois espèces principales :

La **Pyrale de la vigne** (*Œnophthira pilleriana*) [fig. 89]. — Espèce extrêmement nuisible à la vigne, ayant causé, à diverses reprises, de grands dégâts. Actuellement elle est encore très nuisible en France.

Le Papillon, d'environ 2 centimètres d'envergure, a les ailes antérieures de couleur jaune roussâtre, présentant 3 bandes brunes transversales. Les ailes postérieures sont gris brunâtre.

Les œufs, de forme ovale, de couleur variant du vert au gris noirâtre, sont pondus au mois d'août sur les feuilles et disposés par plaques; chaque plaque contient de 60 à 200 œufs imbriqués et agglutinés ensemble.

Les chenilles qui naissent à l'automne n'ont d'abord que 2 millimètres de long, pour atteindre plus tard la taille de 3 centimètres. Elles sont très agiles et ont une couleur verdâtre ou vert jaunâtre, la tête étant vert foncé luisant. Elles ont quelques poils raides épars sur le corps. A l'automne, elles mangent peu et grossissent peu. Dès que viennent les froids, elles se suspendent à un fil et gagnent ainsi le premier tronc qu'elles rencontrent. Là, elles cherchent un abri sous un lambeau d'écorce et se filent un cocon de soie blanche où elles restent enfermées l'hiver. Au printemps, elles reprennent leur activité et causent alors des dégâts pouvant être très grands si elles sont assez nombreuses. Elles font des paquets avec les jeunes pousses et vivent à leur intérieur tout en les rongeant. La chrysalide qui succède à la larve est de couleur brune. A la fin de juin ou en juillet, en sort le Papillon; celui-ci, après s'être reproduit, meurt.

On peut combattre la Pyrale de la vigne suivant plusieurs procédés dont trois sont surtout efficaces :

1° On arrose les ceps, pendant le repos de la végétation (en février et en mars), avec de l'eau bouillante qui détruit complètement, si on a soin de la bien faire pénétrer dans toutes les fissures des écorces, les cocons contenant les chenilles de Pyrale, et même les œufs s'il en reste encore. Il faut alors porter, dans les vignes, des marmites ou mieux des chaudières qui permettent d'obtenir de l'eau

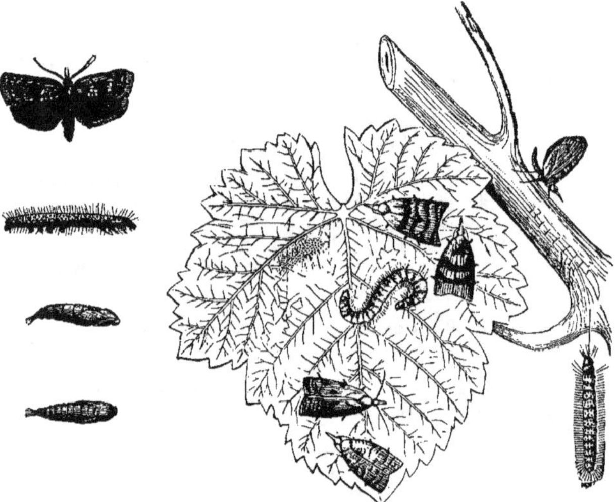

Fig. 89. — Pyrale de la vigne. Papillons, œufs, chenilles et chrysalides.

bouillante à volonté. L'eau est portée sur les ceps, soit au moyen de cafetières, soit au moyen de tubes de caoutchouc aboutissant à des lances en fer-blanc. Ce procédé porte le nom d'*échaudage* ou d'*ébouillantage*.

2° On recouvre chaque cep avec une cloche de métal inoxydable et ayant la forme d'un tronc de cône, ou avec des moitiés de futailles à pétrole. On brûle alors dessous des mèches soufrées ou du soufre ordinaire. L'acide sulfureux produit tue les chenilles en une dizaine de minutes. Cette opération, que l'on appelle *sulfurisation* ou *clochage*, doit aussi se pratiquer avant que les bourgeons commencent à s'ouvrir.

Lorsque les échalas à employer dans les vignes pourraient contenir des œufs, cocons ou chenilles, on doit avoir soin de ne les utiliser qu'après les avoir soumis, en vase clos, à l'action de la vapeur d'eau surchauffée. On peut également soit les ébouillanter, soit les chauffer dans des fours.

3° On place sur le sol, ou sur des piquets, des *lampes-pièges* dont la lumière attire les Papillons; ceux-ci tombent alors dans un réservoir contenant de l'eau recouverte de pétrole et s'y asphyxient. Dans l'espace d'une nuit on peut ainsi détruire plusieurs milliers de Papillons par lampe, surtout si l'on opère pendant les nuits calmes et chaudes succédant aux journées chaudes. Contrairement à l'opinion qui est parfois soutenue, il n'y a pas que les mâles qui viennent se prendre aux lampes-pièges; les femelles s'y rendent aussi dans une très grande proportion.

La **Pyrale ou Cochylis de Roser** (*Cochylis roserana*) [fig. 90]. — Espèce très nuisible aussi à la vigne. Le Papillon, d'environ 1 centimètre et demi, est de couleur jaune paille à reflets argentés. Les ailes supérieures portent une large bande brune transversale; les ailes inférieures sont gris clair. Au repos, les ailes sont rabattues le long du corps et retroussées à l'extrémité postérieure.

Fig. 90. — Pyrale de Roser.

La femelle, au printemps, pond ses œufs sur les pousses nouvelles ou sur les jeunes grappes. Les larves, dès leur naissance, rongent les fleurs et rattachent entre elles celles d'une même grappe, de façon à se constituer en même temps un abri protecteur. Quand elle a atteint sa taille définitive, la larve, qui de la couleur blanc sale a passé au brun rougeâtre, puis au rose, a un peu plus de 1 centimètre (on l'appelle communément Ver rouge des vendanges). Elle va s'abriter sous les écorces des ceps, se met alors dans un cocon brun et chrysalide. Les jeunes Papillons paraissent en août et se reproduisent immédiatement; les œufs de cette nouvelle génération sont déposés sur les grains déjà gros et les chenilles mangent ces grains.

En septembre, les larves vont de nouveau se chrysalider sous les écorces et dans le bois pourri des échalas.

La destruction des chrysalides d'hiver de la Cochylis se fait comme celle de la Pyrale de la vigne, par le procédé de l'ébouillantage. Quant au clochage, il n'est pas efficace, car les chrysalides résistent aux vapeurs d'acide sulfureux. On peut détruire un grand nombre de chenilles et de chrysalides en décortiquant les souches au moyen de gants à mailles d'acier et en recueillant, puis brûlant les détritus obtenus. On peut aussi placer, aux enfourchures des branches, des chiffons de toile dans lesquels les chenilles vont se chrysalider et qu'il suffit ensuite de jeter dans l'eau bouillante. Les chenilles elles-mêmes peuvent être enlevées des grappes au moyen de pinces.

La méthode de destruction par les lampes-pièges peut être aussi appliquée aux Papillons et les échalas doivent être traités comme dans le cas de l'espèce précédente. Enfin, on peut tremper les grappes attaquées dans des liquides insecticides ou projeter ceux-ci sur elles. Les formules à appliquer sont les deux suivantes :

1°	Savon noir	3 kilog.
	Poudre de pyrèthre....................................	1 kilogr. 5.
	Eau...	100 litres.
	(*Formule Dufour.*)	

2°	Gemme de pin..	15
	Soude à la chaux....................................	2, 5
	Ammoniaque à 22°...................................	13
	Verdet...	0, 5
	Eau..	69
	(*Formule Laborde.*)	

L'**Eudemis de la vigne** (*Eudemis botrana*). — Chenille verdâtre mangeant les jeunes grappes de la vigne, comme l'espèce précédente. Le Papillon est gris roussâtre avec deux bandes gris brunâtre sur les ailes antérieures. Il y a trois générations dans l'année.

Même traitement que pour la Cochylis.

2° Tordeuses nuisibles aux arbres forestiers.

La principale espèce est :

La **Pyrale du chêne** (*Tortrix viridana*) [fig. 91]. — Petit Papillon à ailes antérieures vertes et à ailes postérieures grises. Sa chenille, verte ou jaune verdâtre, est extrêmement commune dans les bois et dans les parcs. Elle plie, roule et ronge les feuilles des chênes et fait à ces arbres un tort considérable. Les chrysalides, noires ou brun noirâtre, se trouvent aussi dans les feuilles roulées.

Fig. 91. — Pyrale du chêne. Papillon et chenille.

Les petits Papillons paraissent en été et les chenilles au printemps. Les œufs sont pondus sur les écorces ou près des bourgeons peu après l'apparition des adultes et passent ordinairement l'hiver pour donner les chenilles au printemps.

3° Tordeuses nuisibles aux rosiers.

La principale espèce est :

La **Pyrale du rosier ou de Bergmann** (*Tortrix Bergmanniana*). — Espèce très nuisible au rosier.

Le Papillon, d'environ 1 centimètre et demi d'envergure, a les ailes antérieures jaunâtres et les ailes postérieures noirâtres. Il se montre en juin et juillet et pond, sur les rameaux, des œufs qui éclosent soit à l'automne, soit au printemps suivant. La chenille, d'abord vert pâle, puis jaunâtre, à tête noire, se montre au printemps en même temps que les premières feuilles du rosier. Elle fait un paquet avec les feuilles et les jeunes bourgeons et vit à l'intérieur; elle s'y chrysalide également (la chrysalide est brune).

Enlever les chenilles de leur retraite ou les écraser en pressant sur les feuilles roulées.

4° Tordeuses nuisibles aux arbres fruitiers.

Il y en a plusieurs espèces nuisant aux feuilles, aux fleurs ou au tronc; ce sont principalement :

La **Tordeuse des pruniers** (*Penthina pruniana*) [fig. 92]. — La chenille, très commune, mange les fleurs et les feuilles des pruniers et aussi des cerisiers et prunelliers. Elle est jaune, puis verte. Elle se chrysalide entre les feuilles où elle vivait.

Fig. 92. — Tordeuse des pruniers.

Le Papillon a les ailes antérieures noires et blanches et les ailes postérieures gris noirâtre.
Il y a deux générations annuelles.
Écraser autant que possible les chenilles et les chrysalides.

La **Pyrale de Wœber** (*Grapholitha Wœberiana*). — La chenille vit sous les écorces des arbres fruitiers (pruniers, cerisiers, pêchers, abricotiers, amandiers). Elle creuse des galeries entre l'écorce et l'aubier et provoque la sécrétion d'une substance gommeuse qui épuise l'arbre attaqué. Elle est de couleur vert jaunâtre; elle se chrysalide en automne, mais l'adulte ne paraît qu'au cours de l'été suivant. Écorcer et goudronner les parties attaquées.

5° Tordeuses nuisibles aux plantes potagères.

La principale espèce est :

La **Pyrale du pois** (*Grapholitha pisana*) [fig. 93]. — Cette espèce fait beaucoup de tort aux pois de l'arrière-saison qu'elle rend «véreux». La chenille, en effet, mange les pois dans les cosses. Elle est blanchâtre, avec la tête rousse. Quand elle a atteint sa grosseur définitive, elle va en terre et s'y file un petit cocon en soie dans lequel elle attend le printemps pour se chrysalider. L'adulte paraît en juin et

Fig. 93. — Pyrale du pois. Papillon et chenille mangeant un pois.

va pondre sur les pois; il mesure 1 1/2 centim. d'envergure et est de couleur sombre. Ses ailes antérieures présentent une tache blanche caractéristique.

Quand on recueille et écosse les pois verts, jeter dans l'eau chaude et non à terre les cosses véreuses.

6° Les Tordeuses des conifères.

Elles comprennent plusieurs espèces dont les chenilles, jaunes ou brunes, mangent surtout les pins et les sapins. Les principales sont :

La **Tordeuse du sapin** (*Coccyx resinana*) [fig. 94], dont les chenilles, issues d'œufs déposés sur

Fig. 94. — Tordeuse du sapin. Adulte et galle avec une chrysalide.
En haut, un Ichneumonien parasite de la chenille.

les jeunes pousses de pins et de sapins, causent la formation d'une sorte de galle résineuse dans laquelle elles s'installent et qui peut atteindre la grosseur d'une noix.

La **Tordeuse des cônes de sapin** (*C. strobilana*), dont la chenille habite les cônes des sapins.

La **Tordeuse des bourgeons** (*C. turionana*), dont la chenille vit dans les bourgeons de pins.

La **Tordeuse buoline** (*C. buolina*) [fig. 95], qui ronge aussi les bourgeons de pins et les jeunes pousses.

Fig. 95. — Tordeuse buoline.

La **Tordeuse hercynienne** (*C. hercyniana*), dont la chenille fait une toile enveloppant un paquet de feuilles de sapin qu'elle mange ensuite.

Autant que possible couper les pousses attaquées et les brûler avec les toiles et les chenilles contenues.

7° Les Carpocapses.

Les chenilles de ces espèces sont les « Vers » des fruits « véreux » ; elles sont très nuisibles. En effet, les fruits, tout en continuant à grossir quand ils sont attaqués, prennent l'aspect de fruits précocement mûrs, mais tombent bientôt. Les chenilles, qui ont alors atteint leur grosseur définitive, en sortent et se rendent dans des abris pour y passer l'hiver. Elles se filent un cocon dans lequel elles demeurent et se chrysalident au printemps suivant.

Les principales espèces sont :

Le **Carpocapse des pommes** (*Carpocapsa pomonella*) [fig. 96]. — La chenille ronge intérieurement les pommes et les poires.

Fig. 96. — Carpocapse des pommes. Papillon et chenille dans une pomme « véreuse ».

Le Papillon a les ailes supérieures gris cendré et les ailes inférieures noirâtres. La femelle dépose un œuf dans l'œil du fruit nouvellement noué. La petite chenille pénètre dans l'intérieur jusque près des cloisons renfermant les pépins. Plus tard elle creuse de là une galerie allant à la périphérie du fruit et s'ouvrant au dehors. Les excréments sont rejetés par cette ouverture et l'air dont a besoin la chenille y entre.

Le **Carpocapse des prunes** (*C. funebrana*). — La chenille vit dans la pulpe des abricots et des prunes.

Fig. 97. — Carpocapse des châtaignes.

Le **Carpocapse des châtaignes** (*C. splendens*) [fig. 97]. — Espèce dont la chenille rend les châtaignes véreuses.

MOYENS DE COMBATTRE LES CARPOCAPSES :

1° Ramasser et brûler les fruits véreux afin de tuer les chenilles avant leur sortie;

2° Quand il s'agit de beaux fruits, de pommes ou de poires de jardin par exemple, on peut enlever la chenille de sa galerie au moyen d'un tube en fer-blanc et boucher ensuite l'ouverture avec de la cire ou de la terre glaise. Quand on met en sac de très bonne heure les poires et les pommes de luxe, ainsi qu'on tend à le faire de plus en plus, l'attaque de ces fruits par le Carpocapse ne peut plus avoir lieu;

3° Enlever les vieilles écorces des troncs des arbres fruitiers et badigeonner à la chaux ou ébouillanter avec de l'eau chaude, de manière à détruire les larves dans leurs abris.

Famille des Pyrales (Pyralides).

On réunit souvent cette famille à la précédente et on désigne l'ensemble indifféremment par les noms de Tordeuses ou de Pyrales (Tortricides ou Pyralides).

Papillons à ailes courtes, en toit au repos, les antérieures ayant une forme triangulaire. Les antennes sont souvent pectinées chez le mâle. Les palpes maxillaires sont proéminents et dépassent la tête. Les principales espèces nuisibles sont :

La **Pyrale de la farine** (*Ephestia kuehniella*). — Chenille rose, jaune et noire vivant dans la farine, où elle construit un feutrage de fils agglutinant les particules voisines; elle se transforme en chrysalide dans les fentes des parquets.

Le Papillon, de 1 centimètre de long, est gris. Il y a plusieurs générations successives dans le cours de l'année. On ne peut se débarrasser de cette Pyrale qu'en nettoyant soigneusement les locaux contaminés; on échaude les murs, parquets, poutres avec de l'eau bouillante.

La **Pyrale du maïs** (*Botys nubilalis*). — Chenille blanc jaunâtre creusant des galeries dans la tige du maïs; l'épi ne peut se développer normalement et la plante s'incline vers le sol. La chrysalide prend naissance dans la tige même et donne l'adulte au printemps. Celui-ci pond ses œufs sur le panicule des fleurs mâles et les chenilles qui en sortent pénètrent à l'intérieur de la tige. Les ailes sont frangées; les antérieures sont brun rougeâtre et traversées par deux bandes plus foncées, et les postérieures noirâtres avec une bande jaune pâle.

Brûler les tiges attaquées et contenant les chenilles ou les nymphes.

La **Pyrale du colza** (*Botys margaritalis*) [fig. 98]. — Chenille verdâtre, avec des tubercules bruns garnis de poils; elle ronge les fruits du colza et de la navette. Elle s'enfonce en terre en hiver et se

Fig. 98. — Pyrale du colza. Papillon et chenille. Siliques réunies par des fils.

transforme au printemps en un Papillon jaune, ayant des bandes brunes sur les ailes antérieures et une bordure foncée sur le bord des ailes postérieures.

Ce Papillon pond sur les siliques. Enlever et écraser les chenilles.

Famille des Teignes (Tinéides).

Microlépidoptères la plupart du temps plus petits encore que les Pyralides.

Les Papillons ont les ailes reposant à plat sur le dos ou roulées autour du corps, lorsqu'ils sont au repos. Les ailes sont ordinairement longues, pointues et frangées sur leurs bords. Les antennes sont en forme de fil assez long. Les chenilles sont la plupart du temps extrêmement nuisibles. Elles possèdent sept ou huit paires de pattes, marchent vivement à reculons quand on les touche et peuvent se laisser pendre à un fil de soie qu'elles sécrètent. Parfois elles vivent dans des nids de soie, en nombreuse société; dans d'autres cas, elles se tiennent à l'intérieur des fruits ou dans les fleurs qu'elles couvrent de fils de soie. Elles peuvent aussi creuser des galeries dans le parenchyme des feuilles tout en respectant l'épiderme. Enfin beaucoup vivent non plus de substances végétales, mais de substances animales variées; c'est le cas de beaucoup d'espèces qui vivent dans les maisons, mangeant les tissus de laine, les pelleteries, les crins, les plumes, la graisse, etc.

Les principales espèces nuisibles aux plantes sont :

1° Les Hyponomeutes.

Les chenilles sont très nuisibles aux arbres fruitiers dont elles mangent les feuilles.

Les Papillons ont les ailes moulées autour du corps pendant le repos. Les antérieures sont blanches et couvertes de points noirs. Les postérieures sont grisâtres et pliées en éventail sous les premières.

Les chenilles se montrent au printemps sur les arbres et proviennent d'œufs pondus sur les

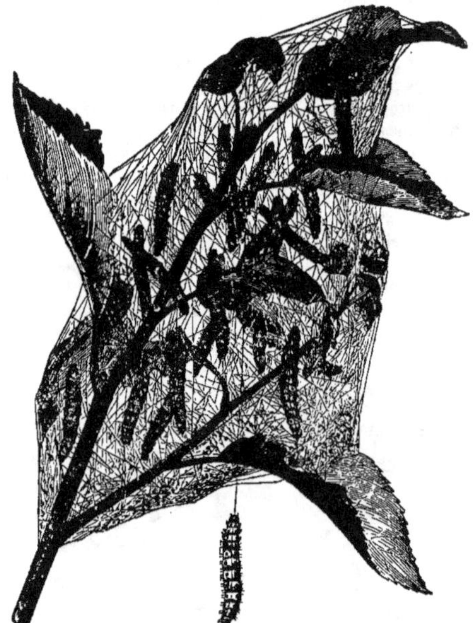

Fig. 99. — Teigne du pommier.
Chenilles dans une toile commune tissée sur un rameau de pommier.

branches avant l'hiver. Elles s'abritent sous une tente de soie commune qui ressemble à une toile d'Araignée et qu'elles vont construire plus loin, quand le besoin de trouver de nouvelles feuilles à manger se fait sentir. Ces chenilles ne sont pas poilues; elles sont de couleur terne et portent des lignes de points colorés. Elles se chrysalident les unes à côté des autres, chacune dans un petit cocon spécial. Tous les cocons sont placés côte à côte dans la toile même qui abritait les chenilles.

On distingue surtout parmi les espèces nuisibles :

La **Teigne du pommier** (*Hyponomeuta malinella*) [fig. 99]. — Le Papillon a environ 1 centimètre de long. Les chenilles sont brunes en dessus et vertes en dessous; elles portent des points noirs sur le dos. Elles mangent les feuilles, les fleurs et les jeunes fruits du pommier. Le Papillon est commun en juillet et août.

La **Teigne du prunier** (*H. padella*). — La chenille se trouve sur le prunier, le cerisier, le prunellier et l'aubépine. Elle est très nuisible.

DESTRUCTION DES HYPONOMEUTES.

Il importe de détruire les chenilles dès qu'on les aperçoit, et même sur les plantes spontanées, sur les haies quand il s'agit d'espèces pouvant vivre aussi sur les arbres fruitiers (*H. padella*, par exemple). On peut recueillir avec de grands balais les nids avec leurs chenilles et les brûler ou les écraser; il faut avoir soin alors d'opérer le matin ou par un temps humide, alors que les chenilles sont engourdies. Autrement, celles-ci s'échappent vivement dès qu'elles se sentent inquiétées. Quand la possibilité existe, on peut aussi mouiller les toiles avec un liquide insecticide suffisamment actif mais ne nuisant pas à la plante [eau de savon, mélange d'eau et de pétrole, liquide Laborde (voir page 81)].

2° Les Teignes des céréales.

Elles comprennent les deux espèces suivantes, dont les chenilles vivent aux dépens du blé et autres céréales :

La **Teigne des grains** (*Tinea granella*) [fig. 100]. — Le Papillon, d'environ 13 millimètres, a le corps blanc argenté, les ailes supérieures marbrées de brun, les ailes inférieures grisâtres. La femelle pond, l'été, sur les grains de blé, seigle, orge, dans les greniers.

Fig. 100. — Teigne des grains. A gauche, adulte de grandeur naturelle; à droite, adulte grossi. Grains attaqués et chenilles de grandeur naturelle. Chrysalides grossies.

La chenille, de couleur jaunâtre, à tête plus foncée, réunit quelques grains par des fils de soie et les dévore en se tenant cachée dans le paquet ainsi formé. Il y a deux générations par an; les chenilles provenant de la dernière passent l'hiver dans des cocons situés dans les fentes des greniers ou attachés aux solives.

Mêmes procédés de préservation que pour le Charançon du blé. En outre, quand le blé a été envahi par les chenilles, on doit tuer celles-ci par des procédés mécaniques. On peut à cet effet projeter le blé contre les murs ou mieux le faire passer dans des « tarares insecticides » qui tuent les parasites et séparent les grains altérés de ceux qui ne le sont pas. La conservation du blé dans des *silos* permet aussi d'éviter l'attaque de la Teigne.

L'**Alucite des céréales** (*Sitotraga cerealella*). — Le Papillon, de 5 à 6 millimètres, a une couleur gris cendré. La chenille, blanche, atteint à peu près la même longueur; elle pénètre à l'intérieur du grain qu'elle dévore complètement, sauf l'écorce qui sert d'enveloppe à la chrysalide.

L'Alucite s'attaque non seulement au blé, mais encore au seigle, à l'orge et à l'avoine. La femelle commence à pondre sur les grains des épis avant la moisson. Lorsque ensuite les céréales sont rentrées, les Papillons, nés des premières chrysalides formées, s'accouplent dans le grenier même et pondent sur le grain qui s'y trouve. Il se produit aussi plusieurs générations et, si l'on tarde à battre ou à moudre le grain, les ravages causés sont énormes.

L'Alucite se combat par les mêmes procédés que la Calandre et la Teigne.

3° Les Teignes de l'olivier.

Elles comprennent deux espèces :

La **Teigne des feuilles de l'olivier** (*Elachista oleella*). — Espèce très nuisible à l'olivier.

Papillon de couleur grisâtre; chenille de couleur vert plus ou moins foncé. Les chenilles se montrent dès le début du beau temps et vivent en *mineuses* dans le parenchyme des feuilles. Celles-ci présentent des taches brunes irrégulières.

Écraser les chenilles et détruire les Papillons au moyen de pièges lumineux.

La **Teigne des noyaux de l'olive** (*OEcophora olivella*). — Espèce très voisine de la précédente, mais les chenilles vivent dans le noyau du jeune fruit. Les olives n'arrivent pas à maturité et tombent; les chenilles les quittent pour se chrysalider; l'adulte qui naît de ces chrysalides pond l'année suivante sur les jeunes olives.

Ramasser et brûler les fruits tombés. Employer les pièges lumineux pour attirer les Papillons.

4° Les Teignes des plantes potagères.

Les principales sont :

La **Teigne du poireau** (*Acrolepia assectella*). — Papillon gris roussâtre portant une tache blanche sur l'aile supérieure.

La chenille mine les feuilles et les bulbes du poireau et de l'ail. Les chrysalides sont sur les feuilles dans de petits cocons de soie grise. Il y a deux générations par an.

Couper et brûler les feuilles minées avant que les larves soient arrivées jusqu'au bulbe.

La **Teigne de la carotte** (*Depressaria daucella*). — La chenille lie par des fils de soie les ombelles de la carotte et du panais; les fleurs et les fruits servent à sa nourriture. Elle est vert grisâtre, avec la tête noire, et présente de nombreux tubercules noirs portant chacun un poil raide.

Le Papillon est brun roussâtre; il a les ailes antérieures portant de petites écailles gris blanchâtres et des stries longitudinales noirâtres. Écraser les chenilles dans leur abri.

5° Teignes diverses.

Outre les espèces précédentes, d'autres Teignes nuisent à diverses plantes; telles sont :

La **Teigne du lilas** (*Gracilaria syringella*) [fig. 101]. — Très petite espèce, mais très commune.

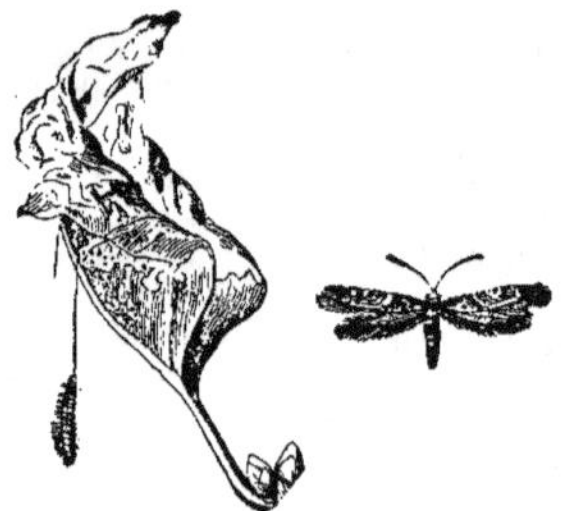

Fig. 101. — Teigne du lilas. Papillon, chenille et feuille attaquée.

Elle a en outre plusieurs générations dans l'année. Les chenilles vivent en mineuses dans les feuilles du lilas. Ces feuilles sont alors boursoufflées, fanées et desséchées au niveau des parties minées.

Le petit Papillon, de couleur brunâtre, pond ses œufs sur les feuilles mêmes. Les chenilles quittent les feuilles pour se métamorphoser; les chrysalides se trouvent dans de petits cocons, sur le sol, dans les fentes des écorces ou dans les trous de murs. Les chenilles de la dernière génération passent l'hiver engourdies et donnent le premier adulte du printemps.

Couper les feuilles et les paquets de feuilles attaquées par les chenilles et les brûler avec les Insectes contenus. On peut aussi écraser les chenilles en pressant sur les feuilles au niveau où elles se tiennent.

La **Teigne du poirier** (*Coleophora hemerobiella*). — La chenille de cette espèce ronge les feuilles du poirier et du pommier. Elle se tient dans un petit fourreau noir à une extrémité duquel se trouve une ouverture par laquelle elle sort la partie antérieure de son corps afin de pouvoir percer l'épiderme et le parenchyme des feuilles. Quand la chenille a atteint sa grosseur définitive, elle se chrysalide à l'intérieur de son fourreau. Il y a deux générations par an. Les feuilles attaquées présentent des taches noires, vésiculeuses.

Écraser les chenilles dans leurs fourreaux.

La **Teigne du pêcher** (*Cerostoma persicella*). — La chenille de cette espèce, ou *Véreau*, cause de grands dommages au pêcher. Elle est vert tendre, à tête brunâtre. Elle se tient dans les feuilles du pêcher qu'elle plie avec des fils de soie et qu'elle ronge intérieurement. On la rencontre en mai et juin, puis en septembre, car il y a deux générations dans l'année.

Le Papillon a les ailes antérieures jaunes et les ailes postérieures gris cendré.

Couper et brûler les feuilles contenant les chenilles ou écraser celles-ci en pressant sur les feuilles qui les contiennent.

La **Teigne du colza** (*Ypsolophus xylostei*). — Chenille verdâtre, mangeant les graines du colza; elle se chrysalide dans un petit cocon blanc placé au milieu des fruits ou sur les rameaux.

Papillon roussâtre, avec une ligne blanche en zig-zag sur chaque aile.

Utiliser les pièges lumineux, en août, pour capturer les Papillons.

CHAPITRE IV.

HÉMIPTÈRES ET DIPTÈRES.

———

A. HÉMIPTÈRES.

Insectes dont la bouche est munie, chez l'adulte, chez la larve et chez la nymphe, d'un *bec* ou *suçoir* en forme d'aiguille creuse contenant des stylets, permettant de piquer les animaux ou les végétaux et d'en aspirer le sang ou la sève. Ce suçoir, lorsque l'Insecte s'en sert, se trouve placé perpendiculairement à la direction de son corps; au repos, il se trouve au contraire replié entre les pattes.

Les ailes, chez l'adulte, sont ordinairement au nombre de deux paires qui sont toutes deux membraneuses ou dont les deux postérieures seules sont complètement membraneuses. Dans ce dernier cas les deux ailes antérieures sont coriaces dans leur partie la plus proche du corps, tandis que leur partie placée au bord libre est membraneuse; elles sont donc seulement à demi membraneuses (d'où le nom d'Hémiptères qu'on donne au groupe tout entier). Dans certaines espèces, les ailes manquent toujours complètement chez tous les individus (certains Pucerons); dans d'autres elles manquent seulement chez une partie des individus et existent chez les autres (beaucoup de Pucerons, Coccides).

La reproduction se fait soit après accouplement, soit par des femelles n'ayant pas besoin de s'accoupler. Tantôt il y a ponte d'œufs, tantôt mise au monde de jeunes vivants.

Les larves et les nymphes ressemblent à l'adulte au point de vue de l'organisation et des mœurs; seules les ailes font défaut chez les larves et sont seulement rudimentaires chez les nymphes qui doivent donner naissance à des adultes ailés. Il n'y a donc, chez les Hémiptères, que des métamorphoses peu profondes ou métamorphoses incomplètes (à part certaines exceptions).

Les espèces nuisibles sont très nombreuses dans ce groupe et certaines causent des dégâts énormes aux plantes sur lesquelles elles sont parasites.

Famille des Acanthiadées.

Punaises de petite taille, à corps aplati, suçant le sang des animaux ou de l'Homme, ou la sève des végétaux.

Les principales espèces nuisibles sont :

Le **Tigre du poirier** (*Tingis pyri*) [fig. 102], nuisible au poirier dont il pique et suce le dessous des feuilles; il se produit de petites galles aux endroits piqués et les feuilles finissent par tomber, ce qui affaiblit l'arbre ou l'espalier. Cet Insecte mesure, à l'état adulte, environ 3 millimètres; il est brunâtre et présente, sur les côtés du corps, des expansions membraneuses caractéristiques. On trouve sur les feuilles simultanément des œufs, des larves, des nymphes et des adultes. Ces derniers peuvent s'envoler quand on les inquiète. Les ravages se produisent en été et en automne.

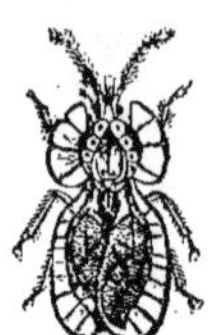

Fig. 102. — Tigre du poirier.

1° Couper aux ciseaux, le soir ou le matin, pour que l'adulte ne s'envole pas, les feuilles garnies de Tigres et les brûler.

2° Projeter, sous les feuilles, des insecticides tels que jus de tabac (mélangé à de l'eau) ou savon noir, ou poudre de pyrèthre: dans ce cas étendre, sous les arbustes traités, des toiles où on recueillera les Tigres qui tombent et ne sont pas complètement tués.

La **Punaise des colombiers** (*Acanthia columbaria*). — Espèce voisine de la Punaise des lits. Parfois abondante dans les poulaillers et les colombiers où elle pique les Oiseaux. Nettoyer et désinfecter les locaux envahis.

Famille des Pentatomides.

Punaises à corps court, large et de forme elliptique, à antennes longues et filiformes, à tête enfoncée jusqu'aux yeux dans le thorax.

Dégagent une odeur très pénétrante et très désagréable. Pondent leurs œufs en plaques sous les feuilles des végétaux. Volent au soleil en bourdonnant. Vivent aux dépens des plantes et leur communiquent un goût et une odeur très désagréables. Les espèces nuisibles principales sont :

Le **Cydne bicolor** (*Cydnus bicolor*). — Espèce piquant et suçant les légumes dans les jardins, ainsi que les pousses des arbres fruitiers. Elle est de petite taille et de couleur noire avec des taches blanches.

La **Punaise potagère** (*Eurydema oleracea*). — Espèce nuisant aux crucifères des jardins, choux, navets, raves, giroflées, qu'elle crible de petits trous. Elle a environ un demi-centimètre de longueur et est de couleur bleu bronzé avec des taches rouges ou blanches.

La **Punaise rouge des choux** (*Eurydema ornata*). — Espèce piquant et suçant les feuilles de navet et de chou: elle est bariolée de noir et de rouge et mesure 1 centimètre de longueur. Elle pond ses œufs sous les feuilles aux dépens desquelles elle vit.

La **Punaise grise des jardins** (*Carpocoris baccarum*). — Communique aux fruits sur lesquels elle se pose (framboises, groseilles) une odeur fétide. Mesure environ 1 centimètre et demi et est de couleur brun roussâtre; elle a les antennes noires, annelées de jaune.

La **Punaise verte des jardins** (*Palomena viridissima*).— Mêmes mœurs et présentant les mêmes inconvénients que la précédente. L'adulte est vert pomme en dessus et vert jaunâtre en dessous.

Écraser toutes ces Punaises dans les jardins.

Famille des Lygéides.

Punaises à corps assez allongé, ne dégageant pas d'odeur désagréable.

La principale espèce nuisible est :

La **Lygée aptère** (*Pyrrhocoris apterus*), nuisible au tilleul dont elle suce l'écorce et les jeunes pousses. Elle a des couleurs noires et rouges; les ailes antérieures sont privées de leur partie membraneuse, et les ailes postérieures manquent souvent complètement. Se trouve dès le premier printemps et pendant tout l'été dans les champs et les bois, souvent en grande quantité.

Détruire ces Punaises en versant au pied des tilleuls où elles sont rassemblées de l'eau de savon noir ou des liquides insecticides.

Famille des Capsides.

Punaises voisines des précédentes; parmi elles se trouve :

La **Grisette de la vigne** (*Lopus sulcatus*). — Espèce atteignant 7 millimètres de long sur 2 millimètres de large, de couleur brune avec des taches jaunes. Elle paraît à la fin de mai et pique les boutons à fleurs de la vigne; les grains attaqués noircissent et tombent. Les œufs sont pondus en juin dans les fissures des écorces et n'éclosent qu'au printemps suivant. Les jeunes larves se répandent sur les plantes basses du voisinage et ne vont sur la vigne que quand elles sont devenues adultes.

1° Écorcer les ceps pour détruire les œufs et échauder les échalas.

2° Débarrasser les vignes des herbes qui nourrissent au printemps les jeunes Punaises.

3° Récolter les adultes avec les entonnoirs usités pour le Gribouri et l'Altise.

Famille des Cigales (Cicadides).

Hémiptères à tête très large, à antennes très courtes terminées par une soie grêle. Mâles ayant un appareil sonore placé sur la face ventrale du premier segment abdominal. Femelles ayant une tarière avec laquelle elles percent les plantes pour y pondre leurs œufs. Les larves et les nymphes ont leurs pattes antérieures disposées pour fouir; elles ont une vie souterraine et piquent les racines des plantes. Au moment de se transformer définitivement en adulte, la nymphe sort de terre et grimpe sur les troncs d'arbres. Insectes généralement peu nuisibles, surtout nombreux dans le midi de la France.

Les principales espèces sont :

La **Cigale plébéienne** ou du frêne (*Cicada fraxini*). De couleur jaune et noire; atteint 3 1/2 centim.

La **Cigale de l'orne** (*Tettigia orni*). Plus petite que la précédente.

La **Cigale ensanglantée** (*Tibicina hematodes*). Présente des taches rouges caractéristiques.

Famille des Cicadelles (Cicadellides).

Insectes ressemblant à de petites Cigales; mais les mâles n'ont pas d'appareil sonore. Les pattes postérieures sont longues et disposées pour le saut. Les ailes antérieures sont un peu coriaces. Les principales espèces nuisibles sont :

1° Les Aphrophores.

Les larves, qui ne sautent pas, piquent les plantes les plus diverses au printemps et en sucent la sève; en outre, elles se trouvent renfermées dans une masse écumeuse provenant de la sève extravasée par les piqûres et qui ressemble à un crachat (communément ces masses écumeuses sont appelées crachats de Coucou ou crachats de Grenouille; si on regarde dedans on y trouve une ou parfois deux larves de Cicadelles). L'adulte est au contraire un Insecte sauteur et vit librement dans les champs. L'espèce principale est :

L'**Aphrophore écumeuse** (*Aphrophora spumaria*). Elle se trouve partout au printemps, dans les champs et les jardins. Elle est parfois très abondante surtout dans les champs de luzerne. L'adulte mesure 1 centimètre; il est grisâtre et présente deux taches blanches obliques sur les élytres.

Recueillir les masses écumeuses avec la larve contenue et l'écraser ou la jeter dans l'eau chaude. Dans le cas où les luzernes sont trop infestées, il peut être utile de hâter la récolte.

2° Les Typhlocybes.

Cicadelles sautant à l'état larvaire et à l'état nymphal comme à l'état adulte. Vivent sur les feuilles de diverses plantes et s'y trouvent souvent rassemblées en très grand nombre. Les principales espèces sont :

Le **Typhlocybe du rosier** (*Typhlocyba rosæ*). — Petite Cicadelle de 4 millimètres environ à l'état adulte; de couleur jaunâtre ou verdâtre; pique les feuilles les plus diverses sur les arbustes. Nuit parfois sérieusement au rosier, au prunier, aux roses trémières, au ricin, etc.

Le **Typhlocybe du chêne** (*T. quercus*) qui pique les feuilles du chêne. Espèce ordinairement peu nuisible.

Le **Typhlocybe émeraude ou de la vigne** (*T. viridipes*), nuisible à la vigne dont il pique les feuilles à la face inférieure.

Capturer les Typhlocybes, quand ces Insectes sont nombreux, au moyen de planches goudronnées promenées au-dessus des plantes infestées.

Famille des Psylles (Psyllides).

Petits Hémiptères ressemblant un peu aux Pucerons. Ils sautent à l'état adulte et non à l'état jeune. A l'état adulte, les deux sexes sont munis d'ailes dont les antérieures sont un peu coriaces. Ils ont de longues antennes et une tête large. Ils piquent les végétaux, ce qui recroqueville les feuilles ou fait naître des galles. Leur reproduction, qui se fait par ponte d'œufs et non par viviparité, est moins active que chez les Pucerons et ils sont moins nuisibles que ceux-ci. Les larves sont plates et ont l'abdomen pointu. Les espèces nuisibles sont nombreuses; les principales sont :

La **Psylle du poirier ou Psylle rouge** (*Psylla pyri*). — Espèce parfois très commune sur les poiriers, dont elle pique les feuilles. Couleur brune avec taches ferrugineuses; 2 millimètres et demi de longueur environ. Paraît en mai, pond des œufs jaunâtres sur les feuilles. Les larves, jaunâtres également, vivent à leur tour aux dépens des feuilles; elles se transforment peu à peu en nymphes et en adultes; ceux-ci s'envolent en juillet. Les feuilles attaquées présentent de petites cicatrices que l'on attribue parfois à tort à l'action de la grêle; elles sont enroulées et leur limbe est crispé.

La **Psylle orangée** (*Psylla aurantiaca*). — Mêmes mœurs que l'espèce précédente, mais un peu plus tardive dans son apparition et son évolution. L'adulte a 3 millimètres et est de couleur jaune orangé, sauf l'abdomen qui est verdâtre.

La **Psylle du buis** (*P. buxi*). — Les larves de cette espèce, communes sur le buis, produisent une déformation à l'extrémité des rameaux; cette extrémité devient globuleuse par suite du recroquevillement des feuilles. Elles sont d'abord rougeâtres avec la tête noire, puis elles deviennent jaunâtres et enfin sont vertes quand elles se sont transformées en nymphes. L'adulte est vert avec quelques taches rougeâtres sur le corselet; la femelle a une tarière bien développée avec laquelle elle introduit ses œufs dans les bourgeons du buis. Quand on taille le buis, couper et brûler les nids de Psylles.

La **Psylle de l'olivier** (*Psylla oleæ*). — La larve de cette espèce pique les fleurs de l'olivier et en fait avorter les fruits; elle est vert jaunâtre. L'adulte pique les feuilles; cette espèce sécrète un duvet blanchâtre qui entoure les jeunes feuilles et les fleurs.

Les Psylles se combattent avec les insecticides habituellement utilisés contre les Pucerons.

Famille des Pucerons (Aphides).

Les Pucerons sont une des familles d'Insectes les plus riches en espèces et en individus, et les plus nuisibles à un très grand nombre de plantes. Ce sont des Hémiptères de petite taille, à corps mou, de couleurs très variées suivant les espèces, à tête large, à antennes de longueur variable et à bec plus ou moins long. A l'extrémité de l'abdomen s'observent, dans certaines espèces, un petit prolongement cylindrique ou «queue» placé sur la ligne médiane, et deux prolongements latéraux ou «cornicules» (fig. 103). Dans une espèce donnée il y a en général des individus sans ailes et d'autres ailés. Les premiers sont ordinairement des femelles qui se reproduisent sans avoir besoin de s'accoupler et qui en outre mettent au monde des petits vivants (elles sont dites parthénogénésiques et vivipares); ils ont plusieurs générations successives dans l'année et assurent la rapide *multiplication de l'espèce* au cours de la belle saison. Les individus ailés sont, soit aussi des femelles parthénogénésiques, soit les mâles et les femelles ordinaires. Dans ce dernier cas, ils s'accouplent et les femelles pondent des œufs. Ils n'apparaissent qu'à la fin de la saison (en automne) et les œufs pondus passent l'hiver sur les plantes ou à terre, pour se développer seulement au printemps suivant, ce qui assure la *persistance de l'espèce* d'une année à l'autre. Les femelles parthénogénésiques ailées paraissent au contraire pendant la belle saison, tout comme les femelles parthénogénésiques aptères; elles s'envolent au loin sur de nouvelles plantes et assurent ainsi la *dissémination de l'espèce*.

Les Pucerons passent leur vie en nombreuses sociétés, pour ainsi dire fixés à la plante nourricière; ils se déplacent peu, implantant leur bec dans les parties les plus tendres de celle-ci qu'ils épuisent peu à peu par suite de leur succion incessante. Les excréments qu'ils rejettent (il en est de même pour certaines Coccides) sont constitués par une matière liquide sucrée ou *miellat*, dont les Fourmis sont très avides, qui poisse les feuilles et les tiges des plantes et dans laquelle se développe un champignon noir particulier, ce qui cause une maladie appelée *morfée* ou *fumagine*. Cette fumagine produit des taches noires sur les fruits, les feuilles, les tiges qu'ont fréquentés les Pucerons (ou les Coccides), ce qui diminue la valeur marchande de ces fruits (oranges, citrons) et souvent entraîne la chute des feuilles et le dépérissement des plantes atteintes (olivier, etc.).

Les espèces de Pucerons sont excessivement nombreuses; chaque plante a pour ainsi dire une espèce qui lui est particulière et même souvent plusieurs. Par contre, une même espèce de Puceron peut fréquemment se nourrir de deux ou plusieurs sortes de plantes.

Tantôt la piqûre des Pucerons a simplement pour résultat d'épuiser la plante, mais ne la déforme pas; mais parfois, au contraire, elle entraîne une déformation plus ou moins profonde des tissus piqués; c'est l'origine des cloques, des ampoules, des galles si communes sur les plantes et à l'intérieur desquelles se trouvent souvent abrités les parasites.

Au point de vue pratique on peut classer les Pucerons d'après les plantes sur lesquelles ils vivent, de la manière suivante :

1° Pucerons des céréales.

Il y en a deux principaux :

Le Puceron du blé (*Aphis granaria*) [fig. 103]. — Se trouve en été sur les épis de blé; il pique les jeunes grains et en contrarie le développement. Est de couleur verte, avec le bec noir.

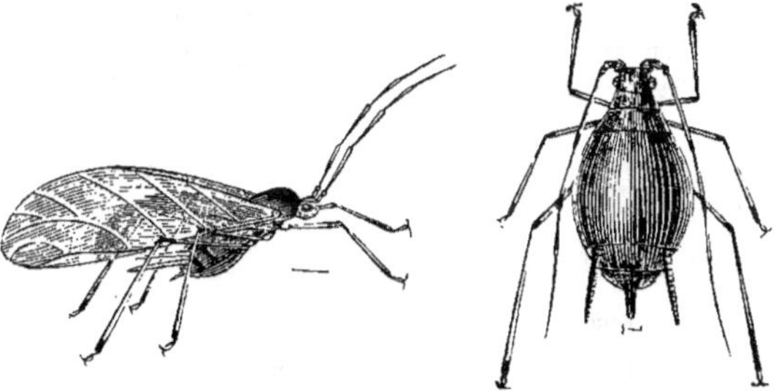

Fig. 103. — Puceron du blé. Femelle parthénogénésique ailée et femelle parthénogénésique aptère.

Le Puceron du maïs (*Aphis maidis*). — Pique les racines des céréales, particulièrement celles du maïs. Est noir bleuâtre à l'état aptère et grisâtre avec 4 raies noires transversales sur le dos à l'état ailé. Brûler les chaumes après la récolte et, s'il est nécessaire, ne pas cultiver de céréales dans le champ pendant un certain temps.

2° Puceron nuisible à la betterave.

Cette espèce est :

Le **Puceron du pavot** (*Aphis papaveris*). — Couleur noire. Se trouve sur beaucoup de plantes des jardins : pavot, laitue, haricots, etc. Se trouve aussi sur la betterave à sucre ; il se montre du reste assez peu nuisible à cette plante, car s'il épuise les betteraves sur lesquelles il est en abondance, il reste, d'autre part, localisé par places et n'envahit pas tout le champ. Mais dans certaines circonstances qui favoriseraient sa multiplication, il causerait de grands dégâts.

3° Pucerons des arbres fruitiers.

Il y en a de nombreuses espèces parmi lesquelles :

Le **Puceron du pêcher** (*A. persicæ*), vert brunâtre, qui pique les feuilles du pêcher ; il se trouve souvent abrité dans les cloques que produit, sur ces mêmes feuilles, un champignon parasite (*Exoascus deformans*). Enlever et brûler les feuilles cloquées ou combattre par les insecticides.

Le **Puceron du poirier** (*A. pyri*), de couleur noir velouté, qui pique les feuilles du pommier et du poirier.

Le **Puceron du pommier** (*A. mali*). Est de couleur verte.

Le **Puceron du prunier** (*A. pruni*). De couleur verdâtre.

Le **Puceron de l'amandier** (*A. amygdali*). De couleur verte.

Le **Puceron du groseillier** (*A. ribis*). De couleur vert noirâtre. Produit des boursouflures rouges sur les feuilles.

Le **Puceron du cerisier** (*A. cerasi*). De couleur noire.

Le **Puceron lanigère du pommier** (*Schizoneura lanigera*). — Cette espèce est l'un des plus grands ennemis du pommier. Elle se recouvre d'un duvet blanchâtre, formé de longs filaments d'une matière cireuse ; cette enveloppe protège le Puceron et rend plus difficile sa destruction. Les individus aptères, débarrassés de leur toison blanchâtre, sont de couleur brun rougeâtre ; ils ont jusqu'à 2 millimètres 1/4 de long ; ils vivent sur les jeunes branches, sur le tronc et même sur les racines. On les trouve surtout en abondance sur les plaies de l'arbre et sur les sections de branches, ainsi qu'au collet des racines. A la suite des piqûres, il y a gonflement et déformation des tissus de l'arbre, lequel se couvre de loupes, de nodosités et finalement de chancres qui nuisent beaucoup à son bon état et peuvent amener sa mort. Les individus sexués diffèrent notablement des asexués ; leur corps est d'une teinte plus foncée, mais est aussi recouvert de duvet blanchâtre. Pendant l'hiver, des individus aptères restent sur les racines, et des œufs, pondus par les sexués de la fin de l'été, restent sur les rameaux et les bourgeons. Au printemps suivant, la vie active recommence pour les individus qui ont passé l'hiver et pour ceux qui sortent des œufs. (Voir plus loin le traitement à appliquer contre le Puceron lanigère.)

4° Pucerons des plantes potagères.

Ils comprennent principalement :

Le **Puceron du chou** (*Aphis brassicæ*). — Vert, à tête noire.

Le **Puceron de la rave** (*A. rapæ*). — Mâle jaune d'ocre et femelle verte.

Le **Puceron de la fève** (*A. fabæ*). — Noir ; les ailes sont blanches et nervées de jaune.

Le **Puceron de l'oseille** (*A. rumicis*). — Noir, pattes blanchâtres.

5° Pucerons des plantes d'ornement.

Les principaux sont :

Le **Puceron du rosier** (*Aphis rosæ*). — Vert foncé. Se trouve en quantité énorme sur l'extrémité des rameaux des rosiers. Il a jusqu'à neuf ou dix générations par an. Si on le laisse se développer il cause un tort considérable aux rosiers.

Le **Puceron des feuilles des rosiers** (*A. rosarum*). — Jaune verdâtre. Se trouve sous les feuilles du rosier.

Le **Puceron de l'œillet** (*A. dianthi*). — Noirâtre, avec l'abdomen jaune; de très petite taille. Sur l'œillet.

Le **Puceron du chèvrefeuille** (*A. caprifolii*). — Vert sombre, 3 millimètres. Couvre les feuilles du chèvrefeuille.

6° Les Pucerons des racines.

Ils vivent sous terre, au milieu des racines des plantes qu'ils piquent. Il n'y a plus d'individus ailés; les antennes sont courtes. Les principales espèces sont :

Le **Rhizobie des racines** (*Rhizobius radicum*). — Il se tient au milieu des racines des céréales et autres plantes et les épuise par ses succions; des Fourmis l'accompagnent et vivent du miellat qu'il rejette.

Le **Trama de la racine** (*Trama radicis*). — Espèce très nuisible aux plantes potagères de la famille des composées, particulièrement au pissenlit, aux artichauts, aux salades. Les salades tombent «en javelle» c'est-à-dire se fanent et s'affaissent.

Arroser le pied des plantes avec une solution de sulfocarbonate de potassium.

7° Les Adelges ou Pucerons des conifères.

Ils ont les antennes courtes, les ailes disposées en toit et ne possèdent ni cornicules ni «queue». Ils vivent sur les arbres résineux, d'où leur nom de Poux du sapin. Les principaux sont :

L'**Adelge du sapin** (*Adelges abietis*). — Espèce nuisible au sapin et à l'épicea. La femelle pique l'extrémité des rameaux et y dépose ses œufs. La piqûre cause la formation de nombreuses excroissances en forme d'alvéoles, qui sont placées les unes à côté des autres (galle en ananas). Dans les alvéoles se trouvent les larves qui s'enveloppent d'un duvet blanc. Il y a des individus ailés et d'autres sans ailes; la couleur du corps est jaunâtre.

Couper et brûler les rameaux attaqués avec les larves contenues dans les alvéoles.

L'**Adelge des conifères** (*A. strobilobius*). — Espèce de couleur brune ou rougeâtre suivant les individus ou suivant leur âge. Mœurs semblables à celles de l'espèce précédente. L'ensemble des galles produites sur les rameaux a l'aspect d'une petite pomme de pin.

Même moyen de destruction que pour l'espèce précédente.

MOYENS DE COMBATTRE LES PUCERONS.

Les Pucerons ayant le corps mou peuvent en général être assez facilement détruits par les diverses substances insecticides habituelles. Celles-ci sont, par contre, souvent inefficaces sur les espèces lanigères; on doit, dans ce cas, employer des matières dissolvant la cire protectrice et pouvant ainsi venir imbiber le corps même de l'Insecte. Des très nombreux procédés utilisés pour combattre les Pucerons, les suivants sont parmi les plus efficaces :

a. Cas des Pucerons non lanigères :

Asperger les feuilles et les bourgeons au moyen de liquides insecticides (si c'est possible plonger les bourgeons ou même toute la plante atteinte dans le liquide).

Employer de préférence des solutions de savon noir, ou le mélange de jus de tabac et de savon noir. Dans les serres, recourir aux fumigations de tabac.

b. Cas du Puceron lanigère du pommier.

Combattre ce Puceron dès qu'on constate son apparition, sans cela il est très difficile ensuite de s'en débarrasser complètement.

1° Pendant l'hiver, badigeonner *les colonies de Pucerons* avec du pétrole;

2° Pendant la végétation, remplacer le pétrole par l'alcool à brûler ordinaire;

3° On peut employer avec succès, soit en pulvérisations, soit en badigeonnages, les insecticides contenant du savon noir, du carbonate de soude et de l'alcool à brûler (voir page 168).

4° La méthode préservative la plus sûre à suivre consiste à surveiller les arbres et les jeunes plants, à brosser les parties ligneuses et à écraser avec les doigts les premiers Pucerons trouvés sur les parties herbacées.

ENNEMIS NATURELS DES PUCERONS.

Les Pucerons ont de nombreux ennemis naturels qu'il faut bien se garder de détruire; les principaux sont :
Les Coccinelles et leurs larves (voir page 41);
Les Chrysopes et leurs larves (Lions des Pucerons) [voir page 156];
Les *Aphidius* (voir page 158);
Les *Anthocoris* (petites Punaises insectivores, communes sur les plantes);
Les larves de Syrphes (voir page 157).

Famille des Phylloxéras (Phylloxérides).

Espèces voisines des Pucerons; on peut prendre comme exemple la principale d'entre elles :
Le **Phylloxéra de la vigne** (*Phylloxera vastatrix*) [fig. 104, 105, 106 et 107]. — Le plus redou-

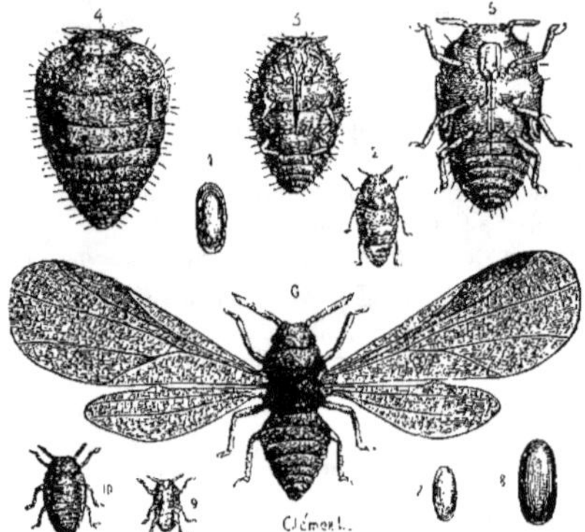

Fig. 104. — Phylloxéra de la vigne. 1, œuf d'hiver; 7 et 8, œuf mâle et œuf femelle pondus par la femelle parthénogénésique ailée; 6, cette femelle parthénogénésique ailée; 9 et 10, mâle et femelle qui sortent des œufs 7 et 8; 2, larve de Phylloxéra: 3 et 4, femelle parthénogénésique aptère vue en dessous et en dessus; 5, nymphe destinée à donner une femelle parthénogénésique ailée.

table des ennemis de la vigne dont il pique et suce les racines et les feuilles. Il en résulte non seulement un épuisement de la plante, mais aussi les feuilles se recouvrent de petites galles faisant saillie à la face inférieure, en forme de bourses, vert jaunâtre ou rougeâtre, à surface couverte de poils raides et s'ouvrant à la face supérieure par une petite ouverture entourée de poils (fig. 105 et 106), et les racines de tubérosités (fig. 107). Ces tubérosités pourrissent ensuite, ce qui amène la mort de la plante. C'est donc surtout par son action sur les racines que le Phylloxéra cause ses immenses dégâts.

Le Phylloxéra ressemble fort aux Pucerons proprement dits. Mais il se reproduit uniquement par des œufs et il n'y a pas de femelles vivipares. Il y a par contre, comme chez les Pucerons, des femelles parthénogénésiques et des individus sexués. Les femelles parthénogénésiques sont de deux sortes : les unes ont des ailes et s'envolent pour propager au loin l'espèce, ce qui explique la rapide extension qu'a prise le Phylloxéra; les autres sont aptères et restent sur les ceps où elles sont nées, ou se contentent de passer sur les ceps voisins. Ailées ou pas ailées, les femelles parthénogénésiques prennent de la nourriture, c'est-à-dire piquent et sucent les racines, et les feuilles. Elles pondent leurs œufs soit sur les racines (femelles privées d'ailes qui se tiennent sur les racines), soit sur les feuilles (femelles privées d'ailes qui sont sur les feuilles et femelles ailées).

Les œufs provenant des femelles parthénogénésiques aptères donnent naissance à des individus aptères et parthénogénésiques, tandis que ceux qui proviennent des individus ailés éclosent en donnant les individus sexués, les mâles naissant d'œufs plus petits et les femelles d'œufs plus gros (fig. 104). Ces individus sexués n'ont pas d'ailes et par conséquent ne peuvent s'envoler au loin; en outre leur bec est atrophié et ils ne prennent aucune nourriture quand ils sont arrivés à l'état adulte. Ils s'accouplent et les femelles pondent chacune *un seul œuf* ou *œuf d'hiver*, lequel est déposé entre les exfoliations des écorces. Cet œuf (fig. 105) est de petite taille ($0^{mm},22$ sur $0^{mm},12$) et de couleur vert olive avec des points noirs. Il éclôt seulement au printemps suivant, donnant naissance à une femelle parthénogénésique sans ailes.

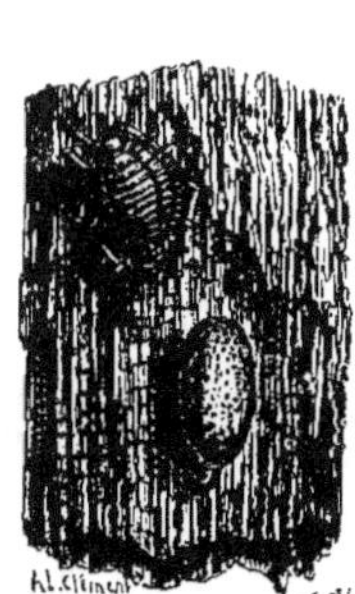
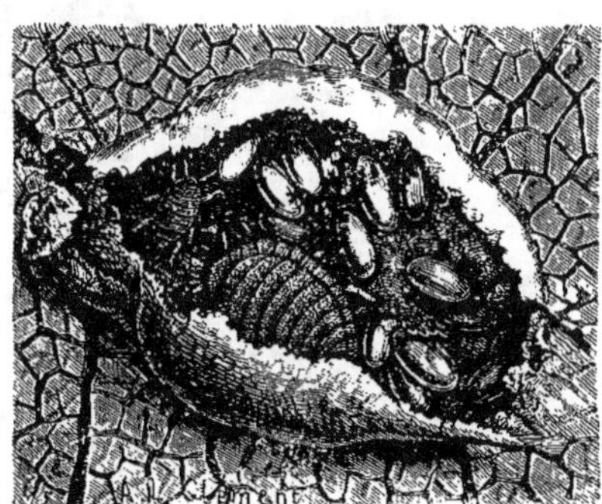

Fig. 105. — Phylloxéra de la vigne.
A gauche, œuf d'hiver très grossi et la femelle qui l'a pondu ; à droite, galle ouverte montrant la femelle pondeuse avec ses œufs pondus et des jeunes sortis de ces œufs.

Pendant l'hiver, le Phylloxéra est représenté par les œufs d'hiver déposés sur les ceps et par les larves restées en terre et sur les racines; tous les individus adultes ont péri à l'approche de la mauvaise saison.

Les Phylloxéras qui se tiennent sur les racines (individus *radicicoles*) sont jaunes; ils ont $0^{mm},75$ de long sur $0^{mm},50$ de large. Ils changent trois fois de peau avant de devenir adultes; chaque femelle pond une centaine d'œufs et il y a de 5 à 8 générations pendant la saison. Ceux qui se tiennent sur les feuilles (individus *gallicoles*) sont un peu plus gros; ils s'enfoncent dans les galles que leur piqûre produit et qui restent ouvertes à la face supérieure de la feuille. Dans chaque galle on trouve une mère pondeuse et ses œufs; chaque mère peut pondre plusieurs centaines d'œufs et les jeunes, à mesure qu'ils éclosent, sortent de la galle maternelle pour aller en constituer une particulière ou pour descendre sur les racines. Il y a aussi un certain nombre de générations pendant la saison.

Fig. 106. — Phylloxéra de la vigne.
Rameau couvert de galles produites par les individus gallicoles.

Les femelles ailées proviennent de la transformation spéciale de certains individus aptères qui, au lieu de trois seulement, subissent cinq changements de peau (mues) avant de devenir adultes; elles ont 2 millimètres de longueur et ont deux paires d'ailes transparentes et beaucoup plus longues que le corps (fig. 104). Chacune d'elles ne pond, après son émigration, qu'un très petit nombre d'œufs, cinq ou six en moyenne.

Les sexués meurent après avoir accompli l'acte de la reproduction; leur rôle est cependant très important, car l'œuf d'hiver est très résistant et assure, mieux encore que les larves restant en terre, la perpétuation de l'espèce; en outre, les individus qui sortent de ces œufs sont très vigoureux et ne

sont pas affaiblis comme ceux qui proviennent d'une reproduction asexuée longuement pro-
longée.

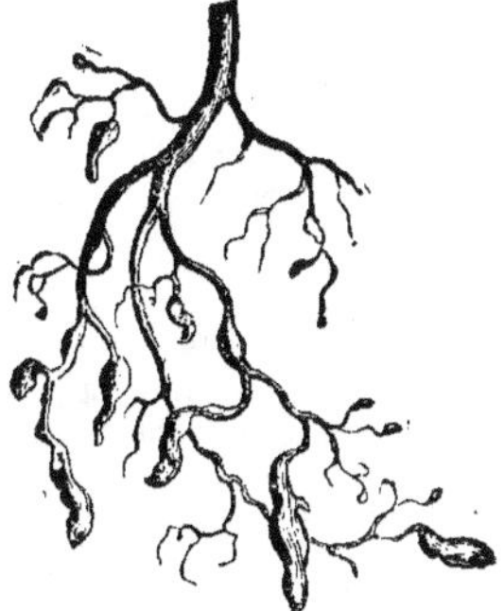

Fig. 107. — Phylloxéra de la vigne.
Racines couvertes de tubérosités produites par la piqûre des individus radicicoles.

On a calculé que, pendant une saison, le nombre des descendants ayant pour origine première un
seul œuf d'hiver peut atteindre de 1 à 30 millions.

MOYENS DE COMBATTRE LE PHYLLOXÉRA.

1° En hiver, écorcer les ceps et les badigeonner avec du goudron ou de l'huile lourde mélangée de
chaux et de naphtaline. On détruit ainsi l'œuf d'hiver et on préserve les vignobles non encore atteints.
L'écorçage peut se faire avec un simple couteau, mais de préférence avec des racloirs spéciaux ou des
gants à mailles d'acier. Il est inutile et même nuisible de le pratiquer sur les ceps âgés de moins de
quatre ans, qui ont seulement une écorce mince. Le badigeonnage se fait au moyen du mélange suivant indiqué par Balbiani :

Huile lourde de houille . . . . 20 parties.
Naphtaline brute. 60
Chaux vive. 120
Eau. 400

Pour faire le mélange, on place la chaux dans une cuve et on y verse la quantité d'eau nécessaire
pour la faire foisonner. Quand elle est bien pulvérulente et fumante, on verse dessus le mélange
préalablement fait d'huile lourde et de naphtaline concassée. On pétrit le tout en ajoutant de l'eau par
petites fractions de manière à rendre le mélange légèrement pâteux et à entretenir la chaleur nécessaire à la fusion de la naphtaline. Quand la fusion de la naphtaline et le délitement de la chaux sont
complets, on verse de l'eau de manière à avoir un mélange plus liquide. Il se produit une ébullition.
Bientôt la pâte est devenue bien homogène; on n'a plus qu'à ajouter le reste de l'eau.

A mesure qu'on badigeonne, on remue le liquide de manière à le maintenir aussi liquide que
possible. On emploie une brosse ou mieux un pinceau et on badigeonne tout le bois de la souche et
même les bourgeons. Le meilleur moment pour opérer est février ou mars, époque où l'œuf d'hiver
approche du moment de son éclosion; on doit choisir en outre un jour où il ne gèle pas et où le temps
est sec. Le liquide sèche alors et persiste sur les ceps. Il est inexact, contrairement à ce qui a été
récemment avancé, que ces badigeonnages soient «nuisibles à la vigne».

2° En hiver encore, si la chose est possible, on submerge le vignoble pendant au moins quarante
jours, ce qui détruit les Phylloxéras restés sur les racines; cette méthode n'est applicable qu'aux

13.

régions de plaine où l'on peut disposer d'un cours d'eau, et seulement dans le cas où la gelée n'est pas à craindre.

3° On injecte du sulfure de carbone dans le sol, au moyen d'un pal. Les trous d'injection doivent être distribués uniformément sur tout le terrain (de 2 à 4 par mètre carré) et placés non au pied même, mais à une distance de 3o à 4o centimètres des ceps. On injecte en moyenne 2o grammes de substance par mètre carré. L'opération se pratique en octobre ou novembre, ou de février en avril.

Quand on a affaire à des vignobles disposés pour le labour, on emploie, au lieu de pals, des «charrues sulfureuses»; le sulfure de carbone se répand, par l'action d'une pompe, dans le sillon tracé par le soc de la charrue.

4° On met au pied des ceps, dans une cuvette formée par la terre relevée, une solution de sulfocarbonate de potassium. Le sulfure de carbone qui se dégage lentement tue les Phylloxéras des racines. Le traitement se pratique pendant l'hiver; on met, dans chaque cuvette, de 4o à 5o grammes de sulfocarbonate avec 1o à 15 litres d'eau. Quand il s'agit de vignes très attaquées, on répète une deuxième fois le traitement en juillet.

5° On plante des ceps américains qui résistent aux attaques du Phylloxéra et on greffe dessus la vigne ordinaire.

Famille des Cochenilles (Coccides).

La plupart des espèces appartenant à cette famille sont extrêmement nuisibles aux plantes sur lesquelles elles vivent. Elles comprennent les Insectes communément appelés Kermès, Cochenilles, Poux des plantes, Tigres des écorces et des feuilles.

Les mâles, qui sont beaucoup plus petits que les femelles, ont deux ailes antérieures bien développées, tandis que leurs ailes postérieures sont réduites à de simples tigelles (balanciers). En outre ces mâles qui, lorsqu'ils sont jeunes, ont un rostre et prennent de la nourriture en piquant les plantes, n'en ont plus à l'état adulte et ne se nourrissent plus. Les larves d'où ils naissent se nymphosent à l'abri d'une coque spéciale et subissent des métamorphoses très accentuées, tandis que les femelles proviennent de larves qui passent insensiblement à l'Insecte adulte. Ils s'envolent, après leur naissance, à la recherche des femelles.

Les femelles conservent toujours leur rostre et prennent de la nourriture aussi bien à l'état adulte qu'à l'état jeune; elles atteignent une taille bien plus forte que celle des mâles. Elles pondent des œufs et ne se reproduisent ordinairement pas par viviparité.

Les Coccides sont très nombreuses en espèces; des formes exotiques sont souvent importées avec les plantes sur lesquelles elles vivent.

Dans le jeune âge, les Coccides se meuvent toujours sur leurs plantes nourricières; dans l'âge adulte, au contraire, beaucoup de femelles se fixent définitivement en un point déterminé, piquent leur rostre dans la tige ou la feuille où elles se trouvent, et ne bougent plus. Elles ont alors tout à fait l'aspect de petites galles; dans ce cas, elles pondent leurs œufs sous elles et se dessèchent dessus, leur constituant ainsi une couverture protectrice.

Les principales espèces de Coccides peuvent se grouper en deux séries : celle dont les femelles sont immobiles à l'état adulte et celle où elles conservent toujours leur mobilité. Toutes deux renferment des formes extrêmement nuisibles.

a. ESPÈCES À FEMELLES IMMOBILES À L'ÉTAT ADULTE.

La femelle se fixe, pond ses œufs sous elle et meurt en formant un toit protecteur à sa progéniture. Les différents individus sont souvent protégés par une sorte de *bouclier* dur, résistant, résultant surtout des dépouilles provenant des mues et qui, au lieu d'être rejetées complètement, restent sur le dos de l'Insecte.

Les espèces les plus remarquables sont :

Le **Pou ou Kermès du laurier-rose** (*Aspidiotus nerii*). — Abonde parfois sur la face inférieure des feuilles du laurier-rose, surtout de ceux qui sont en pots ou en caisses et ne sont pas bien soignés. Il peut aussi se rencontrer sur d'autres plantes (acacia, magnolia, etc.).

Le corps est recouvert d'un bouclier protecteur bombé au centre, blanc jaunâtre, formé par les dépouilles rejetées successivement au moment des mues de l'Insecte. Les larves et les femelles sont jaunes; les mâles sont jaune rougeâtre.

Surveiller les plantes et arrêter dès le début leur envahissement, en écrasant les premiers Kermès. Sur celles qui sont atteintes, badigeonner les Insectes avec un insecticide efficace.

L'**Aspidiote ostréiforme** (*A. ostreæformis*). — Espèce commune sur les arbres fruitiers (surtout le pommier). Elle se présente sous forme de taches grisâtres, se confondant à peu près avec l'écorce des branches où elles sont placées. Ces taches grisâtres, qui représentent chacune un individu, sont parfois extrêmement nombreuses sur le tronc et les branches. Sous le bouclier grisâtre se tient l'Aspidiote, qui est jaune clair.

Gratter et brosser, puis badigeonner avec un insecticide.

Le **Pou de San José** (*A. perniciosus*). — Espèce extrêmement nuisible aux arbres fruitiers et autres. Elle est commune en Amérique, mais n'existe pas en France où on prend des mesures afin d'empêcher son importation (les fruits importés sont l'objet d'une surveillance spéciale).

L'**Aspidiote de l'oranger** (*Chrysomphalus minor*). — Se trouve sur les orangers et les plantes d'ornement à feuillage persistant (phénix, fusain cultivé) du midi de la France. Il s'attaque surtout aux feuilles et aux fruits.

Fig. 108. — Kermès du rosier.

Le **Pou ou Kermès du rosier** (*Diaspis rosæ*) [fig. 108]. — Constitue une croûte pulvérulente blanche sur les branches des diverses variétés de rosiers. Tailler de *bonne heure* les rosiers infestés et brûler les parties enlevées. Brosser les branches restantes et recueillir, pour les détruire, les œufs et Insectes qui se détachent facilement.

Le **Diaspis pyricole** (*D. pyricola*). — Espèce analogue à l'Aspidiote ostréiforme, surtout commune sur le poirier. Sous le bouclier, qui est encore de couleur grisâtre, le corps de l'Insecte est rouge. Se combat comme l'Aspidiote ostréiforme.

Le **Kermès rouge de la vigne** (*Lecanium vitis*). — Nuisible à la vigne. Le mâle est rouge brique. La femelle se présente sous la forme d'une masse bombée, brun roussâtre; elle est bordée d'un bourrelet blanc de matière cireuse qui s'étend sous le ventre et sur lequel les œufs sont déposés au mois de mai.

Écorcer les ceps pendant l'hiver et badigeonner ensuite avec des liquides insecticides. Quand on taille, brûler les rameaux taillés et couverts de Kermès.

Le **Kermès du pêcher** (*Lecanium persicæ*). — Fait beaucoup de tort aux pêchers et souvent se trouve aussi sur la vigne. Les jeunes sont éparpillés sur les feuilles et les bourgeons pendant l'été. En hiver ils sont engourdis sur les branches, mais ils redeviennent actifs au printemps. En mai les mâles apparaissent; il y a accouplement, puis la femelle se fixe et grossit; elle est alors brune et entourée d'un duvet blanc. Cette espèce rejette un miellat sucré qui attire les Fourmis.

Brosser et nettoyer les branches des Pêchers en hiver et badigeonner avec un lait de chaux phéniqué ou avec tout autre insecticide efficace.

Le **Kermès coquille** (*Mytilaspis pomorum*). — Espèce abondant sur les écorces des pommiers. Les individus ont la forme de petites coquilles de Moule qui restent fixées sur les troncs et les branches. Les arbres attaqués s'épuisent et dépérissent.

Fig. 109. — Kermès de l'olivier.

Gratter les arbres et brosser ensuite avec une brosse trempée dans un liquide insecticide.

Le **Kermès de l'olivier** (*Lecanium oleæ*) [fig. 109]. — Cette espèce, appelée aussi Pou de l'olivier, se nourrit de la sève des feuilles et des tiges de l'olivier. Le corps a 4 millimètres; il est brun noirâtre et de forme hémisphérique. La reproduction est abondante.

Gratter les parasites sur les branches pendant l'hiver et badigeonner ensuite avec des liquides insecticides. Soigner les arbres languissants qui semblent être plus exposés que les autres à l'envahissement du Kermès.

Le **Kermès de l'amandier** (*L. amygdali*). — Espèce vivant sur l'amandier: plus petite que la précédente. Même traitement.

Le **Kermès des orangers** (*L. hesperidum*). — Abonde sur les feuilles et les branches des diverses variétés d'orangers.

Corps ovalaire, brunâtre. Rejette un miellat sucré attirant les Fourmis et où se développe la fumagine.

Outre cette espèce, on trouve aussi sur l'oranger un **Kermès coquille** (*Mytilaspis citricola*) voisin de celui qui vit sur le pommier.

1° En petit, brosser les Kermès et faire des lotions d'alcool à brûler;

2° En grand, projeter des insecticides sur les plantes atteintes.

Le **Kermès du figuier** (*Ceroplastes caricæ*) [fig. 110]. — Commun sur les feuilles, les fruits et les rameaux des figuiers pendant l'été, et sur le tronc et les branches pendant l'hiver. La carapace de la femelle, vue de dos, présente des tubercules trapézoïdaux qui la font ressembler à la carapace d'une petite Tortue.

Fig. 110. — Kermès du figuier.

Les figuiers attaqués s'épuisent et les fruits tombent avant la maturité.

Dès le printemps, écraser ou détacher les Kermès en frottant les branches et les troncs envahis avec un gant de crin ou une brosse. Recueillir et brûler les Insectes que l'on a détachés. Badigeonner ensuite avec un insecticide.

b. ESPÈCES À FEMELLES TOUJOURS MOBILES.

La femelle s'entoure d'une masse floconneuse blanche de matière cireuse et pond ses œufs au milieu. Cette espèce de nid abrite les œufs et les jeunes larves.

La **Cochenille des serres** (*Dactylopius adonidum*) [fig. 111]. — Se trouve sur un très grand nombre de plantes de serre, aussi bien sur les plantes ornementales herbacées ou ligneuses que sur la vigne, le pêcher, les tomates, etc., cultivés sous verre.

On l'appelle communément Pou blanc des serres et Puceron laineux des serres.

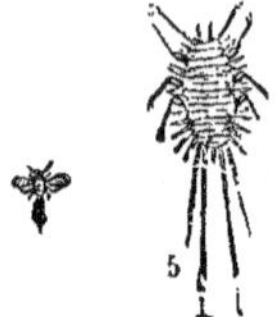

Fig. 111. — Cochenille des serres.
Femelle (5) et mâle.

Le mâle est petit, rouge, couvert d'efflorescences blanches.

La femelle est aussi couverte d'une poudre blanche. Elle pond dans un nid cotonneux blanc où elle s'enferme et meurt ensuite. Cette espèce fait beaucoup de tort dans les serres et il est presque impossible de s'en débarrasser complètement :

1° Pour les plantes ligneuses, enlever les écorces détachées et badigeonner les colonies d'Insectes avec des insecticides agissant sur les Insectes recouverts de duvet cireux; 2° pour les plantes herbacées et les parties tendres des autres plantes, projeter, au pulvérisateur, de l'alcool à brûler plus ou moins étendu d'eau suivant les plantes à traiter, ou d'autres insecticides efficaces.

La **Cochenille de l'oranger** (*Dactylopius citri*) [fig. 112]. — Cause beaucoup de tort aux orangers en Provence. Envahit même les fruits. Elle rejette un miellat abondant où se développe la morfée, ce qui produit des taches noires sur les orangers et leurs fruits. Les arbres souffrent beaucoup de cette atteinte et perdent leurs feuilles.

Fig. 112. — Cochenille de l'oranger.

Le corps, qui mesure de 3 à 4 millimètres, est gris blanchâtre et couvert aussi de matière cireuse blanche.

Même traitement que pour le Kermès des orangers.

La **Cochenille blanche de la vigne** (*Dactylopius vitis*). — Se nourrit de la sève des feuilles et des tiges de la vigne et même de celle des raisins (dans certaines contrées telles que la Palestine, elle vit sur les racines).

En France elle existe dans les départements méditerranéens et dans la Gironde. Le mâle est jaunâtre et mesure seulement 1 millimètre de long. La femelle atteint 4 millimètres de long sur 2 millimètres de large; elle est recouverte d'une matière cireuse blanche, formant sur le pourtour du corps de petites denticulations. Les œufs sont pondus sous la face inférieure des feuilles.

Il y a, en France, deux générations par an; dans des régions plus chaudes, ce nombre peut être très augmenté.

Outre le tort que la succion des Cochenilles cause à la vigne, il se développe une fumagine qui est beaucoup plus nuisible encore, car elle entraîne la dessiccation des feuilles et empêche les raisins de se développer.

Écorcer les ceps pendant l'hiver et les badigeonner avec des insecticides.

La **Cochenille du néflier** (*Phenacoccus mespili*). — Vit sur le néflier, le prunier, le pommier et le poirier. Ressemble aux espèces précédentes. La femelle pond dans des nids cotonneux un grand nombre de petits œufs jaunes; ces nids sont surtout placés dans les fissures des écorces et même sous les lambeaux d'écorces incomplètement détachés du tronc.

Cette espèce attire les Fourmis. On peut la combattre en grattant les troncs et les branches de façon à enlever les lambeaux d'écorce et en badigeonnant avec un lait de chaux. Des Insectes parasites détruisent aussi beaucoup d'individus.

REMARQUES SUR LES MOYENS DE COMBATTRE LES COCCIDES.

La question de la destruction des Coccides est une de celles qui préoccupent le plus les horticulteurs.

Les Insectes dont il s'agit résistent mieux que les Pucerons ordinaires à l'action des insecticides, car ils sont protégés le plus souvent par une carapace dure et imperméable ou par une poussière ou des filaments floconneux de matière cireuse. Il faut, par suite, employer contre eux et leurs œufs des insecticides énergiques et mieux encore, quand cela est possible, gratter et brosser préalablement les troncs et les branches où ils sont appliqués. Les insecticides à base de nicotine, de savon noir, d'alcool, de pétrole, peuvent être employés en pulvérisations sur les feuilles et les parties tendres à la condition de ne pas nuire aux plantes sur lesquelles on les applique et d'être cependant assez efficaces pour tuer les Coccides et leurs œufs. Celui qui correspond à la formule 5, page 168, et l'alcool à brûler, par exemple, donnent de bons résultats. Quand on ne doit que toucher seulement les Insectes eux-mêmes avec la matière à employer, on peut s'adresser à des produits plus actifs encore.

Pendant la période végétative, le meilleur moment à choisir pour appliquer les liquides insecticides est celui où les jeunes Coccides quittent soit le bouclier protecteur formé par le corps desséché de la mère, soit le nid cotonneux où les œufs ont été pondus (en mai ou juin en général).

Pendant que la végétation est suspendue on doit se débarrasser de la plus grande partie des parasites par le grattage, le brossage, la destruction des rameaux enlevés au moment de la taille, et l'application d'insecticides énergiques.

B. Diptères.

Insectes n'ayant que les ailes antérieures bien développées; elles sont membraneuses et transparentes. Les ailes postérieures sont remplacées par deux petites tigelles ou *balanciers*.

L'adulte présente une bouche munie d'un *appareil de succion* ou *trompe* qui tantôt est capable de piquer les plantes ou bien la peau de l'homme et des animaux, tantôt au contraire en est incapable. Dans ce dernier cas la trompe sert seulement à humer les liquides.

Des œufs sortent des larves ordinairement sans pattes (il y a quelques exceptions), souvent privées de tête apparente; on les appelle communément Asticots, Vers, Guillots, etc. Ces larves se meuvent par reptation, s'aidant avec les poils, les épines, les mamelons qui recouvrent leur corps. Quand elles ont atteint leur grosseur définitive, elles deviennent immobiles et se transforment en nymphes qui ont soit la forme de petits *tonnelets,* soit la forme de petites *momies.* Dans le premier cas le corps est entouré d'une peau très dure, de couleur brunâtre, ne laissant voir extérieurement aucun rudiment d'organe; dans le second, on voit au contraire les organes du Diptère et la nymphe reste molle. De la nymphe sort ensuite l'Insecte adulte. Les Diptères subissent ainsi des métamorphoses dites complètes.

Les larves des Diptères vivent dans des conditions très diverses : dans l'eau, dans la terre, dans les matières animales ou végétales en décomposition, dans les tiges, feuilles, fruits des végétaux vivants, dans des galles produites sur ceux-ci après la ponte des œufs, sous la peau ou dans le tube digestif des animaux domestiques ou sauvages, dans le corps de certaines chenilles, larves ou nymphes. Les adultes vivent également dans des conditions très diverses.

Dans l'ensemble des Diptères, on doit considérer comme utiles ceux qui contribuent à assurer la salubrité atmosphérique en détruisant les matières organiques en décomposition et ceux qui sont parasites des chenilles ou autres larves d'Insectes nuisibles. On doit regarder comme nuisibles et combattre ceux qui sont parasites des animaux domestiques ou des végétaux.

Les Diptères se divisent en deux séries comprenant chacune un certain nombre de familles :

I. La série des espèces à antennes filiformes, ordinairement longues et souvent plumeuses; ce sont les *Némocères ;*

II. La série des espèces à antennes courtes ou *Brachycères.*

I. Série des Némocères.

Le corps est souvent mince et élancé, les pattes sont longues et grêles. Les larves ont ordinairement une tête distincte; elles ont les mœurs les plus variées.

Famille des Cousins (Culicides).

Insectes appelés aussi communément Moustiques. A l'état adulte ils sont nuisibles à l'Homme et aux animaux domestiques, car la femelle, armée d'une trompe capable de piquer, perce la peau pour aspirer le sang. Elle déverse en outre dans la plaie une gouttelette de salive venimeuse. Le mâle est au contraire inoffensif.

Les œufs sont pondus dans l'eau, agglomérés en masses ayant la forme de petites nacelles, de couleur noirâtre, qui flottent à la surface. Les larves sont aquatiques et se tiennent, à l'état de repos, suspendues à la surface liquide, la tête dirigée vers le bas. Elles vivent de détritus organiques qu'elles prennent dans l'eau.

Fig. 113. — Cousin commun. Larve et adulte.

Les nymphes flottent à la surface de l'eau et conservent la faculté de pouvoir nager.

Il y a un certain nombre de générations pendant le cours de la belle saison; les adultes de la dernière génération passent l'hiver cachés dans les abris les plus divers, et attendent le printemps suivant pour recommencer à multiplier l'espèce.

On combat la multiplication des Cousins en mettant des Poissons dans les pièces d'eau; les larves sont ainsi détruites. Dans les tonneaux d'arrosage des jardins, il suffit de verser une petite quantité de pétrole qui, se tenant à la surface de l'eau, asphyxie les larves et les nymphes qui y viennent pour respirer. En outre on doit faire disparaître les mares et les eaux croupissantes voisines des habitations. Enfin l'emploi de moustiquaires permet de se préserver de l'attaque des Cousins.

Les piqûres se combattent facilement en posant sur la plaie une goutte d'eau contenant un peu d'ammoniaque.

Les deux espèces de Cousins fréquentes en France sont :

Le **Cousin commun** (*Culex pipiens*) [fig. 113] et le **Cousin annelé** (*C. annulatus*).

Dans les régions méridionales on trouve en outre des Moustiques appartenant au genre *Anopheles* qui, par leur piqûre, peuvent communiquer le germe de la *malaria* ou fièvre intermittente paludéenne.

Famille des Tipules (Tipulides).

Insectes ayant l'aspect général des Culicides, mais n'ayant qu'une trompe molle et courte, incapable de piquer. Les pattes sont très longues et très fragiles; l'abdomen est renflé au bout chez le mâle, tandis que celui de la femelle est effilé. Les larves ne sont plus aquatiques, mais vivent dans la terre. L'espèce nuisible principale est :

La **Tipule des potagers** (*Tipula oleracea*) [fig. 114]. — Espèce très commune et très nuisible à l'état larvaire.

L'adulte atteint 2 centimètres et demi de longueur et est d'un gris cendré, avec les pattes et les antennes jaunâtres. Les ailes sont plus longues que le corps et de couleur enfumée.

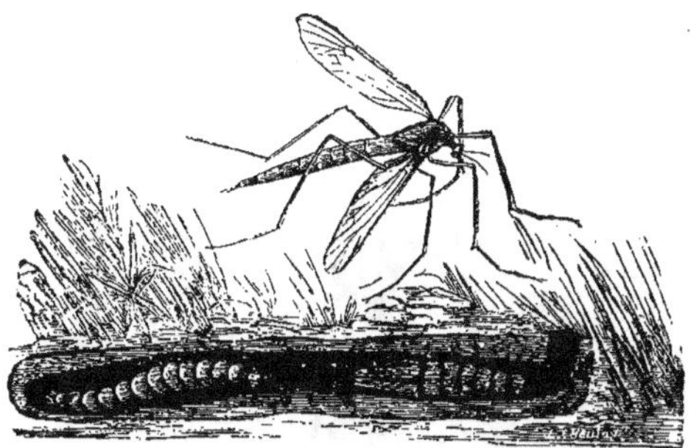

Fig. 114. — Tipule des potagers. Adulte (femelle), larve et nymphe.

Les larves vivent dans la terre et on les trouve au pied des plantes les plus diverses dont elles rongent les racines, surtout pendant la nuit. Elles sont sans pattes, de couleur terreuse, revêtues d'une peau coriace qui leur a fait donner le nom de *Vers à jaquette de cuir ;* leur tête est noire. Elles finissent par atteindre la grosseur d'une plume d'Oie et 2 centimètres et demi de longueur. Les nymphes, qui se rencontrent aussi dans la terre, sont de couleur grise et présentent deux petites cornes servant à conduire l'air nécessaire à la respiration. On y voit les rudiments des antennes, des ailes et des pattes.

Les principales plantes dont les racines sont rongées par les larves de cette espèce sont :

La pomme de terre, les betteraves, les fèves, les laitues et les plantes d'ornement telles que dahlias, œillets, balsamines, reines-marguerites.

Le meilleur moyen de combattre cette espèce est de fouiller au pied des plantes malades, le matin, et d'écraser les larves qu'on peut y trouver. En août et septembre on peut aussi capturer des adultes et les détruire. Les nymphes que l'on rencontre en bêchant ou labourant doivent être de même écrasées. Enfin, on peut avoir recours à l'arrosage avec une solution de sulfocarbonate de potassium, ou enfouir des ampoules de gélatine contenant du sulfure de carbone.

Famille des Mycétophilides.

Espèces dont les larves vivent le plus souvent dans les champignons, mais parfois aussi dans les fruits. Sont généralement de petite taille et ont, au repos, les ailes couchées le long du corps. En dehors des espèces extrêmement communes dans les champignonnières — et qui forcent parfois à abandonner celles-ci pendant un certain temps — une espèce est nuisible au poirier; c'est :

La **Sciare du poirier** (*Sciara pyri*). — Petit Diptère de couleur gris noirâtre. L'adulte paraît en

14.

mai et pond dans les fleurs du poirier. Les larves pénètrent dans les jeunes poires et vivent à leurs dépens; les fruits ne grossissent pas et finissent par tomber. Les ramasser et les brûler avec leurs larves.

Famille des Cécidomyies (Cécidomyides).

Comprend des espèces de très petite taille. Elles pondent dans les feuilles, les fleurs, les fruits, les tiges des végétaux. Souvent, mais pas toujours, il se produit, à la suite de la présence de la larve dans l'organe de la plante, une galle analogue à celles que produit, par exemple, la piqûre des Cynipides. ·

Les Cécidomyies ont des antennes longues et poilues; leur trompe est courte, leurs ailes sont longues, élargies et arrondies en arrière et souvent très poilues. Il y en a un très grand nombre d'espèces dont plusieurs très nuisibles. Les principales sont :

La **Cécidomyie du froment** (*Diplosis tritici*) [fig. 115]. — L'adulte, de 2 millimètres de long, est de couleur jaune plus ou moins foncé. Il pond sur les épis un peu avant la floraison, intro-

Fig. 115. — Cécidomyie du froment. Adulte et larve.

duisant ses œufs entre les glumes au moyen d'une très longue tarière qui se rétracte ensuite après la ponte. Les larves, blanches puis jaunes, sucent les jeunes grains et les font avorter. Arrivées à leur grosseur, elles sautent à terre pour la plupart et s'y métamorphosent au printemps suivant.

On peut combattre cet Insecte en déchaumant et brûlant les chaumes; les larves ou nymphes ramassées avec sont détruites. On peut capturer au filet un grand nombre d'adultes, car ceux-ci, dans les années où les parasites sont nombreux, paraissent en véritables nuées qui s'abattent sur les champs de blé au moment de l'épiage (dans les soirées de la fin de juin et du commencement de juillet). Un grand nombre d'Insectes à larves parasites pondent en outre dans les larves de Cécidomyies et en tuent ainsi une quantité considérable.

Les blés barbus sont en outre moins attaqués que les autres parce que les Cécidomyies ne peuvent facilement y déposer leurs œufs.

La **Cécidomyie destructive** (*C. destructor*). — Espèce très nuisible, appelée communément Mouche de Hesse; existe surtout en Amérique, mais aussi fait parfois des dégâts en France. Les larves, provenant d'œufs pondus sur les feuilles, sucent la sève des tiges de blé et de seigle alors qu'elles sont encore tendres. Elles se trouvent soit au niveau des nœuds, soit surtout à la base des tiges, où elles produisent, par leur succion, de petites fossettes dans lesquelles elles se tiennent. Les tiges attaquées se dessèchent et se brisent. Les larves se nymphosent dans leurs fossettes; la base de la tige est alors renflée et contient les petites pupes brunes. Il y a plusieurs générations dans l'année.

L'adulte mesure environ 3 millimètres et est de couleur variable où cependant dominent le noir, le gris et le rouge; il commence à paraître en avril; chaque femelle pond environ 100 à 150 petits œufs allongés et de couleur jaune.

On combat cette espèce :

1° En brûlant les chaumes après la récolte et en détruisant les plantes levées à la suite de semis spontanés ou provenant de rejets. On tue ainsi un grand nombre de Cécidomyies et on affame celles de la dernière génération.

2° En semant tardivement en automne, de manière que les adultes de la dernière génération soient disparus quand les plantes lèvent et ne puissent aller pondre sur celles-ci, ou mieux encore, si c'est possible, en ne semant qu'au printemps.

3° En pratiquant l'alternance de culture (ne pas faire succéder le seigle au blé, mais l'avoine au blé, car la Cécidomyie attaque le seigle et non l'avoine).

Ici encore de nombreux Insectes à larves parasites ne tardent pas à détruire la Cécidomyie quand celle-ci est devenue très abondante.

La **Cécidomyie de l'avoine** (*C. avenæ*). — Espèce très voisine de la précédente mais s'attaquant à l'avoine. Ses mœurs sont les mêmes; la combattre de la même manière.

La **Cécidomyie du poirier** (*C. nigra*). — Les larves, jaunâtres ou rougeâtres, provenant d'œufs pondus en avril dans les bourgeons à fleurs du poirier, vivent dans les jeunes poires. Celles-ci, au lieu de s'allonger, prennent une forme globuleuse et deviennent *calebassées;* ensuite elles noircissent et tombent. Les larves, parvenues à leur grosseur, sortent de la poire et s'enfoncent en terre pour se transformer au printemps suivant.

L'adulte est noir et gris avec des raies jaunes à l'abdomen; il mesure 1 millimètre et demi.

Récolter et brûler les poires calebassées.

La **Cécidomyie de la vigne** (*C. œnophila*). — Ne cause généralement pas de grands dégâts.

L'adulte, de 1 millimètre et demi, pond ses œufs sur les feuilles de la vigne et il se produit sur celles-ci de petites nodosités ou galles dans lesquelles sont contenues les larves. Il y a plusieurs générations dans l'année; si le nombre des galles d'une feuille est considérable, elle se dessèche et meurt.

Cueillir et brûler les feuilles renfermant les larves.

La **Cécidomyie du framboisier** (*Lasioptera obfuscata*). — Les larves, de couleur rouge, vivent dans des galles situées à la place des bourgeons ou sur la tige des framboisiers.

L'adulte a 2 millimètres; son corps est noir et ses ailes sont blanches.

Couper et brûler les galles.

Famille des Simulies (Simulides).

Espèces de très petite taille, à corps non très allongé mais court et épais, à antennes et à pattes courtes; à ailes larges. Les adultes vivent souvent en nombreuse société et les femelles piquent l'Homme et les animaux domestiques auxquels elles peuvent transmettre des maladies contagieuses. Il existe en France plusieurs espèces de Simulies; la principale est :

La **Simulie cendrée** (*Simulia cinerea*). — Espèce de 3 millimètres de long, de couleur gris cendré; commune au printemps dans les pâturages où elle pique les troupeaux et les Chevaux. Elle paraît pouvoir transmettre la maladie du charbon.

II. Série des Brachycères.

Outre les antennes courtes, souvent munies d'une soie placée latéralement, les Brachycères ont ordinairement les ailes courtes et larges et le corps également peu allongé mais au contraire assez large.

Famille des Taons (Tabanides).

Espèces nuisibles à l'homme et aux animaux domestiques. Tandis que le mâle est inoffensif, vit de liquides floraux et est muni seulement d'une armature buccale incapable de piquer, la femelle perce la peau de l'Homme et des Mammifères. Elle fait ainsi couler le sang qu'elle aspire ensuite avec sa trompe.

L'adulte a le corps robuste, large et aplati. Ses yeux sont souvent vivement colorés. La larve est allongée et munie d'une petite tête effilée; elle ne se nourrit pas comme la femelle adulte, mais vit dans le bois pourri ou dans la terre.

Les principales espèces sont :

Le **Taon des bœufs** (*Tabanus bovinus*) [fig. 116]. — De juin à septembre, la femelle pique les Bœufs et les Chevaux et même l'Homme.

Fig. 116. — Taon des Bœufs (en haut, une Tipule).

L'adulte atteint près de 3 centimètres de long; il est de couleur brun grisâtre avec les pattes jaunes et les ailes brunes avec nervures jaunes. La femelle pond ses œufs sur l'herbe (plusieurs centaines d'œufs). Les larves vivent en terre; elles sont grises, avec la tête brune et se nymphosent en mai.

D'autres espèces de Taons ont les mêmes mœurs que celle qui précède; les principales sont :

Le **Taon noir** (*T. morio*) et le **Taon d'automne** (*T. autumnalis*).

Le **Chrysops aveuglant** (*Chrysops cæcutiens*). — La femelle pique les bestiaux généralement dans le coin des yeux. Cette espèce n'a que 8 millimètres de long ; ses yeux ont une belle couleur vert doré (d'où le nom de Chrysops) et ses ailes une bande transversale noire.

L'**Hématopote pluvial** (*Hematopota pluvialis*). — Cette espèce, très commune en été, attaque et poursuit l'homme et les animaux domestiques, souvent par bandes nombreuses. Elle est surtout abondante dans les bois, les endroits marécageux, et surtout très entreprenante lors des temps pluvieux et orageux. Elle a 1 centimètre de long et les ailes grisâtres avec des taches blanches. Éloigner les animaux domestiques des lieux fréquentés par cette espèce.

Famille des Œstres (Œstrides).

Tandis que sous leur forme adulte les espèces de cette famille sont inoffensives, elles sont, à l'état de larves, très nuisibles aux animaux domestiques, aux dépens desquels elles vivent en parasites internes.

L'adulte a une trompe rudimentaire et le corps très élargi ; son vol est lourd. La femelle pond ses œufs sur le corps des animaux domestiques chez qui ses larves ont coutume de vivre. Ces larves se fixent en différents points, suivant les espèces ; quand elles ont atteint leur grosseur définitive, elles quittent leur hôte et vont se nymphoser en terre. Les espèces principales sont :

L'**Œstre du Cheval** (*Gastrophilus equi*) [fig. 117]. — Les larves, provenant d'œufs pondus sur les poils du Cheval, produisent, dès leur naissance, une démangeaison sur la peau. Le Cheval se lèche et

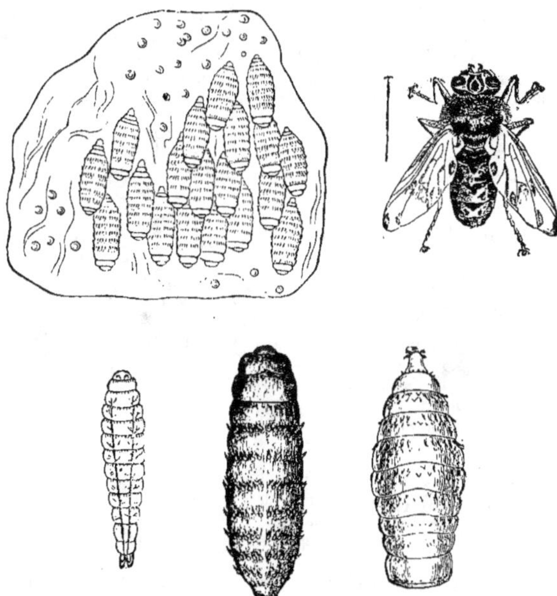

Fig. 117. — Œstre du Cheval. En haut et à gauche, larves fixées sur la muqueuse stomacale ; en bas, larves dont celle de gauche très jeune ; adulte.

introduit ainsi les jeunes larves dans sa bouche ; de là, elles passent dans l'estomac, à la face interne duquel elles se fixent par l'extrémité antérieure de leur corps qui présente dans ce but des crochets fixateurs spéciaux. Elles ont, en outre, des pièces buccales leur permettant d'entailler la muqueuse et de vivre aux dépens du liquide qui afflue aux points attaqués. Ces larves sont d'abord blanches, allongées, garnies de petites soies raides ; elles se trouvent quelquefois fixées par centaines dans l'estomac d'un même hôte. A leur état de complet développement, qui arrive environ au bout de onze mois, elles sont rosées et ont 2 centimètres de longueur. Elles se détachent alors de la muqueuse et sont rejetées avec les excréments ; elles s'enfoncent immédiatement dans le sol et se nymphosent (la nymphe est noire). Au bout d'un mois, l'adulte paraît, s'accouple et va pondre ses œufs sur les poils des Chevaux (au mois d'août surtout). Ces œufs sont blanchâtres, allongés ; chaque femelle peut en pondre plusieurs centaines. L'adulte atteint 1 centimètre 1/2 ; il est de couleur jaunâtre avec des taches brunes ; les ailes portent une bande brune.

Il est difficile de tuer les OEstres fixés dans l'estomac, car la surface de leur corps ne se pénètre pas par les médicaments et est très protectrice ; généralement les Chevaux atteints ne sont pas trop incommodés par la présence de leurs parasites. Autant que possible tuer les Insectes quand ils se posent sur les Chevaux pour y pondre leurs œufs.

L'Œstre hémorrhoïdal (*G. hemorrhoidalis*). — Mêmes mœurs que l'espèce précédente ; les larves, avant leur expulsion, se fixent au pourtour de l'anus. L'adulte est brunâtre ; il mesure seulement 1 centimètre de longueur.

Expulser, au moyen d'injections appropriées, les larves fixées dans la région anale du Cheval.

L'Œstre duodénal (*G. duodenalis*). — Espèce très voisine de la précédente ; les larves se fixent surtout dans le duodenum.

L'Œstre du Mouton (*Cephalomyia ovis*) [fig. 118]. — Les larves de cette espèce, provenant d'œufs pondus au bord des narines des Moutons, se tiennent dans les cavités nasales de ces animaux (dans la région des sinus frontaux). Elles se fixent sur la muqueuse, vivent à ses dépens et, quand elles ont atteint leur grosseur définitive, se détachent. Leur présence provoque alors un éternuement violent qui les projette au dehors ; elles s'enfoncent en terre pour se nymphoser. Il peut y avoir sept ou huit

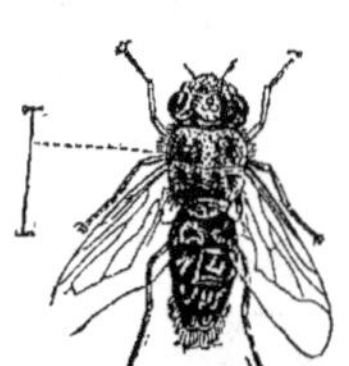

Fig. 118. — Œstre du Mouton.　　　　Fig. 119. — Hypoderme du Bœuf.

larves au plus dans les narines d'un même animal ; celui-ci éternue souvent, se frotte la tête contre les corps durs et est très incommodé (il tourne comme dans la maladie du tournis). En même temps, de la mucosité s'écoule des narines. Parfois l'animal atteint succombe.

L'adulte paraît de mai à septembre ; il est gris jaunâtre et mesure de 10 à 12 millimètres de long.

On peut préserver les Moutons en enduisant les naseaux d'un corps gras, ce qui empêche les OEstres de pondre ou au moins leurs œufs d'adhérer.

L'Hypoderme du Bœuf (*Hypoderma bovis*) [fig. 119]. — La larve, provenant d'œufs pondus sur les poils du Bœuf et de la Vache, pénètre sous la peau de ces animaux et s'y fixe, déterminant la formation d'une tumeur où elle se tient et vit. Au bout de dix mois environ, elle atteint sa grosseur définitive ; elle sort alors de sa tumeur et tombe sur le sol pour se nymphoser ensuite. L'adulte, de couleur noirâtre, velu comme un Bourdon, mesure 1 centimètre 1/2 de longueur ; il paraît en été.

La présence des tumeurs, surtout si celles-ci sont nombreuses, fait maigrir les animaux ; en outre, les cuirs provenant d'animaux atteints perdent une partie de leur valeur. On peut empêcher les Hypodermes de pondre en enduisant le dos des bestiaux avec des corps gras. On peut détruire les larves dans les tumeurs en les piquant avec une grosse aiguille rougie au feu ou en comprimant les tumeurs à partir de la base. Soigner ensuite la plaie.

Famille des Mouches (Muscides).

Renferme de nombreux genres et de très nombreuses espèces, parmi lesquelles beaucoup sont nuisibles aux animaux ou aux végétaux.

L'adulte a une trompe qui est tantôt capable, tantôt incapable de piquer les tissus. Les antennes sont courtes, formées de trois articles dont le dernier porte une soie simple ou plumeuse à sa base. Les larves ou Asticots, Vers, Guillots, etc., n'ont pas de pattes ni de tête apparente.

La nymphe est une nymphe en tonnelet (fig. 120).

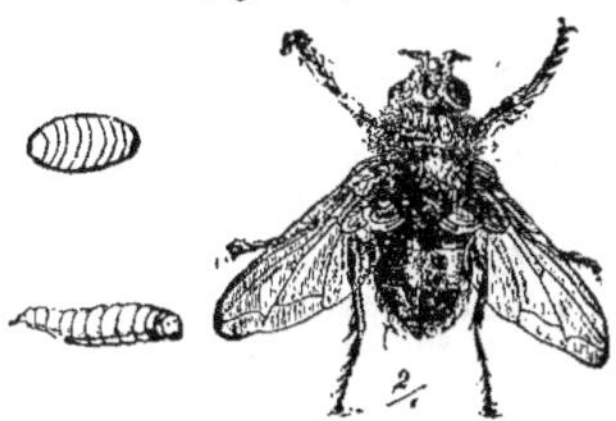

Fig. 120. — Mouche. Larve, nymphe et adulte.

Les mœurs des Mouches sont extrêmement variées. Certaines espèces pondent sur la peau ou dans le corps des larves ou des chenilles, et les jeunes qui sortent des œufs mangent les larves ou chenilles parasitées ; ces espèces sont utiles à l'agriculture. D'autres vivent dans les matières organiques en décomposition, dans les excréments. Enfin, un grand nombre piquent les animaux ou sont parasites des végétaux et nuisent à beaucoup de plantes : céréales, fruits, légumes, etc.

On peut diviser les Mouches nuisibles en espèces nuisibles aux animaux et en espèces nuisibles aux végétaux.

a. Mouches nuisibles aux animaux.

Il y en a deux principales :

La **Mouche domestique** (*Musca domestica*). — Elle nuit aux animaux domestiques non en les piquant, ce qu'elle est incapable de faire, mais en les importunant. On évite sa présence en maintenant, dans les écuries, l'obscurité aussi grande que possible et en les aérant bien (les Mouches recherchent la lumière et la chaleur). Les Araignées qui habitent les écuries détruisent un grand nombre de ces Insectes.

Fig. 121. — Mouche charbonneuse.

La **Mouche charbonneuse** (*Stomoxis calcitrans*) [fig. 121]. — Pique l'Homme et les animaux (Bœuf, Mouton, Cheval) ; quand elle a été auparavant piquer des animaux morts de maladies virulentes, telles que le charbon, elle peut alors communiquer ces maladies. L'adulte ressemble fort à la

Mouche domestique; elle se tient, au repos, contre les murs, la tête tournée vers le haut, tandis que la Mouche domestique se tient tournée la tête en bas. Cependant, ce caractère différentiel n'est pas absolu. Au contraire la présence d'une trompe dirigée horizontalement distingue très nettement la Mouche charbonneuse de la Mouche domestique. Elle est abondante en été, surtout à la fin de cette saison, et en automne.

La larve, de couleur blanchâtre, vit dans le crottin de Cheval; elle se transforme en une nymphe brun rougeâtre [1]. Enfouir soigneusement les animaux morts du charbon; autant que possible chasser ou tuer les Mouches charbonneuses qui viennent se poser sur les animaux domestiques.

b. Mouches nuisibles aux végétaux.

Ces espèces s'attaquent aux plantes les plus diverses : céréales, plantes potagères, arbres fruitiers, légumineuses fourragères, betterave. Les principales sont :

1° Les Chlorops ou Mouches nuisibles aux Céréales.

Petites Mouches à yeux verts, se trouvant parfois en quantité innombrable dans les greniers, dont les larves vivent à l'intérieur des tiges des céréales; les principales sont :

Le **Chlorops à pieds annelés** (*Chlorops tæniopus*) [fig. 122]. — Petite Mouche de 3 millimètres, à corps jaune et noir. Il existe une première génération dans laquelle les œufs sont déposés à la base des épis de blé et de seigle. La larve jaunâtre creuse le chaume et descend dans son intérieur où elle

Fig. 122. — Chlorops à pieds annelés.

se transforme pour donner, en septembre, la deuxième génération. Les Mouches pondent alors au pied des blés récemment semés et les larves mangent les jeunes plants; elles ne se transforment en adultes qu'au printemps suivant. Les plants attaqués s'atrophient et l'épi reste vert et engagé dans les feuilles.

Quand les Chlorops sont en grande quantité dans les granges ou les greniers, on peut en détruire beaucoup en projetant sur eux des insecticides. On évite dans une certaine mesure l'attaque des individus de la 2ᵉ génération, en ayant recours aux semailles tardives, ou mieux encore, quand cela est possible, aux semailles de printemps. Enfin on peut recourir au changement de culture (faire succéder aux céréales des crucifères, de la luzerne, des betteraves).

Quelques espèces, très voisines de la précédente, produisent les mêmes dégâts et se combattent de même; ce sont notamment :

Le **Chlorops linéaire** (*C. lineata*), qui nuit surtout au blé.

Le **Chlorops d'Herpin** (*C. Herpini*), qui nuit surtout à l'orge.

L'**Oscinie ravageuse** (*Oscinia vastator*), qui s'attaque surtout à l'orge; l'adulte n'a que 1 millim. 1/2; il est noir et la larve jaune. Il peut y avoir trois générations par an.

---

[1] Une espèce voisine, la *Mouche* **Tsé-Tsé** (*Glossina morsitans*), habite l'Afrique australe et est très dangereuse pour les animaux domestiques.

2° Mouches nuisibles aux Plantes potagères.

La **Mouche des Oignons** (*Anthomyia ceparum*), dont la larve, qui provient d'œufs pondus sur les feuilles, vit isolée ou en société dans le bulbe des plantes du genre allium (oignon, poireau, ciboule, ail, échalote, etc.). Elle se transforme en nymphe dans la terre; il y a plusieurs générations par an. Les bulbes attaqués pourrissent et dégagent une odeur infecte. Des planches entières peuvent être ainsi détruites.

L'adulte a la moitié de la taille d'une Mouche ordinaire; il est gris cendré avec des raies noires sur le dos et les nervures alaires brun jaunâtre.

Arracher et brûler tous les bulbes attaqués, de façon à détruire les larves.

La **Mouche du chou** (*A. brassicæ*), dont la larve, provenant d'œufs déposés au collet des crucifères (chou, navet, turneps, radis, etc.), pénètre dans la tige et les racines de ces plantes et y creuse des galeries. La nymphose a lieu dans celles-ci et l'adulte ne sort qu'au printemps; il est plus petit que la Mouche domestique, de couleur grisâtre, et a les yeux rouges.

Les plantes attaquées ne sont généralement pas perdues; mais parfois, cependant, les navets sont tellement véreux qu'ils ne peuvent plus être consommés.

Brûler les tiges de chou après la récolte de ces plantes. Changer de culture si cela devient nécessaire.

La **Mouche des radis** (*A. radicum*). — Analogue à la précédente; s'attaque au radis.

La **Mouche de la carotte** (*Psylomyia rosæ*), dont la larve, de couleur jaune, provenant d'œufs pondus au collet des carottes, creuse des galeries à l'intérieur de celles-ci. L'adulte, de 1/2 centimètre de long, est de couleur grisâtre, avec les ailes jaunâtres; il y a deux générations dans l'année. Les carottes attaquées sont languissantes, cessent de croître et leurs feuilles jaunissent; les parties attaquées ont une teinte ferrugineuse (d'où le nom de *rouille* donné par les maraîchers).

Arracher les carottes attaquées et les plonger dans l'eau bouillante pour tuer les larves; ou bien les faire manger aux bestiaux.

La **Mouche de l'oseille** (*Pegomyia acetosa*), dont la larve creuse des galeries dans les feuilles de l'oseille. Elle va ensuite se nymphoser en terre. Il y a deux générations dans l'année.

Couper les feuilles minées, qui se couvrent de taches d'un blanc sale et finissent par pourrir, et les brûler.

La **Mouche des asperges** (*Platyparea pœciloptera*) [fig. 123]. La larve, sortant d'œufs pondus au sommet des asperges quand elles paraissent au printemps, s'enfonce dans la tige de celles-ci et y

Fig. 123. — Mouche des Asperges.

creuse des galeries. Les asperges jaunissent et languissent. La Mouche adulte est un peu plus petite que la Mouche domestique; son corps est rouge brun et ses ailes noires, tachées de blanc.

Enlever et brûler les tiges des asperges attaquées.

3° Mouches des Arbres fruitiers.

La **Mouche de la cerise** (*Ortalis cerasi*). — La larve de cette espèce vit dans la pulpe de la cerise, aussi bien dans les variétés à pulpe douce (bigarreaux, guignes) que dans les variétés à pulpe acide [1].

---

[1] La plupart des auteurs admettent, à tort, que les variétés à pulpe acide ne sont guère attaquées.

Elle provient d'œufs pondus au printemps sur les jeunes cerises. Les fruits attaqués continuent à grossir et mûrissent comme d'habitude ; ils tombent, cependant, généralement de bonne heure et les larves, parvenues à leur grosseur (1/2 centimètre), s'enfoncent en terre pour s'y nymphoser. L'adulte, qui paraît en mai et juin, a le corps noir brillant et la tête et les pattes jaune fauve ; chaque aile porte quatre bandes brunes.

Ramasser les fruits tombés aussitôt que possible après leur chute et les brûler.

La **Mouche de l'olive** (*Dacus oleæ*). — Est un des plus grands ennemis de l'olivier. La larve, de couleur jaunâtre, vit dans la pulpe de l'olive et se nymphose à son intérieur ou à terre. Les olives attaquées mûrissent mal et beaucoup tombent.

L'adulte, d'environ 1/2 centimètre, est noir et jaune. Il y a deux ou trois générations au cours de l'été.

Les nymphes de la dernière génération hivernent ordinairement dans les olives pour éclore au printemps suivant.

L'huile faite avec les olives attaquées est de mauvaise qualité.

1° Brûler les balayures des greniers à olives, car elles contiennent des nymphes ;

2° Quand les Mouches ont été abondantes, récolter les olives avant leur complète maturité et en faire de l'huile ; les larves contenues ne pourront pas ainsi arriver à leur grandeur définitive et s'échapper ;

3° Brûler les olives tombées et qui ne sont pas susceptibles de produire d'huile, même de qualité inférieure.

La **Mouche des oranges** (*Ceratitis hispanica*). — La larve vit dans la pulpe des oranges, qui noircissent et tombent ; elle s'échappe alors pour se nymphoser en terre. Elle vit aussi dans les pêches et les abricots. L'adulte, de 1/2 centimètre de long, a la tête jaune, le thorax noir et blanc et l'abdomen jaune avec des bandes grises ; les ailes présentent des bandes sombres. La femelle pond ses œufs sur les oranges dont elle perce la peau, de sorte que les larves se trouvent dans le fruit dès leur éclosion.

Brûler les fruits atteints. On peut engluer quelques fruits par arbre, avec un liquide visqueux et insecticide, par exemple avec un mélange de colophane dissoute dans l'alcool et l'huile de ricin, et on constate que beaucoup de Cératites viennent s'y prendre, par suite de leur habitude de visiter plusieurs fruits avant de pondre.

4° Mouches nuisibles diverses.

La **Mouche des luzernes** (*Agromyza nigripes*). — La larve mange les feuilles des luzernes, lesquelles se couvrent de taches blanches. L'adulte est une petite Mouche noire, à ailes transparentes nervées de noir.

En cas d'abondance des Mouches, avoir recours à une fauchaison précoce dès que les dégâts commencent à apparaître.

La **Mouche de la betterave** (*Pegomyia hyoscyami*). — La larve creuse des galeries dans les feuilles de la betterave et les fait périr. Ces larves se nymphosent dans les feuilles ou en terre. L'adulte a 1/2 centimètre de long ; il est gris et a les ailes transparentes et les pattes rougeâtres. La femelle pond ses œufs sur les feuilles de betteraves. Il y a deux générations par an ; les larves de la dernière génération vont en terre et se transforment au printemps suivant.

Autant que possible brûler les feuilles atteintes. Quand les Insectes sont trop abondants, pratiquer l'alternance de culture.

Famille des Hippobosques (Hippoboscides).

Insectes vivant souvent en parasites externes sur les animaux domestiques, qu'ils piquent pour en sucer le sang. Sont parfois assez dégradés par le parasitisme et dépourvus d'ailes. Les femelles pondent des larves déjà très grosses et qui se transforment immédiatement en nymphes (d'où le nom de Pupipares donné à ces Insectes quand on croyait qu'ils pondaient des nymphes ou pupes).

Les deux espèces principales sont :

L'Hippobosque du Cheval (*Hippobosca equi*) [fig. 124]. — Il se tient sur les Chevaux mal soignés qu'il pique aux endroits dépourvus de poils (sous la queue, dans les aines).

Fig. 124. — Hippobosque du Cheval.

L'adulte mesure un peu moins de 1 centimètre; il est jaune brunâtre. Les ailes sont roussâtres, les pattes longues et écartées, d'où le nom de *Mouche-araignée* qu'on lui donne communément. Écraser l'Insecte quand on l'aperçoit. Tenir les Chevaux bien propres.

Le Mélophage du Mouton (*Melophagus ovinus*) [fig. 125]. — Pique les Moutons dans la toison desquels il se tient. On l'appelle communément «Pou du Mouton». Il mesure 3 à 4 millimètres de

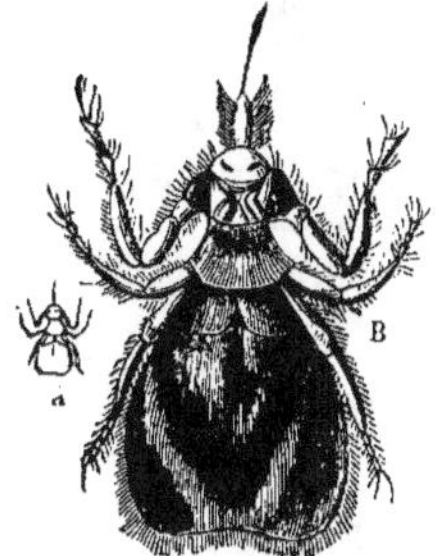

Fig. 125. — Mélophage du Mouton.

longueur, est de couleur ferrugineuse et est complètement dépourvu d'ailes. C'est un Insecte peu dangereux. Les Sansonnets qui volent sur les troupeaux le recherchent sur les Moutons. La tonte de ceux-ci permet de les en débarrasser facilement.

CHAPITRE V.

THRIPS, PUCES, POUX ET RICINS.

A. THRIPS (THRIPSIDES OU THYSANOPTÈRES).

Insectes de très petite taille (ont en moyenne 2 millimètres), qui nuisent aux plantes dont ils sucent la sève au moyen d'une sorte de petite trompe représentant leurs pièces buccales.

Ils ont quatre ailes étroites, frangées sur leur bord, se tenant à plat sur l'abdomen. Les pattes, au lieu de se terminer par des griffes, se terminent par de petites ventouses ou disques adhésifs.

Le corps est très étroit et les yeux sont gros.

Les œufs sont pondus sur les plantes fréquentées par les adultes; il en sort des larves d'abord privées d'ailes, qui se transforment peu à peu en adultes sans cesser de prendre de nourriture. Ces larves vivent avec l'adulte et se nourrissent de la même manière.

Il y a trois espèces nuisibles principales :

Le **Thrips des céréales** (*Thrips cerealium*) [fig. 126]. — La femelle, de couleur noirâtre, est ailée à l'état adulte, tandis que le mâle reste toujours sans ailes.

Larve de couleur jaunâtre.

Fig. 126. — Thrips des Céréales.

A tous les états se tient sur les épis de blé et de seigle et suce la sève des grains encore tendres; ceux-ci restent maigres et sont finalement racornis.

Le **Thrips orné** (*T. decora*). — Très voisin du précédent et en ayant les mœurs. La larve est rouge vermillon.

Quand les Thrips ont été abondants sur les céréales, arracher et brûler les chaumes après la récolte; en cas de nécessité recourir à l'alternance de culture.

Le **Thrips des serres** (*Heliothrips hemorrhoidalis*) [fig. 127]. — Très nuisible à un grand nombre de plantes cultivées en serre (orchidées, azalées, *ficus elastica*, etc.).

L'adulte, de près de 2 millimètres de long, a le corps très étroit et pointu en arrière; il est de couleur noire. Les ailes supérieures ont leur base blanc jaunâtre et les pattes sont jaunes.

Les larves, de couleur jaunâtre, sont privées d'ailes, mais ont la même forme générale que l'adulte. Elles proviennent d'œufs que la femelle pond sous les feuilles.

Fig. 127. — Thrips des serres.

Larves et adultes se tiennent surtout sous les feuilles. Ils aspirent la sève de la plante et rongent même superficiellement les feuilles; celles-ci prennent une teinte grisâtre, noirâtre et sont comme brûlées à l'extrémité.

On combat le Thrips des serres au moyen d'eau de savon ou de fleur de soufre. On peut employer un liquide composé de 10 litres d'eau, 125 grammes de savon noir et 250 grammes de fleur de soufre. On bassine les plantes envahies avec ce liquide, ou même si c'est possible, on les plonge entièrement dedans.

Le **Thrips du lin** (*T. lini*). — Cause des dégâts sur le lin. L'Insecte ronge les feuilles et les fleurs de la plante.

Le Thrips du lin mesure 2 millimètres de long; il est brun foncé ou noir; les deux sexes possèdent des ailes.

On peut combattre cette espèce au moyen de liquides insecticides; quand elle est trop abondante dans une région, le mieux est de recourir à un changement de culture (ne pas remplacer le lin par des graminées, car l'Insecte vit également sur ces dernières plantes).

B. Puces.

Petits Insectes nuisibles aux animaux à sang chaud sur lesquels ils vivent en parasites.

L'adulte est sauteur, privé d'ailes, et muni d'un rostre contenant des lancettes et propre à piquer.

Les larves ont une forme allongée, sont privées de pattes et se meuvent par reptation. Elles se filent un petit cocon pour se métamorphoser; elles ne sont pas parasites comme l'adulte, mais vivent de détritus organiques; se rencontrent souvent au milieu des balayures.

Outre les espèces qui vivent sur l'Homme, il y en a qui sont parasites de divers animaux domestiques; telles sont :

La **Puce du Chien et du Chat** (*Ceratopsylla serraticeps*), qui a en outre la fâcheuse qualité d'abriter le *Tenia cucumerina* du Chien et de propager par suite ce parasite.

La **Puce du Lapin** (*C. goniocephalus*).

La **Puce des Oiseaux** (*C. avium*).

On préserve le Chien de la présence des Puces en le tenant propre, le lavant souvent au savon noir si c'est nécessaire.

La poudre de pyrèthre, insufflée au milieu des poils du Chien et du Chat, est également efficace.

C. Poux.

Insectes nuisibles aux Mammifères sur lesquels ils vivent en parasites.

L'adulte est de petite taille, privé d'ailes et muni d'un suçoir lui permettant d'aspirer le sang ou les humeurs de son hôte. Les pattes se terminent par des crochets permettant à l'Insecte de se cramponner sur celui-ci.

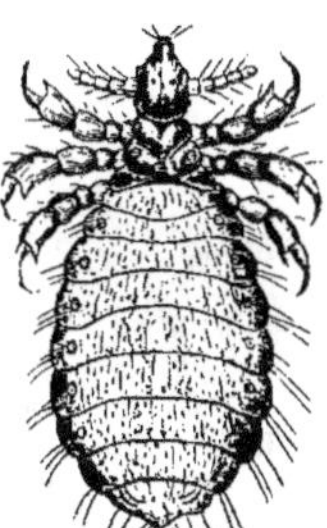

Fig. 128. — Pou du Chien.

Fig. 129. — Pou du Porc.

Les œufs ou *lentes* sont collés aux poils de l'animal parasité et en nombre considérable; ils donnent naissance à des jeunes qui acquièrent peu à peu les caractères de l'adulte, sans subir de profondes métamorphoses.

Les espèces sont nombreuses; plusieurs peuvent vivre sur un même hôte. En dehors de celles qui vivent sur l'Homme, les principales sont :

Le **Pou du Chien** (*Hematopinus piliferus*) [fig. 128].

Le **Pou du Porc** (*H. suis*) [fig. 129].

Le **Pou de la Chèvre** (*H. stenopsis*).

Le **Pou de l'Âne** (*H. asini*).

Le **Pou à tête pointue** (*H. tenuirostris*) [fig. 130]. Espèce vivant sur le Cheval.

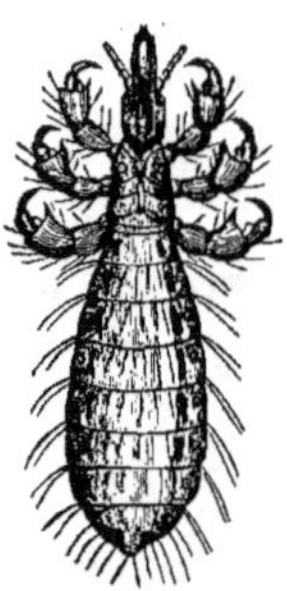

Fig. 130. — Pou à tête pointue.

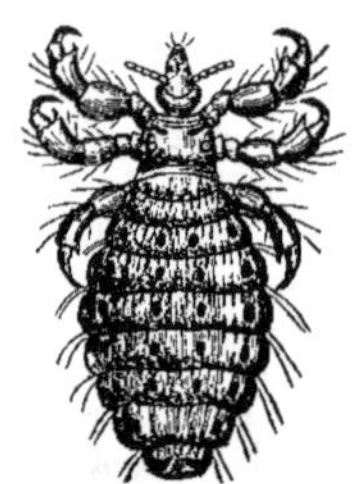

Fig. 131. — Pou à large thorax.

Une autre espèce, le **Pou à large thorax** (*H. eurysternus*) [fig. 131] se trouve sur le Bœuf et sur le Cheval.

La préservation des animaux contre l'atteinte des Poux est facile; on la réalise ainsi :

1° Par les soins habituels de propreté;

2° En isolant les animaux atteints. On les soigne à part et on évite ainsi la contamination des autres;

3° En tenant propres les écuries et les étables; en les tenant bien aérées, en les nettoyant fréquemment et en blanchissant les murs à la chaux de temps à autre;

4° En tondant périodiquement les bêtes à poils;

5° En lavant au savon noir ou avec d'autres insecticides les individus atteints. Pour les animaux qui se lèchent, éviter d'employer des substances toxiques.

D. Ricins ou Mallophages.

Ces Insectes sont aussi communément appelés Poux; mais, au point de vue zoologique, ils en sont très éloignés.

Ils vivent dans le pelage des Mammifères ou le plumage des Oiseaux; ils ne piquent pas la peau pour sucer le sang ou les humeurs, mais vivent de détritus épithéliaux, de poils, de plume. Ils sont, par suite, moins nuisibles que les Poux.

La bouche est disposée pour broyer; les œufs sont pondus sur les plumes ou les poils, comme chez les Poux. Il n'y a pas non plus de métamorphose profonde entre l'état larvaire et l'état adulte. Parmi les principales espèces parasites des Mammifères domestiques se trouvent :

Le **Ricin du Chien** (*Trichodectes latus*).

Le **Ricin du Mouton** (*T. spherocephalus*) [fig. 132].

Les **Ricins de la Chèvre** (*T. climax* et *T. limbatus*).

Le **Ricin du Bœuf** (*T. scalaris*).

Le **Ricin du Cheval** (*T. equi*).

Chez les Oiseaux de basse-cour on rencontre principalement :

Le **Ricin du Paon** (*Goniodes falcicornis*) [fig. 133].

Le **Ricin de l'Oie** (*Docophorus adustus*).

Le **Ricin du Cygne et de l'Oie** (*Trinotum conspurcatum*).

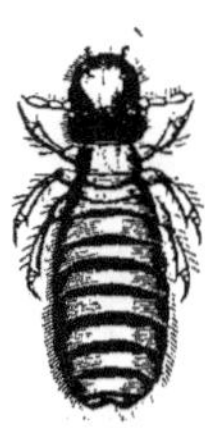

Fig. 132. — Ricin du Mouton.

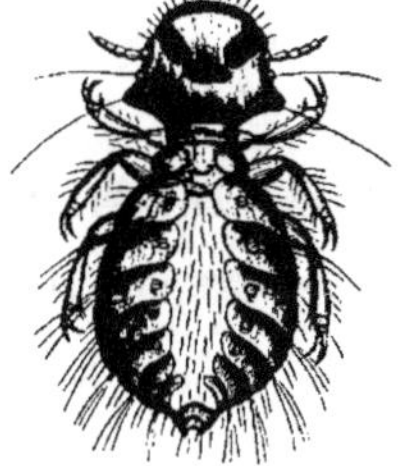

Fig. 133. — Ricin du Paon.

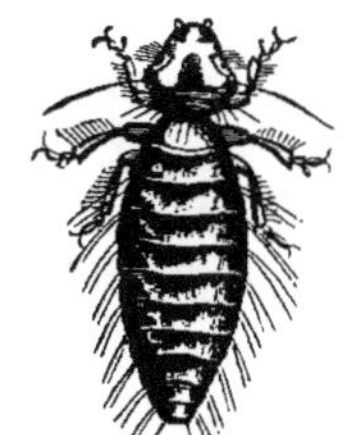

Fig. 134. — Ricin des Poules
(*Liotheum pallidum*).

Les **Ricins des Poules** (*Liotheum pallidum* [fig. 134] et *Philopterus variabilis*).

Les **Ricins du Dindon** (*Goniodes stylifer*, *Philopterus polytrapezius*, *Liotheum stramineum*).

Le **Ricin du Canard** (*Philopterus squalidus*).

Le **Ricin du Pigeon** (*Liotheum turbinatum*).

Les précautions à prendre pour préserver les Mammifères de l'atteinte des Ricins sont les mêmes que celles indiquées plus haut pour les Poux. En ce qui concerne les Oiseaux, on les préservera aussi d'autant mieux que les poulaillers seront mieux tenus et disposés conformément aux règles de l'hygiène.

IIe PARTIE.

AUTRES INVERTÉBRÉS NUISIBLES.

CHAPITRE PREMIER.

MYRIAPODES, CRUSTACÉS ET ARACHNIDES.

A. Myriapodes (Mille-Pieds).

Animaux ordinairement utiles, car ils sont le plus souvent carnassiers et se nourrissent d'Insectes, de Cloportes, de Limaces, d'Escargots. Certains vivent de débris animaux ou végétaux et ont encore une certaine utilité ou en tout cas ne sont pas sensiblement nuisibles. Enfin, quelques rares espèces deviennent nuisibles en mangeant certaines plantes, notamment les fruits dans les jardins, les betteraves, les haricots, etc.

Les Myriapodes se reconnaissent immédiatement à leur grand nombre de pattes (qui leur a valu le nom de Mille-pieds) et à l'absence d'ailes. Ce sont des animaux qui fuient la lumière et recherchent les endroits humides. Ils sont généralement cachés, pendant le jour, sous les écorces, les pierres, les feuilles, etc., et ne circulent que la nuit.

Les principales espèces nuisibles sont :

Le **Blaniule à gouttelettes** (*Blaniulus guttulatus*) qui mange les fraises dans les jardins. Il pénètre à l'intérieur de celles qu'il attaque et les ronge complètement sans que souvent on s'en aperçoive. A défaut de fraises, il mange d'autres fruits (les fruits tombés), des racines (betteraves, céréales, vigne). Cette espèce, de couleur blanc jaunâtre, mesure environ 1 centimètre et demi de long; elle est privée d'yeux et présente de chaque côté du corps une ligne de points rouges.

Écraser ce Myriapode quand on le rencontre; cueillir les grosses fraises attaquées qui le contiennent et les jeter dans l'eau bouillante.

L'**Iule terrestre** (*Iulus terrestris*), espèce mesurant 3 centimètres et demi, de couleur grise, avec deux raies dorsales jaunâtres. Elle ronge les betteraves dans la région du collet. L'écraser quand on la rencontre.

L'**Iule des sables** (*Iulus sabulosus*), un peu plus grand que le précédent et ayant mêmes mœurs.

Le **Géophile des fruits** (*Geophilus carpophagus*) qui mange les fruits tels que pêches, prunes, abricots. Cette espèce mesure 6 à 7 centimètres de longueur; elle est de couleur jaunâtre avec une ligne d'un brun violet sur le dos. On doit la détruire comme les espèces précédentes.

B. Crustacés.

Animaux presque tous aquatiques. Il y a quelques espèces terrestres et parmi elles une espèce appartenant au groupe des Isopodes (c'est-à-dire aux Crustacés ayant des pattes toutes égales). Cette espèce est :

Le **Cloporte commun** (*Oniscus murarius*). — Espèce très commune, abondant surtout dans les jardins; elle vit de toutes sortes de plantes : racines, bulbes, fruits, plantes de serre, etc., et est, par suite, très nuisible. Sa couleur est grisâtre ; on trouve, de chaque côté du corps, une ligne de points jaunes. La taille est d'environ 1 centimètre ; le corps ne peut pas se rouler en boule. Il porte deux antennes coudées et assez longues, et sept paires de petites pattes toutes égales. L'animal est nocturne et se cache pendant le jour, dans des endroits obscurs, sous les pierres, les écorces, etc.

On peut attirer les Cloportes dans des pièges variés tels que pots renversés, amas de mousse, etc., et les tuer ensuite par l'eau bouillante ou par écrasement. Les Crapauds, les Hérissons, et les Musaraignes en détruisent une certaine quantité.

C. Arachnides.

Les Arachnides se reconnaissent aux caractères suivants :

Absence d'ailes.

Ordinairement quatre paires de pattes ambulatoires. Dans certains cas, les jeunes ou larves n'en ont que trois paires, la quatrième se développant seulement chez l'adulte. Dans d'autres cas (Phytoptides), les deux paires postérieures restent toujours rudimentaires.

Tête et thorax réunis en une seule masse ou *céphalothorax*. Sur celui-ci se trouvent seulement de petits yeux simples et pas d'yeux à facettes.

Pièces buccales disposées pour sucer les liquides des animaux vivants ou la sève des plantes.

Une paire de pinces, placées en avant de la bouche, servent à saisir la proie ; elles communiquent avec une paire de glandes à venin.

Les Arachnides vivant d'Insectes peuvent être considérés comme des animaux utiles qu'il faut bien se garder de détruire. Telles sont les Araignées de nos pays ; leur venin est complètement inoffensif pour l'homme. D'autres au contraire ont des mœurs très différentes et sont souvent nuisibles ; ils appartiennent à l'ordre des Acariens, lequel par suite mérite d'être étudié ici avec un peu plus de détail.

ACARIENS.

Les Acariens vivent souvent en parasites sur les animaux domestiques ou sur les végétaux ; ils renferment des espèces extrêmement nuisibles. Ils présentent les caractères suivants :

Taille ordinairement très petite, trois paires de pattes seulement lorsqu'ils ne sont pas encore arrivés à l'état adulte. Dans certains types, les deux paires postérieures restent toujours rudimentaires.

Pièces buccales disposées pour mordre ou pour sucer.

Vivent souvent rassemblés en grand nombre. Les principaux Acariens nuisibles sont : les Trombidions ; les Ixodes ou Tiquets ; les Phytoptides ; les Tétranyques.

Famille des Trombidions (Trombidiés).

L'espèce typique est :

Le **Trombidion satiné** ou **Araignée rouge des jardins** (*Trombidium holosericeum*). Il est nuisible à l'état de larve et à l'état adulte [1].

A l'état adulte, le Trombidion satiné, très commun partout, mesure 3 ou 4 millimètres de longueur et est de couleur rouge. Le corps est couvert de duvet soyeux. Il prend une nourriture végétale et est nuisible ; on le trouve ainsi souvent sur les jeunes carottes de semis qu'il suce près du collet. On peut, dans ce cas, s'en débarrasser en bassinant les plantes attaquées avec des insecticides ordinaires (jus de tabac, savon noir).

La larve a des mœurs différentes ; on l'appelle communément Rouget, Aoûtan, Lepte d'automne. Elle est de couleur rouge orangé et mesure seulement environ un demi-millimètre de long et moins encore de largeur ; elle possède trois paires de pattes. On la rencontre, en juillet et en août, dans les champs, sur le gazon et une foule de plantes. Elle grimpe sur l'Homme et les animaux domestiques (Bœuf, Chèvre, Chien, etc.) et vit alors en parasite sur la peau. Sa piqûre cause une vive démangeaison.

---

[1] Certains auteurs considèrent l'adulte comme carnassier et utile. De nouvelles observations sur cette espèce et les espèces voisines sont donc nécessaires.

16.

On fait disparaître facilement ces larves par des lotions avec divers liquides insecticides tels que : benzine, eau phéniquée, etc.

Famille des Ixodes (Ixodides).

Espèces nuisibles vivant, à l'état adulte, en parasites sur les animaux domestiques ou les Oiseaux. On les rencontre surtout sur le Chien, le Bœuf, le Mouton, le Faisan, parfois sur l'Homme.

L'espèce typique est :

L'Ixode ricin (*Ixodes ricinus*) [fig. 135], fréquent sur les oreilles des Chiens de chasse et des Chiens de berger. Le mâle n'a que quelques millimètres de longueur tandis que la femelle qui, avant sa fixation, n'a aussi qu'une petite taille, atteint, quand elle est gorgée de sang, plus de 1 centimètre de longueur. Elle ressemble alors à une graine de ricin.

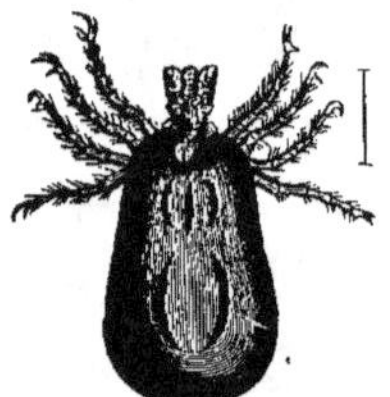

Fig. 135. — Ixode ricin.

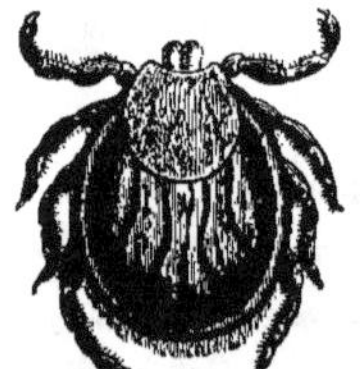

Fig. 136. — Ixode réduve.

On débarrasse très facilement les animaux domestiques de ces parasites, au moyen de lotions avec un liquide insecticide (benzine, essence de térébenthine, etc.). On doit se garder d'arracher les animaux fixés sur la peau, car leur trompe de succion reste dans la plaie, ce qui provoque une suppuration.

Une autre espèce, l'**Ixode réduve** (*I. reduvius*) [fig. 136], de couleur rouge, s'attaque à un très grand nombre d'animaux, mais surtout au Mouton, au Bœuf et au Chien. On s'en débarrasse aussi facilement que de l'espèce précédente.

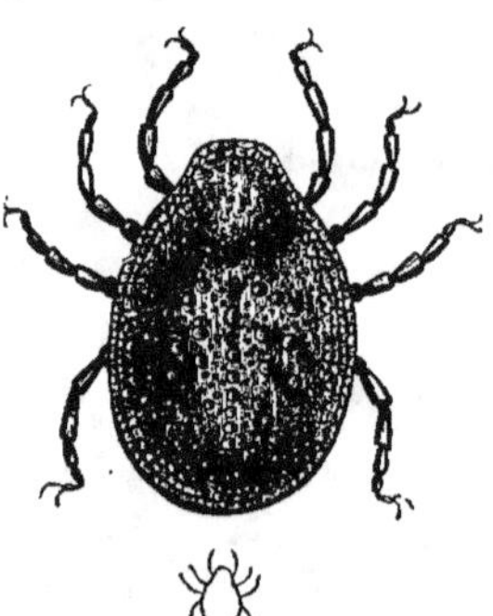

Fig. 137. — Argas réfléchi (de grandeur naturelle et grossi).

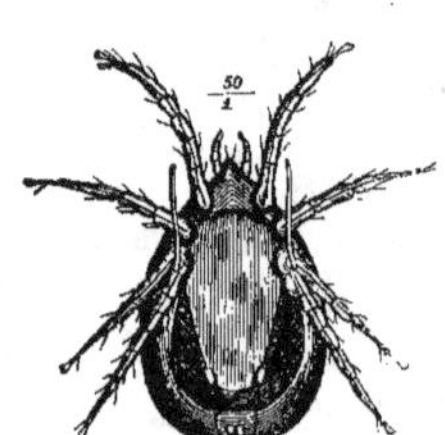

Fig. 138. — Dermanysse des Poulaillers.

L'Argas réfléchi (*Argas reflexus*) [fig. 137]. — Espèce de grande taille (un demi-centimètre de long sur 3 millimètres de large chez la femelle), commune dans les colombiers où elle suce le sang des Pigeons, surtout des Pigeonneaux. On l'appelle communément Pou des Pigeons. Désinfecter et tenir bien propres les colombiers.

A côté des Ixodes se place :

Le **Dermanysse des poulaillers** (*Dermanyssus gallinæ*) [fig. 138]. — Attaque les Pigeons et les Poulets pour en sucer le sang ; il reste caché pendant le jour et sort la nuit ; on l'appelle Pou des volailles. Nettoyer, désinfecter et tenir propres les poulaillers.

Famille des Sarcoptides.

Acariens de très petite taille, dont certains produisent chez l'Homme et divers animaux domestiques la maladie contagieuse de la gale. Ils vivent sur ou dans la peau des animaux parasités et leur piqûre cause une altération de cette peau, accompagnée d'une vive démangeaison. Ces Acariens portent sur les pattes des ventouses qui servent à les fixer sur leurs hôtes ; leur fécondité est considérable. On en distingue trois types, auxquels correspondent trois sortes de gales :

1° Les Chorioptes, produisant les gales symbiotiques :

2° Les Psoroptes, produisant les gales humides :

3° Les Sarcoptes, produisant les gales sèches.

1° Chorioptes et gales symbiotiques.

Les Chorioptes ont un corps ovalaire, un rostre aussi large que long et de grandes pattes munies de larges ventouses. Les deux espèces principales sont :

Le **Choriopte symbiote** (*Chorioptes symbiotes*). — Il produit la gale des paturons du Cheval, laquelle se manifeste par de petites croûtes se propageant pendant l'hiver depuis les paturons et les boulets des pattes postérieures jusqu'aux genoux. Cette gale est peu contagieuse et peu dangereuse. Elle existe aussi chez le Bœuf et le Mouton, causée par deux variétés de la même espèce de Choriopte. Combattre les gales symbiotiques au moyen de pommades sulfureuses.

Le **Choriopte auriculaire** (*Ch. auricularium*). — Cette espèce se tient dans le conduit auditif du Chien et cause une irritation violente, allant jusqu'à des crises épileptiformes. La surdité et même la mort des Chiens attaqués peuvent en résulter. Injecter, dans l'oreille, de la benzine mélangée à un jaune d'œuf délayé dans de l'eau tiède.

2° Psoroptes et gales humides.

Les Psoroptes ont un corps ovalaire et un rostre pointu et allongé ; les pattes sont munies de ventouses longuement pédonculées. Il y en a une espèce principale :

Le **Psoropte commun** (*Psoroptes communis*), présentant plusieurs variétés vivant sur le Cheval, le Mouton et le Lapin, où elles causent la gale humide du Cheval ou *roux vieux*, la gale humide du Mouton ou *rogne* et la gale humide du Lapin.

La gale humide du Cheval apparaît sur les parties couvertes de crin (haut de la queue, haut de l'encolure), sous forme de boutons purulents qui se dessèchent et sont alors remplacés par des croûtes épaisses et visqueuses qui s'accompagnent de démangeaisons et de la chute des crins.

Tondre les Chevaux atteints et les savonner avec des pommades soufrées ou d'autres substances insecticides.

La gale humide du Mouton ou rogne débute par le cou et le dos et envahit toute la surface cutanée recouverte de poils ; elle est aussi marquée par des pustules, des croûtes, des démangeaisons et la chute de la toison. Quand les Moutons atteints restent dans les troupeaux, la contagion s'étend rapidement et la mortalité devient très grande.

Suralimenter et isoler les bêtes atteintes ; les tondre et les baigner dans des liquides insecticides. Désinfecter les bergeries.

La gale humide du Lapin se manifeste surtout sur les oreilles ; elle présente les mêmes caractères que chez le Cheval et le Mouton.

3° Les Sarcoptes et les gales sèches.

Les Sarcoptes ont le corps rond, un rostre large et court et des pattes courtes portant une ventouse à pédoncule long. Les pattes postérieures sont cachées sous l'abdomen. La principale espèce est :

Le **Sarcopte de la gale** (*Sarcoptes scabiei*) [fig. 139]. — Cette espèce présente plusieurs variétés qui causent la gale de l'Homme et celles des animaux domestiques, en particulier du Cheval, du Mouton, du Chien. Ici, l'Acarien creuse des sillons dans la peau, et la femelle dépose ses œufs dans ces sillons. Les jeunes quittent ceux-ci et vivent en liberté sur la peau, transmettant facilement la gale d'un individu à un autre. Les jeunes subissent des modifications assez grandes avant de devenir adultes et de creuser alors des sillons dans la peau.

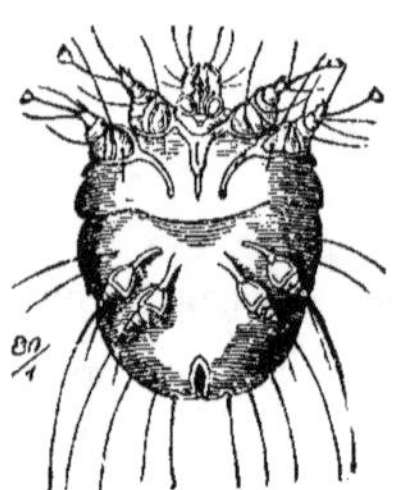

Fig. 139. — Sarcopte de la gale.

Chez le Cheval, la gale sèche se manifeste par des croûtes sèches, produisant une vive démangeaison et paraissant d'abord sur le garrot. Elle est très contagieuse et peut se transmettre non seulement au Mulet et à l'Âne, mais encore à l'Homme.

Frictionner avec des pommades soufrées ou contenant de la nicotine. Désinfecter l'écurie et les objets contaminés.

Chez le Mouton, la gale sèche se localise sur les régions dépourvues de poils, surtout autour des naseaux (ou l'appelle communément *noir-museau*).

Se combat comme pour le Cheval.

Chez le Chien elle débute par la tête et se propage sur tout le corps ; les poils tombent. Elle est très contagieuse.

Combattre comme pour le Cheval et le Mouton.

Famille des Tétranyques.

Petits Acariens nuisibles aux végétaux sur lesquels ils vivent en parasites. Ils tissent, à la surface des plantes attaquées, principalement sous les feuilles, des toiles extrêmement fines qui les protègent. Ils sucent la sève en perçant les jeunes pousses et les feuilles au moyen de leur rostre. En outre, les toiles retiennent la poussière et l'humidité sur les plantes ; il en résulte finalement pour celles-ci un épuisement qui cause la maladie de la *grise* (à cause du ton gris que prennent généralement les feuilles ; mais, dans certains cas, celui de la vigne par exemple, les feuilles deviennent rouges).

Il y a beaucoup d'espèces diverses attaquant différentes plantes, et difficiles à distinguer les unes des autres ; l'espèce typique est :

L'**Acarus tisserand** (*Tetranychus telarius*). — Appelé aussi Araignée rouge à cause de sa couleur rougeâtre. Il mesure seulement un quart de millimètre de longueur, a une forme ovale et a les quatre paires de pattes bien développées. Les plantes les plus attaquées sont les plantes potagères, les arbres fruitiers et surtout les plantes de serre.

Quelle que soit l'espèce à laquelle on ait affaire, il semble que les plantes attaquées soient surtout celles qui sont souffreteuses. On peut d'ailleurs combattre la maladie de *la grise,* en bassinant les plantes atteintes avec divers liquides insecticides, tels que : solution d'eau de savon et de jus de tabac, sulfocarbonate de potassium, etc. Dans les vignes on peut détruire l'Acarien, qui hiverne sous les écorces, en écorçant les ceps et les badigeonnant, l'hiver, avec le mélange de Balbiani utilisé contre l'œuf d'hiver du Phylloxéra.

Famille des Phytoptides ou Eriophyides.

Acariens très communs, vermiformes, ayant les deux paires de pattes postérieures atrophiées, très nombreux en espèces et parasites des végétaux. Ils sont nuisibles et produisent, sur les plantes attaquées, des cloques et des déformations diverses.

Ces Acariens n'ont que quelques dixièmes de millimètre de longueur au plus ; aussi on ne reconnaît leur présence que par les effets produits sur les plantes. Les endroits attaqués présentent des poils charnus que l'on croyait autrefois être des champignons que l'on appelait *érinoses.*

Le nombre de plantes attaquées est très grand ; la maladie peut se combattre par l'application du soufre.

Il faut citer parmi les espèces les plus communes :

Le **Phytopte de la vigne** (*Phytoptus vitis* ou *Eriophyes vitis*), appelé autrefois *Erinose de la vigne.* — Espèce très commune, nuisible à la vigne. Sa présence se traduit sur les feuilles par la formation de taches cloquées, situées sous la feuille. Ces taches sont formées de poils blancs, puis roussâtres, de forme variable et feutrés. Les pédoncules floraux et les fleurs elles-mêmes peuvent aussi être attaqués ; les fleurs sont alors transformées en petits glomérules blancs.

Le soufrage fait disparaître ce parasite.

Le **Phytopte du poirier** (*Phytoptus pyri*). — Espèce très commune, mais ne faisant pas ordinairement très grand tort. Les feuilles attaquées présentent de petites cloques convexes sur les deux faces, de couleur d'abord vert clair, puis plus tard brunâtre. On doit, autant que possible, brûler les feuilles cloquées.

Le **Phytopte du noyer** (*P. tristriatus*). — Espèce commune sur les feuilles du noyer, qui présentent alors de petites galles brunâtres faisant une saillie arrondie à la face supérieure et conique ou incurvée à la face inférieure. Quand les galles sont nombreuses, les feuilles sont crispées ou plissées. Parasite peu dangereux.

CHAPITRE II.

VERS ET MOLLUSQUES.

A. Vers.

Animaux à corps souvent très allongé et fréquemment formé de segments ou anneaux placés les uns à la suite des autres. Ils n'ont jamais de membres constitués par des articles distincts, ce qui les éloigne des Insectes, Myriapodes, Arachnides et Crustacés. Ils vivent dans les conditions les plus diverses ; un grand nombre sont parasites des animaux ou des végétaux et sont nuisibles. Ces espèces nuisibles peuvent se ranger dans deux subdivisions :

1° *Les Vers plats ou Plathelminthes,* ayant un corps aplati et vivant en parasites chez les animaux. Ils comprennent les Ténias ou Vers solitaires et les Douves ;

2° *Les Vers ronds ou Némathelminthes,* à corps allongé et cylindrique. Ils sont nuisibles soit aux végétaux, soit aux animaux. Les espèces nuisibles principales comprennent : les Ascarides, les Strongles, la Trichine et les Anguillules.

Famille des Ténias (Téniadés).

Vers à corps très plat, formé de segments successifs et pouvant atteindre, à l'état adulte, une longueur considérable. N'ont ni bouche ni tube digestif et se nourrissent, par imbibition, du liquide nourricier dans lequel leur corps est situé. L'animal adulte est fixé dans le tube digestif de son hôte, par sa partie antérieure ou *tête* qui présente souvent des crochets de fixation et des ventouses. Les segments les plus éloignés de la tête se détachent les uns après les autres et sont mis en liberté avec les œufs qu'ils contiennent (les espèces sont hermaphrodites, produisent un très grand nombre d'œufs et ont des organes reproducteurs dans les divers segments du corps). Ces œufs parviennent en dehors de l'intestin de leur hôte, en étant rejetés avec les excréments. Ils se transforment en embryons seulement s'ils sont avalés par un nouvel hôte *différant du premier* par l'espèce animale à laquelle il appartient.

L'embryon se loge dans les tissus de son *nouvel hôte*, s'y enkyste et attend, pour se développer complètement et se transformer en adulte, d'être introduit dans l'intestin *du premier hôte*, c'est-à-dire, en pratique, que le deuxième hôte soit mangé par un individu de même espèce que le premier. L'embryon enkysté dans les tissus du deuxième hôte s'appelle *Cysticerque*.

Les principales espèces nuisibles sont :

Le **Ver solitaire ordinaire** (*Ténia solium*). — Au moyen de sa tête, qui porte 4 ventouses et des crochets, l'adulte vit ordinairement dans l'intestin de l'homme, fixé sur la muqueuse du tube digestif. Les segments contenant les œufs (qui renferment eux-mêmes des embryons déjà formés), et qui se sont détachés du Ver, sont expulsés avec les excréments. S'ils sont avalés par le Porc, les embryons sont mis en liberté dans son intestin, subissent certaines modifications à la suite desquelles ils prennent les caractères de Cysticerques et vont s'enkyster dans la chair et la graisse de l'animal. Ce dernier est atteint de *ladrerie*. Sous la langue, particulièrement, les embryons de la ladrerie sont très abondants et facilement reconnaissables (vésicules ovales, de grosseur variable, remplies de liquide).

Lorsque la viande ladre est mangée par l'homme, elle lui communique le Ver solitaire si elle est crue ou insuffisamment cuite. Les Cysticerques se transforment, en effet, en petits Ténias qui se fixent, par leur tête armée de crochets et de ventouses, dans la paroi intestinale. Ils commencent alors à grandir et à vivre aux dépens des matières contenues dans le tube digestif.

On ne peut guérir la ladrerie chez les Porcs atteints; en ce qui concerne l'Homme, il se préserve à coup sûr en ne mangeant la viande de Porc que bien cuite.

Le **Ténia inerme** (*T. inermis*). — L'adulte vit de même chez l'Homme. Sa tête présente 4 ventouses mais pas de crochets. Le Cysticerque se trouve dans la viande du Bœuf. Sur celui-ci à l'état vivant, on ne peut pas reconnaître ordinairement l'existence de la ladrerie; ce n'est que dans certains cas exceptionnels où le Cysticerque est visible sous la langue. Sur l'animal abattu on peut reconnaître, par contre, sa présence en pratiquant des incisions dans la région des joues, de chaque côté de la bouche.

L'Homme se préserve de ce Ténia comme du précédent, en ne mangeant que de la viande bien cuite.

Le **Ténia cœnure** (*T. cœnurus*). — L'adulte vit dans l'intestin du Chien, et le Cysticerque dans le cerveau du Mouton. Ce dernier animal est alors atteint de la maladie du *tournis*. Le Cysticerque, qui peut atteindre la grosseur du poing, bourgeonne abondamment sur sa surface, ce qui donne un grand nombre de Cysticerques de deuxième génération. Le cerveau se trouve comprimé par la masse des Cysticerques, ce qui entraîne souvent la mort du Mouton.

Ne pas donner aux Chiens les cerveaux de Moutons malades du tournis. Les traiter par des vermifuges quand ils sont atteints. Abattre les agneaux parasités.

Le **Ténia échinocoque** (*T. echinococcus*). — L'adulte reste très petit; il vit chez le Chien. Les Cysticerques ont la forme de vésicules qui bourgeonnent de nombreux Cysticerques de nouvelles générations; il en résulte des masses de Cysticerques pouvant acquérir un grand volume. Ces Cysticerques se rencontrent chez l'homme et les animaux domestiques herbivores; leur présence est cause de très graves maladies.

Éviter de se faire lécher la figure par les Chiens; ceux-ci portent souvent sur leur langue ou leurs poils, des œufs provenant des Ténias vivant dans leur tube digestif. Traiter les Chiens ayant des Ténias par les vermifuges; ne pas leur donner à manger les viscères des animaux atteints par les Échinocoques.

Le **Ténia en scie** (*T. serrata*). — Habite l'intestin de la plupart des Chiens et les excréments de ces derniers contiennent fréquemment les anneaux détachés de la région postérieure du corps du Ver. Le Cysticerque se rencontre enkysté dans le mésentère du Lièvre et du Lapin; il a la grosseur d'un pois, d'où le nom de Cysticerque pisiforme qu'on lui donne.

Empêcher les Chiens de dévorer les entrailles des Lapins et des Lièvres contaminés.

Le **Ténia bordé** (*T. marginata*). — L'adulte vit aussi dans l'intestin du Chien. Le Cysticerque vit surtout dans le Mouton; il se trouve en particulier dans le péritoine, la plèvre, le péricarde, sous forme d'une vésicule grosse comme un œuf de Pigeon (on l'appelle *Cysticercus tenuicollis*).

Ne pas donner le Cysticerque à manger aux Chiens.

Le **Dipylidium du Chien** (*Dipylidium caninum* ou *Tenia cucumerina*). — Ténia fréquent chez le Chien et chez le Chat. Son Cysticerque vit dans la Puce et dans le Ricin du Chien; en avalant ces parasites, le Chien contracte le Dipylidium.

Détruire les Puces et les Ricins qui peuvent exister sur les Chiens.

Famille des Douves (Distomides).

Vers parasites, à corps très plat non formé de segments placés les uns à la suite des autres. A l'état adulte ils se fixent dans le corps de leur hôte au moyen de deux ventouses. Sont hermaphrodites et pondent un très grand nombre d'œufs qui sont évacués en dehors du corps de l'hôte avec les excréments de celui-ci. Le jeune qui sort de l'œuf vit en liberté dans l'eau, puis il pénètre dans le corps d'un animal aquatique déterminé, mais n'appartenant pas à la même espèce que le premier. Là il subit des métamorphoses compliquées. Finalement il a besoin de passer dans un nouvel hôte, de la même espèce que le premier, pour acquérir son développement définitif.

Les deux principales espèces de Douves, qui sont très nuisibles au Mouton auquel elles causent une maladie souvent mortelle, sont :

La **Douve du foie** (*Distomum hepaticum*). — Espèce très commune dans le foie du Mouton. On en trouve ordinairement un grand nombre dans un même foie. Dans certaines années particulièrement favorables au développement du parasite, il se produit des épizooties amenant la perte de troupeaux entiers. La maladie causée par la présence de cette Douve dans le foie du Mouton est appelée *pourriture* ou *cachexie aqueuse;* elle se reconnaît à la décoloration de la muqueuse de l'œil.

La Douve du foie a la forme d'une feuille ayant, en moyenne, 4 centimètres de long, 2 de large et 2 millimètres d'épaisseur; elle est de couleur brunâtre. Elle vit de matières sanguines qu'elle prélève sur la paroi des canaux biliaires dans lesquels elle se tient. Elle dépose ses œufs dans ces canaux, de sorte qu'ils finissent par être évacués dans l'intestin et de là à l'extérieur. Ils se développent dans l'eau et l'embryon pénètre dans une petite Lymnée (*Lymnea truncatula*) abondante dans les pâturages humides ou placés au bord de l'eau.

Quand l'embryon quitte la Lymnée, il va s'enkyster sur un brin d'herbe et n'achèvera de se développer que si ce brin d'herbe est mangé par un Mouton. De l'intestin de ce dernier, il se rend dans le foie.

On peut, jusqu'à un certain point, préserver les Moutons de l'attaque de la Douve, en évitant de les conduire dans des pâturages trop humides ou situés au voisinage des étangs. La suralimentation des animaux atteints leur permet, d'autre part, de mieux résister à la présence des parasites lorsque ceux-ci ne sont pas en trop grand nombre.

La **Douve lancéolée** (*D. lanceolatum*). — Espèce accompagnant la précédente dans les canaux biliaires du Mouton; elle est beaucoup plus petite qu'elle. Elle se développe et vit d'une manière très analogue.

Famille des Ascarides.

Vers ronds, généralement de très grande taille, vivant en parasites dans l'intestin des Vertébrés. Les sexes sont séparés et la fécondité est considérable.

La principale espèce nuisible aux animaux domestiques est :

L'Ascaris du Cheval (*Ascaris megalocephala*), que l'on trouve chez le Cheval, l'Ane, le Mulet, le Zèbre. Cette espèce est fréquente et, parfois, les individus qui vivent côte à côte sont si nombreux, qu'ils compromettent sérieusement la vie de leur hôte.

Combattre par les vermifuges.

Famille des Strongylides.

Vers ronds parasites des animaux domestiques. Ils sont très nuisibles, car ils aspirent le sang dans les organes où ils habitent. Ils comprennent principalement :

Le **Strongle géant** (*Eustrongylus gigas*). — Parasite dans le rein et parfois le foie du Chien. Se rencontre aussi chez le Bœuf et le Cheval, mais plus rarement. Peut atteindre 1 mètre de longueur. Les urines des animaux atteints renferment les œufs du Ver et sont souvent sanguinolentes; la mort des animaux parasités est fréquente.

Tenir les chenils bien secs, car les jeunes Strongles se développent dans l'eau ou la terre humide.

Le **Strongle contourné** (*Strongylus contortus*). — Vit dans l'estomac des Ruminants, surtout du Mouton; quand il y est abondant, il peut causer la mort des animaux atteints. Il est de petite taille (1 à 3 centimètres).

Éviter de faire paître les Moutons dans les prairies humides (où se développent les jeunes Strongles) et traiter les animaux atteints par des vermifuges appropriés.

Un certain nombre d'espèces de Strongles vivent fréquemment dans les voies respiratoires des animaux domestiques où ils produisent des troubles plus ou moins graves; tels sont :

Le **Strongle filaire** (*Strongylus filaria*) [Ruminants];

Le **Strongle capillaire** (*St. capillaris*) [Mouton];

Le **Strongle roux** (*St. rufescens*) [Mouton]:

Le **Strongle micrure** (*St. micrurus*) [Bœuf]:

Le **Strongle paradoxal** (*St. paradoxus*) [Porc].

Famille des Trichinides.

L'espèce principale est :

La Trichine spirale (*Trichina spiralis*). — Cause la maladie appelée trichinose, laquelle peut exister chez l'Homme et chez un grand nombre d'animaux domestiques (Porc, Lapin, Cochon d'Inde, Chat, Chien, Cheval, Bœuf, Mouton).

La Trichine est un petit Ver rond, fin comme un fil, ayant environ 2 millimètres de long chez le mâle et le double chez la femelle. L'adulte vit dans l'intestin des animaux ci-dessus, et c'est là que sont pondues les jeunes Trichines (l'animal est ovovivipare). Ces dernières, avant d'acquérir leurs organes reproducteurs, quittent l'intestin de leur hôte et se rendent dans ses muscles où elles s'engourdissent dans un kyste. La chair de l'animal trichiné peut, parfois, contenir un grand nombre de ces kystes à peine visibles à l'œil nu et dans lesquels les Trichines sont enroulées en spirale. Lorsque l'animal trichiné est mangé par l'Homme ou par un *autre* Vertébré à sang chaud, les kystes livrent passage aux jeunes Trichines et celles-ci acquièrent, dans leur nouvel hôte, leur forme adulte et leurs organes reproducteurs.

Dans la viande trichinée bien cuite, les jeunes Trichines enkystées sont tuées et, par suite, inoffensives. Le meilleur préservatif est donc de bien faire cuire la viande suspecte (surtout la viande de Porc, qui est la viande le plus souvent trichinée). On doit éviter, surtout, de donner aux animaux domestiques (Porc, Chien, Chat) la viande trichinée non cuite.

Famille des Anguillulides.

Vers ronds, dont le corps ressemble à un petit fil ne dépassant généralement pas quelques millimètres de long. Il y a, dans chaque espèce, des mâles et des femelles. Beaucoup sont très nuisibles aux végétaux dans lesquels ils vivent en parasites; ils sont souvent alors rassemblés en nombre considérable.

Les principales espèces les plus nuisibles sont :

L'Anguillule du blé niellé (*Tylenchus tritici*) [fig. 140 et 141]. — Vit dans les grains de blé où elle cause la maladie appelée *nielle du blé*.

Le mâle est un petit Ver de 2 millimètres de long. La femelle a une longueur double. Les œufs sont pondus dans les grains de blé déformés, où les jeunes éclosent et se maintiennent tout d'abord. Le grain devient noirâtre et arrondi. Quand il se dessèche, les petits Vers contenus passent à l'état de vie ralentie et attendent que le grain soit placé dans un milieu humide; ils reprennent alors une vie active. C'est ce qui se produit quand on sème du blé niellé : le grain niellé lui-même pourrit, et les jeunes qui en sortent grimpent sur les tiges saines voisines, où ils restent cachés, pendant l'hiver, à l'aisselle des feuilles qui finissent par se recroqueviller. En juin, ils quittent les feuilles et vont piquer les jeunes grains, lesquels se déforment et prennent l'aspect d'une sorte de galle renfermant les Anguillules. Les adultes meurent après la reproduction et les jeunes restent seuls dans la galle qui remplace le grain de blé.

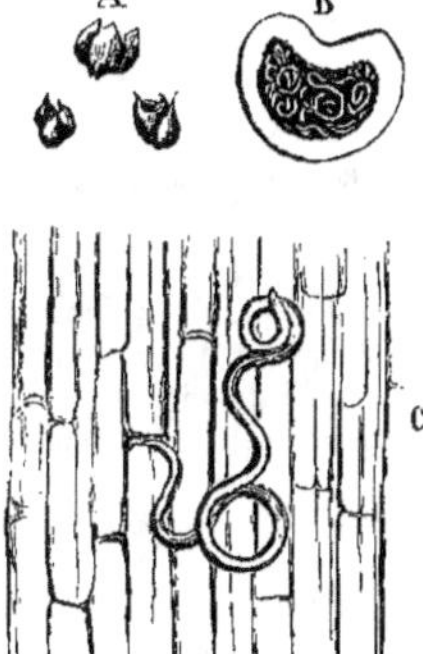

Fig. 140. — Anguillules du Blé niellé
(très grossies)
A, mâle; B, femelle.

Fig. 141. — Anguillule du Blé niellé.
A, grains niellés. B, coupe de grain niellé montrant les Anguillules.
C, Anguillule sur une coupe de tige très grossie.

Le chaulage est insuffisant pour tuer les Anguillules renfermées dans les grains niellés. Ceux-ci, ainsi que les épis qui les contiennent, doivent être brûlés, autant que possible, et non jetés à terre ou sur les fumiers. L'immersion des grains dans l'eau acidulée par de l'acide sulfurique (1 d'acide sulfurique pour 150 d'eau), pendant 24 heures, tue les Anguillules des grains.

L'Anguillule de la betterave (*Heterodera schachtii*) [fig. 142]. — Les jeunes de cette espèce piquent les radicelles de la betterave et s'enfoncent sous leur écorce; ils grossissent alors peu à peu, ce qui produit des renflements à leur niveau. S'il s'agit de femelles, les renflements grossissent beaucoup par suite de la grande taille qu'acquiert l'Anguillule. Le corps de celle-ci finit alors par faire éclater l'écorce et par faire hernie au dehors, la tête restant seule engagée dans les tissus de la radicelle. Cette femelle prend finalement la forme d'un citron et mesure près de 1 millimètre de longueur sur 0 millim. 8 de large. Elle est devenue, pour ainsi dire, un véritable sac à œufs dont elle renferme de 300 à 400. Elle est visible, sur la radicelle, sous la forme d'un petit grain blanc. Les jeunes qui doivent donner des mâles finissent, au contraire, par s'enkyster sous l'écorce des radicelles, et dans les kystes s'opère la transformation en mâle adulte. Celui-ci perce ensuite la paroi de la radicelle et devient libre; il va féconder la femelle et meurt. Lorsque les œufs sont mûrs, la femelle les évacue au dehors. Mais il peut se produire plusieurs générations pendant l'été, et s'il s'agit de la dernière génération, les œufs, au lieu d'être pondus, restent à l'intérieur de la femelle. Celle-ci meurt alors et se dessèche, leur faisant une coque protectrice; le kyste qui résulte de cette disposition est brun. Lorsque la mauvaise saison est passée, les parois du kyste se ramollissent et les jeunes Anguillules. qui ont éclos pendant ce temps, sont mises en liberté.

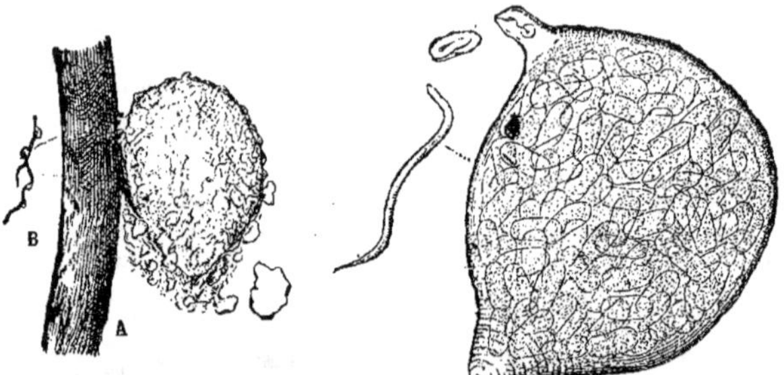

Fig. 142. — Anguillule de la betterave.
B, radicelle portant des hernies produites par la présence des femelles; A, même partie très grossie.
A droite, jeunes Anguillules et femelle pleine d'œufs.

Les betteraves attaquées par l'Anguillule en souffrent beaucoup; les feuilles jaunissent et se flétrissent et la plante peut mourir. Si l'attaque n'est pas assez forte pour amener ce résultat, les feuilles restent plus petites que d'habitude, le pivot de la racine est peu développé, tandis que le chevelu au contraire l'est beaucoup; finalement les betteraves qui ont résisté sont moins grosses et moins riches en sucre.

Outre la betterave, la même espèce attaque un très grand nombre d'autres végétaux, en particulier : les crucifères (colza, choux, navets, navette, radis, moutarde), les céréales (avoine), l'épinard, les chénopodes, etc. La pomme de terre, le blé, le maïs et la luzerne ne sont pas attaqués.

Moyens de combattre l'Anguillule :

1° Soigner les cultures de betteraves; ne pas y laisser de plantes capables de nourrir et par suite propager le parasite (chénopodes, nielles, ravenelles). Ne pas semer de betteraves après une récolte de plantes nourrissant ce parasite (avoine) et inversement.

2° Désinfecter les champs envahis par les Anguillules, au moyen de plantes-pièges pour lesquelles celles-ci ont un goût prononcé (navette, choux); quand les Anguillules sont fixées sur les racines, et avant que les œufs de la première génération puissent être pondus, récolter les plantes par un labour et en faire sécher les racines; les Anguillules sont tuées par la dessiccation.

Il faut généralement recommencer la même opération plusieurs fois de suite avant de purger complètement un champ de la présence des parasites.

3° Ne pas répandre dans les champs, avant de les avoir désinfectés avec de la chaux vive, les résidus terreux amenés dans les sucreries avec les betteraves, ou provenant du lavage des betteraves.

L'Anguillule des racines (*H. radicicola*). — Cette espèce est nuisible à de nombreuses plantes, notamment à la betterave, l'avoine, la luzerne, le trèfle, le sainfoin. Les Anguillules vivent dans les racines de ces plantes et leur présence y cause la formation de nodosités; les femelles ne font pas hernie au dehors comme dans l'Anguillule de la betterave. Se combat comme l'espèce précédente.

L'Anguillule de la tige (*Tylenchus devastatrix*). — Cette espèce (ou peut-être des espèces très voisines) attaque un très grand nombre de plantes dont elle déforme la tige ou les feuilles, et qu'elle épuise plus ou moins gravement. Les jeunes Anguillules vivent dans la terre humide pendant un certain temps, jusqu'à ce qu'elles rencontrent une plante qui leur convienne. Elles pénètrent alors dans les parties aériennes de cette plante, mais non dans la racine, et y vivent et s'y multiplient rapidement. Si la plante meurt et se dessèche, les parasites passent à l'état de vie latente et attendent que de nouvelles circonstances favorables, à leur existence, se retrouvent.

Les principales plantes attaquées sont :

Le seigle, que les parasites envahissent à l'automne; les tiges deviennent bulbeuses à la base, par suite des modifications qui surviennent dans les parties envahies. L'épiage se fait mal et le seigle est dit *ognonné*. Le blé et surtout l'orge sont peu ou pas attaqués.

L'avoine, qui devient *poireautée*, les oignons et l'échalote, qui finissent par pourrir.

Les fèves, dont la tige, les feuilles et les gousses se couvrent de taches vertes, puis rouges et enfin noires.

La pomme de terre et les plantes d'ornement (jacinthe).

On combat cette Anguillule par différents procédés :

1° Les plantes-pièges, comme dans l'Anguillule de la betterave. On peut choisir le seigle, sur lequel les Anguillules vont facilement se fixer et qu'on *détruit* ensuite.

2° L'alternance de culture.

3° L'emploi de sulfure de carbone, injecté dans le sol à très forte dose (200 grammes par mètre carré) est à recommander pour détruire cette espèce ainsi que les deux précédentes, mais il exige des dépenses en général trop considérables.

B. Mollusques.

Animaux à corps mou (d'où le nom de Mollusque), non formé de segments successifs. Ils sont ordinairement aquatiques et surtout marins. Les espèces nuisibles aux plantes cultivées sont terrestres et appartiennent au groupe des Mollusques gastéropodes, en particulier à la subdivision des Pulmonés; elles ont une tête distincte du reste du corps et portent quatre tentacules (cornes) rétractiles à la volonté de l'animal. Les yeux sont situés à l'extrémité des deux grands tentacules. Ces Mollusques respirent l'air libre et possèdent à cet effet un organe appelé *poumon*, qui communique au dehors par une ouverture par laquelle l'air entre et sort. Ils marchent en rampant sur une lame épaisse (pied) placée à la partie ventrale du corps (d'où le nom de Gastéropodes). Les espèces nuisibles rentrent dans deux familles : les Limaces (Limacidés), n'ayant pas de coquille bien développée, et les Escargots (Hélicidés), qui habitent une coquille calcaire enroulée en spirale.

Famille des Limaces (Limacidés).

Les nombreuses espèces de Limaces se nourrissent de végétaux et sont nuisibles surtout dans les potagers et les jardins, où elles mangent toutes sortes de plantes basses, les fleurs, les arbustes, les légumes et les fruits. Leur bouche est munie de mâchoires très dures et d'une sorte de langue rugueuse fonctionnant comme une râpe, ce qui leur permet d'entamer facilement les plantes. Elles les souillent en outre avec la matière gluante qu'elles laissent sur leur passage. Elles se reproduisent au moyen d'œufs qu'elles pondent sur le sol ou sous les pierres, dans les endroits humides. Les années pluvieuses sont surtout favorables à leur multiplication. Il y en a en France une quinzaine d'espèces; les plus communes sont :

La **Grande Limace rousse** (*Arion rufus*).

La **Limace des jardins** (*Arion hortensis*), de couleur noire.

La **Grande Limace grise** (*Limax antiquorum*), qui est fréquente dans les caves où elle ronge les légumes conservés. Elle présente plusieurs variétés dont la couleur est très variable.

La **Limace des champs** (*Limax agrestis*), d'une couleur gris cendré, très nuisible dans les potagers, dans les champs, aux arbres et aux arbustes dont elle mange les feuilles et les fruits.

On détruit les Limaces :

1° En laissant, dans les jardins, des animaux susceptibles de s'en nourrir et ne causant pas de dommages aux plantes qui s'y trouvent. Tels sont principalement :

Les Crapauds;

Les Hérissons;

Des Goélands ou des Vanneaux apprivoisés et à aile éjointée;

Les Insectes carnassiers, tels que les Procrustes, Carabes, Staphylins, etc.

2° En récoltant avec soin, dans un panier ou un récipient quelconque, le matin ou par les temps humides, les individus que l'on aperçoit. On les tue ensuite par l'eau bouillante ou on les écrase *complètement*, ou on les donne à manger à la volaille.

3° En plaçant, dans les jardins, des pièges constitués par des amas de feuilles de choux ou de laitues; les Limaces s'y réfugient pour y trouver de l'humidité et de l'ombre et il est ensuite facile de les capturer.

4° En entourant les plates–bandes et les plantes à protéger, d'un cordon de chaux vive de 7 ou 8 centimètres de large.

On peut remplacer la chaux par du sulfate de cuivre pulvérisé, placé sur des planchettes entourant la surface à protéger.

[La **Testacelle** (*Testacella haliotis*) ressemble à une petite Limace, mais en diffère en ce qu'elle porte une coquille rudimentaire, située à l'extrémité dorsale de la queue. En outre, elle est carnassière et vit principalement de Vers; elle n'est donc pas nuisible et ne doit pas être détruite.

Elle est commune dans le midi de la France. Elle reste cachée pendant le jour et sort la nuit à la recherche de sa nourriture.]

Famille des Escargots (Hélicidés).

Les nombreuses espèces sont également toutes nuisibles aux plantes, au même titre que les Limaces. Elles se nourrissent et se multiplient comme celles-ci et dans les mêmes conditions. Les principales sont :

L'**Escargot comestible** (*Helix pomatia*), commun dans les vignes, les jardins, etc. C'est l'espèce la plus grosse. Au printemps il peut causer de grands dégâts dans les vignes (en mangeant les bourgeons) s'il y est abondant. Il pond 60 à 80 œufs dans des trous de 4 à 5 centimètres de profondeur, qu'il creuse lui-même à l'aide de la partie antérieure de son corps et qu'il referme ensuite.

L'**Escargot tacheté** (*H. aspersa*), plus petit que le précédent, à coquille plus colorée. Est aussi comestible. Il habite surtout les régions méridionales de l'Europe.

L'**Escargot némoral** (*H. nemoralis*), commun dans les jardins, les bois. Le bourrelet qui borde la bouche est de couleur brunâtre. Il y a diverses variétés dont la couleur diffère beaucoup (jaune vif, brunâtre, rougeâtre, etc.) et qui sont toutes nuisibles aux plantes des jardins.

L'**Escargot des jardins** (*H. hortensis*), présentant aussi diverses variétés. Est aussi très commun. Le bourrelet de l'entrée de la coquille est ordinairement blanc.

L'**Escargot des arbustes** (*H. arbustorum*) a une coquille colorée, avec des plissements blancs.

L'**Escargot variable** (*H. variabilis*). Petite taille, souvent très nuisible aux trèfles et aux luzernes.

Les Escargots se détruisent comme les Limaces, particulièrement par la méthode du ramassage direct (employer de préférence un sac muni d'un entonnoir dans lequel on jette les Escargots).

TROISIÈME PARTIE.

ESPÈCES NUISIBLES CLASSÉES D'APRÈS LES PLANTES ET LES ANIMAUX AUXQUELS ELLES NUISENT.

CLASSES OU ORDRES.	FAMILLES.	ESPÈCES.	PLANTES OU PARTIES DE PLANTES ATTAQUÉES.	PAGES ET FIGURES [1].
A. Espèces nuisibles à des plantes nombreuses et variées [2].				
COLÉOPTÈRES....	Lamellicornes...	Hanneton commun....	Racines et feuilles......	9, **6**.
	Idem.........	Hanneton foulon......	Racines des arbres et des graminées. Feuilles des arbres, grains de blé.	12, **7**.
	Idem.........	Rhizotrogues.........	Racines.............	12.
	Idem.........	Phylloperthe horticole.	Racines, fleurs........	13.
	Élatérides......	Taupin gris de souris..	Racines.............	15.
	Idem.........	Agriote des moissons..	*Idem*.............	16, **11**.
	Idem.........	— graminicole.......	*Idem*.............	16.
	Idem.........	— obscur...........	*Idem*.............	16.
ORTHOPTÈRES....	Gryllotalpides...	Courtilière commune..	Racines.............	42.
	Acridides......	Criquets...........	Parties herbacées.......	43, 47, 48.
LÉPIDOPTÈRES....	Bombycides....	Bombyx cul brun.....	Feuilles des arbres, arbustes, etc..........	67, **74**.
	Noctuelles.....	Noctuelle des moissons.	Nombreuses plantes....	75, **84**.
MYRIAPODES....	Iulides........	Blaniule à gouttelettes.	Fruits, racines, plantules.	122.
CRUSTACÉS......	Oniscides......	Cloporte commun.....	Nombreuses plantes.....	122.
ACARIENS.......	Tétranyques....	Acarus tisserand.....	Feuilles.............	126.
VERS.........	Anguillulides...	Anguillule de la racine.	Racines.............	132.
	Idem.........	— de la tige........	Tiges, feuilles.........	132.
MOLLUSQUES.....	Limaces.......	Toutes les espèces....	Feuilles, fleurs, fruits...	133.
	Escargots......	*Idem*.............	*Idem*.............	134.

[1] Les chiffres en caractères gras indiquent les numéros des figures.
[2] Le nom des espèces mentionnées sous ce titre n'a été répété à propos des catégories suivantes que dans le cas où les espèces en question se montrent plus spécialement nuisibles aux plantes rentrant dans ces autres catégories.

B. Espèces nuisibles aux céréales.

(Blé, seigle, orge, avoine, maïs, riz.)

CLASSES OU ORDRES.	FAMILLES.	ESPÈCES.	PLANTES OU PARTIES DE PLANTES ATTAQUÉES.	PAGES ET FIGURES.
COLÉOPTÈRES....	Carabides......	Carabe bossu.........	Blé, seigle, orge......	5, 1.
	Lamellicornes...	Anisoplie des céréales..	Seigle.............	13, 8.
	Idem.........	— agricole.........	Idem.............	13.
	Idem.........	Hanneton commun....	Racines...........	9, 6.
	Élatérides.....	Agriote des moissons..	Idem.............	16, 11.
	Idem.........	— graminicole......	Idem.............	16.
	Idem.........	— obscur.........	Idem.............	16.
	Ténébrionides...	Ver de farine.......	Farine.......	16.
	Charançons.....	Calandre du blé......	Blé	30, 30.
	Idem.........	— du riz.........	Riz.............	30.
	Longicornes....	Aiguillonier.........	Blé.............	32.
ORTHOPTÈRES....	Acridides......	Criquet voyageur.....	Toutes les céréales......	44, 47.
	Idem.........	Criquet italique......	Idem.............	44, 48.
	Idem.........	Criquet marocain.....	Idem.............	45.
HYMÉNOPTÈRES...	Formicides.....	Fourmis moissonneuses	Grains.............	47.
	Tenthrédinides..	Céphe du chaume....	Blé et seigle.........	55, 59.
LÉPIDOPTÈRES ...	Noctuides......	Noctuelle des moissons.	Céréales diverses......	75, 84.
	Idem.........	— du blé..........	Blé.............	76.
	Idem.........	— du chiendent.....	Céréales diverses......	73, 81.
	Pyralides......	Pyrale de la farine....	Farine.............	85.
	Idem.........	— du maïs.........	Maïs.............	85.
	Tinéides......	Teigne des grains.....	Blé, seigle, orge.......	87, 100.
	Idem.........	Alucite des céréales...	Blé, seigle, orge, avoine.	87.
HÉMIPTÈRES.....	Aphides.......	Puceron du blé.......	Blé.............	93, 103.
	Idem.........	— du maïs.........	Céréales diverses......	93.
	Idem.........	Rhizobie des racines..	Céréales diverses......	95.
DIPTÈRES......	Cécidomyides...	Cécidomyie du froment.	Blé.............	108, 115.
	Idem.........	— de l'avoine.......	Avoine.............	109.
	Idem.........	— destructive.......	Blé, seigle...........	108.
	Muscides......	Chlorops à pieds annelés	Blé, seigle.........	114, 122.
	Idem.........	— linéaire...........	Blé.............	114.
	Idem.........	— d'Herpin.........	Orge.............	114.
	Idem.........	Oscinie ravageuse.....	Orge.............	114.
THRIPSIDES.....		Thrips des céréales....	Blé et seigle.........	118, 126.
		— orné...........	Idem.............	118.

CLASSES ET ORDRES.	FAMILLES.	ESPÈCES.	PLANTES OU PARTIES DE PLANTES ATTAQUÉES.	PAGES ET FIGURES.
Myriapodes.....	Iulides........	Blaniule à gouttelettes.	Racines des céréales.	122.
Vers ronds.....	Anguillulides...	Anguillule du blé niellé.	Blé.................	131, 140, 141.
	Idem..........	— de la tige.........	Seigle, avoine.........	132.
	Idem..........	— des racines.......	Avoine..............	132.

C. Espèces nuisibles à la betterave.

CLASSES ET ORDRES.	FAMILLES.	ESPÈCES.	PLANTES OU PARTIES DE PLANTES ATTAQUÉES.	PAGES ET FIGURES.
Coléoptères....	Silphides......	Silphe de la betterave.	Feuilles.............	6, 2.
	Idem..........	Silphe obscur........	Idem...............	6.
	Idem..........	Silphe noir.........	Idem...............	6.
	Cryptophagides..	Atomaire linéaire.....	Feuilles et racines.....	7.
	Lamellicornes...	Hanneton commun....	Racines.............	9, 6.
	Chrysomélides..	Casside nébuleuse....	Feuilles.............	34, 35.
	Idem..........	Altise des bois.......	Idem..........	40.
	Idem..........	— à tête dorée.......	Idem...	40.
	Idem..........	— potagère.........	Idem..............	40.
Lépidoptères....	Noctuides......	Noctuelle méticuleuse.	Racines.............	74, 82.
	Idem..........	— des moissons......	Idem...............	75, 84.
	Idem..........	— gamma....... ..	Feuilles.............	76.
Hémiptères....	Aphides.......	Puceron du pavot.....	Feuilles.............	94.
Diptères.......	Tipulides......	Tipule des potagers....	Racines.............	107, 114.
	Muscides	Mouche de la betterave.	Feuilles.............	116.
Myriapodes.....	Iulides........	Blaniule à gouttelettes.	Racines.............	122.
	Idem..........	Iule terrestre........	Idem...............	122.
	Idem..........	— des sables........	Idem...............	122.
Vers ronds.....	Anguillulides...	Anguillule de la betterave.	Racines.............	131, 142.
	Idem..........	— des racines.......	Idem...............	132.

D. Espèces nuisibles à la vigne.

CLASSES ET ORDRES.	FAMILLES.	ESPÈCES.	PLANTES OU PARTIES DE PLANTES ATTAQUÉES.	PAGES ET FIGURES.
Coléoptères....	Lamellicornes...	Pentodon ponctué.....	Greffes.............	9.
	Idem..........	Lèthre à grosse tête...	Bourgeons..	9.
	Idem..........	Hanneton commun....	Racines.............	9, 6.
	Idem..........	Hanneton vert de la vigne.	Feuilles et racines.....	13.
	Idem..........	— bronzé..........	Idem...............	13.
	Idem..........	Rhizotrogue à pattes bordées.	Racines.............	13.
	Idem..........	Cétoine poilue.......	Fleurs.............	14.
	Anobiides......	Apate à six dents.....	Sarments...........	16.
	Idem..........	— sinuée....	Idem...............	16.
	Ténébrionides ..	Opâtre des sables.....	Bourgeons...........	16.

GENRES.	FAMILLES.	ESPÈCES.	PLANTES OU PARTIES DE PLANTES ATTAQUÉES.	PAGES ET FIGURES.
COLÉOPTÈRES.... (Suite.)	Charançons.....	Rhynchite du bouleau.	Feuilles............	22, **19.**
	Idem..........	— Bacchus..........	*Idem*.............	23.
	Idem..........	Otiorhynque de la Livêche.	Pousses...........	25.
	Idem..........	— rauque..........	Bourgeons.........	26.
	Idem..........	— sillonné..........	Pousses et racines......	26.
	Idem..........	Péritèle gris..........	Bourgeons..........	26.
	Longicornes....	Vespère de Xatart....	Racines..........	33.
	Chrysomélides..	Gribouri...........	Feuilles, fruit, racines..	35, **38.**
	Idem..........	Altise de la vigne.....	Pousses...........	39, **43.**
ORTHOPTÈRES....	Locustides.....	Éphippigère des vignes.	Feuilles, pousses, fruits	43.
	Idem..........	— de Béziers........	*Idem*.............	43.
	Idem..........	Barbitiste de Bérenguier	*Idem*.............	43.
HYMÉNOPTÈRES...	Vespides.......	Guêpes (toutes espèces).	Raisin.............	45.
	Formicides.....	Fourmis...........	Fleurs, bourgeons et fruits.	46.
LÉPIDOPTÈRES....	Bombycides....	Écaille martre.......	Bourgeons..........	71.
	Tortricides.....	Pyrale de la vigne....	Feuilles et pousses.....	79, **89.**
	Idem........	Cochylis de Roser.....	Fleurs et fruits.......	81, **90.**
	Idem..........	Eudemis de la vigne...	Grappes...........	81.
HÉMIPTÈRES.....	Capsides.......	Grisette de la vigne...	Bourgeons et grappes...	91.
	Cicadellides....	Typhlocybe de la vigne.	Feuilles...........	92.
	Phylloxérides...	Phylloxéra de la vigne.	Feuilles, racines.......	96, **104, 105, 106, 107.**
	Coccides.......	Kermès rouge de la vigne.	Tige, feuilles..........	102.
	Idem..........	Kermès du pêcher....	*Idem*.............	102.
	Idem..........	Cochenille blanche de la vigne.	*Idem*.............	104.
DIPTÈRES.......	Cécidomyides...	Cécidomyie de la vigne.	Feuilles...........	109.
MYRIAPODES.....	Iulides........	Blaniule à gouttelettes.	Racines...........	122.
ACARIENS.......	Tétranyques...	Acarus tisserand.....	Feuilles...........	126.
	Phytoptides...	Phytopte de la vigne...	Feuilles...........	127.
MOLLUSQUES.....	Hélicidés......	Escargot comestible...	Bourgeons..........	134.

E. Espèces nuisibles aux plantes fourragères.

(Luzerne, trèfle, sainfoin, féverolles, vesce, herbes des prairies.)

GENRES.	FAMILLES.	ESPÈCES.	PLANTES OU PARTIES DE PLANTES ATTAQUÉES.	PAGES ET FIGURES.
COLÉOPTÈRES....	Charançons....	Apion du trèfle.......	Luzerne, trèfle........	23, **20.**
	Idem..........	— à pattes jaunes....	Trèfle blanc..........	23.
	Idem..........	Bruche des fèves......	Féverolles...........	21.
	Idem..........	— nébuleuse........	Vesce.............	22.

CLASSES OU ORDRES.	FAMILLES.	ESPÈCES.	PLANTES OU PARTIES DE PLANTES ATTAQUÉES.	PAGES ET FIGURES.
COLÉOPTÈRES.... (Suite.)	Charançons.....	Phytonome variable...	Luzerne.............	24.
	Idem.........	Otiorhynque de la livèche.	Luzerne, vesce........	25.
	Chrysomélides...	Négril.............	Luzerne.............	36.
	Idem.........	Altise potagère.......	Idem...............	40.
	Coccinellides....	Coccinelle de la luzerne.	Luzerne, trèfle, vesce...	41.
LÉPIDOPTÈRES...	Noctuides......	Noctuelle des fourrages.	Herbes des prairies.....	74.
DIPTÈRES.......	Muscides.... .	Mouche des luzernes..	Luzerne.............	116.
VERS RONDS.....	Anguillulides.. .	Anguillule des racines.	Luzerne, trèfle, sainfoin.	132.
HÉMIPTÈRES.....	Cicadellides....	Aphrophore écumeuse.	Luzerne.............	92.
MOLLUSQUES....	Hélicidés......	Escargot variable.....	Luzerne, trèfle........	134.

F. Espèces nuisibles aux plantes industrielles autres que la betterave.
(colza, navette, chanvre, lin, houblon.)

COLÉOPTÈRES....	Nitidulides.....	Meligethes du colza...	Colza.............	7, 3.
	Charançons.....	Ceutorhynque à cou sillonné.	Idem.............	29, 27.
	Idem	— du navet........	Idem.............	29.
	Idem.	— assimilé.........	Colza, navette........	29.
	Idem.........	Baridie verdâtre......	Navette............	29.
	Idem.........	— verte..........	Colza.............	29.
	Chrysomélides..	Altise à tête dorée....	Idem.............	40.
	Idem.........	— potagère........	Idem.............	40.
LÉPIDOPTÈRES....	Bombycides....	Hépiale du houblon...	Houblon............	64.
	Noctuides......	Noctuelle gamma.....	Lin, chanvre, colza....	76.
	Pyralides......	Pyrale du colza......	Colza.............	85, 98.
	Tinéides.......	Teigne du colza.......	Idem.............	89.
	Thripsides.	Thrips du lin........	Lin...............	118.

G. Espèces nuisibles aux plantes potagères.

Légumineuses : *pois, haricots, fèves, lentilles.*   Solanées : *pomme de terre, tomate, aubergine.*
Crucifères : *choux, navets, radis, cresson.*   Cucurbitacées : *melon, cornichon.*
Ails : *ail, poireau, ciboule, oignon, échalotte.*   Diverses : *asperge, oseille, carotte.*
Composées : *salades, artichaut.*

COLÉOPTÈRES....	Lamellicornes...	Hanneton commun....	Racines.............	9, 6.
	Idem.........	Rhizotrogues........	Idem...............	12.
	Élatérides......	Taupin gris de souris.	Idem...............	15.
	Idem.........	Agriote des moissons..	Idem...............	16, 11.
	Idem.........	— graminicole.......	Idem...............	16.
	Idem.........	— obscur..........	Idem...............	16.

CLASSES OU ORDRES.	FAMILLES.	ESPÈCES.	PLANTES OU PARTIES DE PLANTES ATTAQUÉES.	PAGES ET FIGURES.
COLÉOPTÈRES.... (Suite.)	Charançons.....	Bruches.............	Pois, fèves, lentilles, haricots.	21, 22, **17, 18.**
	Idem.........	Apion violet.........	Oseille.............	23.
	Idem.........	Molyte couronné......	Carotte.........	26, **24.**
	Idem.........	Ceutorhynque à cou sillonné.	Choux, navets........	29, **27.**
	Idem.........	— du navet.........	Navet.............	29.
	Idem.........	Baridie verdâtre......	Choux.............	29.
	Chrysomélides..	Casside verte........	Artichaut...........	33.
	Idem.........	- - nébuleuse........	Radis, navets........	34, **35.**
	Idem.........	Criocère de l'asperge..	Asperge.............	35, **37.**
	Idem.........	— à douze points....	*Idem*.............	35.
	Idem.........	Chrysomèle de la pomme de terre.	Pomme de terre.......	36, **39.**
	Idem.........	— de l'oseille........	Oseille.............	36.
	Idem.........	Altise des bois.......	Choux, radis, navels...	4o.
	Idem...... ..	— potagère........	Haricots, choux.......	4o.
	Idem.........	— du navet.........	Navet, radis, cresson...	4o.
	Idem...	— du chou.........	Chou.............	4o.
	Coccinellides....	Coccinelle des cucurbitacées.	Cucurbitacées,........	4i.
ORTHOPTÈRES....	Forficulides.....	Forficule commune. ..	Graines de melon......	42, **46.**
	Gryllotalpides...	Courtilière commune...	Racines.............	42.
HYMÉNOPTÈRES...	Tenthrédinides..	Athalie de la rave....	Crucifères (navet).....	52, **56.**
LÉPIDOPTÈRES....	Papillons diurnes.	Vanesse du chardon...	Artichaut...........	57.
	Idem...	Grand Papillon blanc du chou.	Crucifères (choux).....	58, **61.**
	Idem.........	Petit Papillon blanc du chou.	Crucifères (chou, navet, rave).	59, **62.**
	Idem.........	Piéride du navet......	Crucifères...........	59, **63.**
	Idem.........	Papillon machaon	Carotte.............	59.
	Noctuides......	Noctuelle du chou....	Chou, etc............	72, **80.**
	Idem.........	— potagère........	Pois, fève, épinard, oseille.	73.
	Idem.........	— de l'arroche......	Oseille.............	74.
	Idem........	— fiancée..........	Laitue, oseille, épinard, chou, etc.	74.
	Idem...	— de la laitue.......	Laitue.............	74.
	Idem.........	— point d'exclamation.	Racines diverses........	75, **83.**
	Idem.........	— des moissons......	Toutes plantes........	75, **84.**
	Idem....	— gamma.........	Chou, laitue, épinard, etc.	76.
	Tortricides.....	Pyrale du pois........	Pois.............	82, **93.**
	Tinéides.......	Teigne du poireau....	Poireau, ail.........	88.
	Idem.........	— de la carotte......	Carotte, panais........	88.

CLASSES OU ORDRES.	FAMILLES.	ESPÈCES.	PLANTES OU PARTIES DE PLANTES ATTAQUÉES.	PAGES ET FIGURES.
HÉMIPTÈRES.....	Pentatomides...	Cydne bicolor........	Légumes divers	90.
	Idem..........	Punaise potagère.....	Crucifères...	90.
	Idem..........	— rouge des choux...	Navet, chou...........	90.
	Aphides.......	Puceron de la fève....	Fève.........	94.
	Idem..........	— du pavot.........	Laitue, haricot........	94.
	Idem..........	— du chou..........	Chou...............	94.
	Idem..........	— de la rave.......	Rave..............	94.
	Idem..........	— de l'oseille........	Oseille..............	94.
	Idem.	Trama de la racine...	Salade, artichaut, pissenlit.	95.
DIPTÈRES......	Tipulides.....	Tipule des potagers...	Pomme de terre, fève, laitue, etc.	107, **114**.
	Muscides	Mouche des oignons...	Plantes du genre Allium.	115.
	Idem..........	— du chou.........	Crucifères...........	115.
	Idem..........	-- des radis.........	Radis..............	115.
	Idem..........	-— de la carotte.....	Carotte.........	115.
	Idem..........	— de l'oseille........	Oseille..	115.
	Idem..........	-— des asperges......	Asperges............	115, **123**.
ACARIENS.......	Trombidions....	Araignée rouge des jardins.	Carottes.............	123.
	Tétranyques....	Acarus tisserand......	Plantes nombreuses.....	126.
VERS RONDS.....	Anguillulides...	Anguillule de la tige..	Oignon, échalotte, fève, pomme de terre.	132.
MOLLUSQUES.....	Limacidés......	Toutes les espèces.....	Nombreuses plantes.....	133.
	Hélicidés	Idem...............	Idem...............	134.

H. Espèces nuisibles aux arbres et aux arbustes fruitiers et à diverses plantes usitées pour leurs fruits.

1° Arbres fruitiers à pépins: *poirier, pommier.*
2° Arbres fruitiers à noyaux: *pêcher, prunier, abricotier, cerisier.*
3° *Olivier, oranger et figuier.*
4° *Fraisier, framboisier, groseillier.*
5° *Noisetier, noyer.*

CLASSES OU ORDRES.	FAMILLES.	ESPÈCES.	PLANTES OU PARTIES DE PLANTES ATTAQUÉES.	PAGES ET FIGURES.
COLÉOPTÈRES....	Nitidulides.....	Meligethes du colza...	Fleurs des arbres fruitiers.	7, 3.
	Pectinicornes...	Dorque parallélipipède.	Tronc des arbres fruitiers.	9, 5.
	Lamellicornes...	Cétoine stictique.....	Fleurs des pommiers et des poiriers.	14.
	Idem..........	— poilue..........	Idem.............	14.
	Idem..........	Hanneton commun....	Racines et feuilles......	9, 6.
	Idem..........	Rhizotrogues	Racines	13.
	Buprestides....	Agrile vert.........	Poirier.	15.
	Élatérides......	Taupin gris de souris.	Racines.............	15.
	Scolytides......	Scolyte du prunier....	Prunier, pommier, poirier.	18.

CLASSES OU ORDRES.	FAMILLES.	ESPÈCES.	PLANTES OU PARTIES DE PLANTES ATTAQUÉES.	PAGES ET FIGURES.
	Scolytides......	Scolyte rugueux......	Prunier, pommier, poirier.	18.
	Idem..........	— de l'olivier.......	Olivier.............	18.
	Idem..........	Hylésine de l'olivier...	*Idem*.............	19.
	Charançons.....	Rhynchite du bouleau.	Poirier.............	22, **19.**
	Idem..........	— du peuplier.......	*Idem*.............	22.
	Idem..........	— conique.........	Poirier, abricotier, prunier. cerisier.	22.
	Idem..........	— des pruniers......	Prunier, cerisier.......	23.
	Idem..........	Bacchus..........	Pommier, poirier.......	23.
	Idem..........	— du fraisier........	Fraisier.............	23.
	Idem..........	Apion de Pomone.....	Pommier...........	23.
	Idem..........	Apodère du noisetier..	Noisetier...........	23, **21.**
	Idem..........	Polydrose soyeux.....	Noisetier...........	24.
COLÉOPTÈRES.....	*Idem*..........	— brillant..........	*Idem*.............	24.
(Suite.)	*Idem*..........	Phyllobie du poirier...	Poirier, pommier.......	24.
	Idem..........	— argentée.........	*Idem*.............	24.
	Idem..........	— oblongue........	Poirier, pommier, cerisier.	24.
	Idem..........	— du bouleau.......	Poirier, noisetier......	24.
	Idem..........	Otiorhynque de la Livèche.	Pêcher.............	25.
	Idem..........	— rauque..........	Poirier.............	26.
	Idem..........	Péritèle gris.........	Divers.............	26.
	Idem..........	Anthonome du pommier.	Pommier, poirier......	27, **25.**
	Idem..........	— du poirier........	Poirier.............	27.
	Idem..........	— des drupes........	Cerisier, merisier.......	27.
	Idem..........	Balanin des noisettes..	Noisetier...........	28, **26.**
	Longicornes....	Petit capricorne noir..	Poirier, pommier, cerisier, groseillier.	31.
ORTHOPTÈRES....	Forficulides....	Forficule commune...	Pêcher, abricotier, prunier, poirier........	42, **46.**
	Vespides.........	Guêpes (toutes les espèces).	Fruits sucrés........	45.
	Formicides.....	Fourmis...........	Fleurs, fruits sucrés....	46.
	Tenthrédinides..	Lyda du poirier......	Poirier, pommier.......	51, **53.**
HYMÉNOPTÈRES...	*Idem*..........	Sélandrée noire......	Poirier.............	51, **55.**
	Idem..........	— des pruniers......	Prunier.............	52.
	Idem..........	Némate du groseillier..	Groseillier...........	52.
	Idem..........	Cèphe comprimé......	Poirier.............	55.
LÉPIDOPTÈRES....	Papillons diurnes.	Vanesse grande Tortue.	Cerisier, prunier.......	58.
	Idem..........	Piéride de l'aubépine..	Prunier, cerisier, amandier.	59.

CLASSES OU ORDRES.	FAMILLES.	ESPÈCES.	PLANTES OU PARTIES DE PLANTES ATTAQUÉES.	PAGES ET FIGURES.
LÉPIDOPTÈRES... (Suite.)	Papillons diurnes.	Le Flambé.........	Arbres fruitiers divers...	59.
	Sésies.........	Sésie tipuliforme.....	Groseillier..........	62.
	Bombycides....	Cossus ronge-bois....	Poirier, pommier, cerisier.	63, 67.
	Idem.........	Zeuzère du marronnier.	Poirier, pommier, cognassier.	63, 68.
	Idem.........	Grand Paon de nuit...	Pommier, poirier, prunier, amandier.	64, 69.
	Idem.........	Bombyx neustrien....	Arbres fruitiers divers...	66, 72.
	Idem.........	— cul-brun.........	Idem...............	67, 74.
	Idem.........	— disparate.........	Idem...............	68, 75.
	Idem.........	— nonne...........	Idem...............	69, 76.
	Idem.........	Orgyie antique.......	Idem...............	70.
	Noctuides......	Noctuelle psi........	Idem...............	72.
	Idem.........	— potagère........	Groseillier, framboisier..	73.
	Phalénides.....	Phalène du groseillier.	Prunier, amandier, groseillier.	77, 85.
	Idem.........	Hibernie effeuillante..	Arbres fruitiers divers...	77, 86.
	Idem.........	Phalène hiémale......	Idem...............	78, 88.
	Tortricides.....	Tordeuse du prunier..	Prunier, cerisier, etc....	82, 92.
	Idem.........	Pyrale de Wœber.....	Arbres fruitiers à noyaux.	82.
	Idem.........	Carpocapse des pommes.	Pommes, poires.......	84, 96.
	Idem.........	— des prunes.......	Prunes, abricots.......	84.
	Tinéides.......	Teigne du pommier...	Pommier...........	86, 99.
	Idem.........	— du prunier.......	Prunier, cerisier.......	87.
	Idem.........	— de l'olivier.......	Olivier.............	88.
	Idem.........	— des noyaux de l'olive	Idem...............	88.
	Idem.........	— du poirier.......	Poirier, pommier......	89.
	Idem.........	— du pêcher...... .	Pêcher.............	89.
HÉMIPTÈRES.....	Acanthiadés....	Tigre du poirier......	Poirier.............	90, 102.
	Pentatomides....	Cydne bicolore.......	Arbres divers.........	90.
	Idem.........	Punaise grise des jardins.	Framboisier, groseillier..	91.
	Idem.........	— verte des jardins...	Idem...............	91.
	Cicadellides....	Tiphlocybe du rosier .	Prunier.............	92.
	Psyllides.......	Psylle du poirier.....	Poirier.............	92.
	Idem.........	— orangée..........	Idem..............	92.
	Idem.....	— de l'olivier.......	Olivier.............	92.
	Aphides.......	Puceron du pêcher....	Pêcher.............	94.
	Aphides.......	Puceron du poirier....	Poirier, pommier......	94.
	Idem.........	— du cerisier.......	Cerisier.............	94.
	Idem.........	— du pommier......	Pommier............	94.
	Idem.........	— du prunier.......	Prunier.............	94.

CLASSES OU ORDRES.	FAMILLES.	ESPÈCES.	PLANTES OU PARTIES DE PLANTES ATTAQUÉES.	PAGES ET FIGURES.
HÉMIPTÈRES.... (Suite.)	Aphides.......	Puceron de l'amandier.	Amandier............	94.
	Idem..........	— du groseillier.....	Groseillier...........	94.
	Idem..........	— lanigère du pommier.	Pommier............	94.
	Coccides.......	Aspidiote ostréiforme..	Pommier, poirier, prunier.	101.
	Idem..........	Pou de San-José......	Idem...............	101.
	Idem..........	Aspidiote de l'oranger.	Oranger.............	101.
	Idem..........	Diaspis pyricole......	Poirier.............	102.
	Idem..........	Kermès du pêcher....	Pêcher............	102.
	Idem..........	— coquille du pommier.	Poirie., pommier, prunier.	102.
	Idem..........	— de l'olivier.......	Olivier.............	102, **109.**
	Idem..........	— de l'amandier.....	Amandier...........	103.
	Idem..........	— des orangers......	Oranger, citronier......	103.
	Idem..........	— coquille de l'oranger	Oranger............	103.
	Idem..........	— du figuier........	Figuier............	103, **110.**
	Idem..........	Cochenille de l'oranger.	Oranger............	104, **112.**
	Idem..........	— du néflier........	Néflier, pommier, poirier.	105.
DIPTÈRES.......	Mycétophilides..	Sciare du poirier.....	Poires.............	107.
	Cécidomyides...	Cécidomyie du poirier.	Idem...............	109.
	Idem..........	— du framboisier....	Framboisier.........	109.
	Muscides......	Mouche de la cerise...	Cerises.............	115.
	Idem..........	— de l'olive........	Olives.............	116.
	Idem..........	— des oranges.......	Oranges............	116.
MYRIAPODES.....	Iulides........	Blaniule à gouttelettes.	Fraises, fruits sucrés tombés.	122.
	Géophilides....	Géophile des fruits....	Pêches. pommes, abricots.	122.
ACARIENS.......	Tétranyques....	Acarus tisserand.....	Feuilles.............	126.
	Phytoptides.....	Phytopte du poirier...	Poirier.............	127.
	Idem..........	— du noyer........	Feuilles du noyer......	127.

I. Espèces nuisibles aux conifères.

(Pin, sapin, épicéa, mélèze.)

CLASSES OU ORDRES.	FAMILLES.	ESPÈCES.	PLANTES OU PARTIES DE PLANTES ATTAQUÉES.	PAGES ET FIGURES.
COLÉOPTÈRES....	Lucanides......	Dorque parallélipipède.	Pin...............	9, **5.**
	Lamellicornes...	Hanneton foulon......	Feuilles de pin........	12, **7.**
	Scolytides......	Hylurge piniperde....	Pin...............	18, **13.**
	Idem..........	Petit Hilurge des pins.	Idem..............	19, **13.**
	Idem..........	Bostriche typographe..	Épicéa.............	19, **14.**
	Idem..........	— chalcographe......	Idem..............	20, **15.**

CLASSES OU ORDRES.	FAMILLES.	ESPÈCES.	PLANTES OU PARTIES DE PLANTES ATTAQUÉES.	PAGES ET FIGURES.
COLÉOPTÈRES.... (Suite.)	Scolytides......	Bostriche sténographe .	Pin................	20.
	Idem.........	— à deux dents......	Idem...............	20.
	Idem.........	— strié...........	Pin, sapin..........	20.
	Charançons.....	Hylobie du sapin.....	Idem...............	25, 22.
	Idem.........	— du mélèze........	Mélèze............	25.
	Idem.........	Pissode ponctué......	Pin................	25, 23.
	Idem.........	— du pin..........	Pin. sapin..........	25.
	Capricornes....	Rhagie chercheuse....	Idem...............	32, 33.
	Idem.........	Callidie violette......	Sapin (abattu)........	32.
	Idem.........	Spondyle buprestoïde..	Pin	32, 34.
HYMÉNOPTÈRES...	Tenthrédinides..	Lyda champêtre......	Pin, sapin...........	51.
	Idem.........	— des prairies.......	Idem...............	51.
	Idem.........	— à tête rouge......	Idem...............	51.
	Idem.........	Lophyre du pin......	Pin................	54, 58.
	Idem.........	Sirex bouvillon.......	Pin, sapin, épicéa.....	56.
	Idem.........	— géant...........	Pin, sapin, épicéa, mélèze.	56, 60.
	Idem.........	— spectre	Epicea	56.
LÉPIDOPTÈRES....	Sphingides.....	Sphinx du pin	Pin................	60, 64.
	Bombycides....	Bombyx processionnaire du pin.	Pin, cèdre..........	66.
	Idem.........	— du pin..........	Pin, sapin..........	67, 73.
	Idem.........	— nonne..........	Pin................	69, 76.
	Noctuides.....	Noctuelle du pin......	Pin, sapin..........	76.
	Phalénides.....	Phalène du pin.......	Idem...............	79.
	Tortricides.....	Tordeuse du sapin....	Idem...............	83, 94.
	Idem.........	— des cônes de sapin.	Cônes de sapin........	83.
	Idem.........	— des bourgeons	Bourgeons de pin......	83.
	Idem.........	— buoline..........	Pin	84, 95.
	Idem.........	— hercynienne......	Sapin..............	84.
HÉMIPTÈRES.....	Aphides.......	Adelge du sapin......	Sapin, épicéa........	95.
	Idem.........	— des conifères......	Idem...............	95.

J. Espèces nuisibles aux arbres autres que les arbres fruitiers et les conifères.

(Chêne, hêtre, bouleau, peuplier, saule, tilleul, marronnier, orme, aulne, frêne.)

CLASSES OU ORDRES.	FAMILLES.	ESPÈCES.	PLANTES OU PARTIES DE PLANTES ATTAQUÉES.	PAGES ET FIGURES.
COLÉOPTÈRES....	Lucanides......	Lucane Cerf-volant....	Chêne, hêtre, bouleau..	8, 4.
	Idem.........	Dorque parallélipipède.	Hêtre, saule, chêne, peuplier, aulne.	9, 5.
	Lamellicornes...	Hanneton commun ...	Racines et feuilles......	9, 6.
	Buprestides....	Agrile vert..........	Chêne, hêtre, bouleau..	15.

CLASSES OU ORDRES.	FAMILLES.	ESPÈCES.	PLANTES OU PARTIES DE PLANTES ATTAQUÉES.	PAGES ET FIGURES.
COLÉOPTÈRES.... (Suite.)	Buprestides	Corœbe bifasciè	Chêne...............	15, **10.**
	Scolytides......	Scolyte destructeur...	Orme................	17, **12.**
	Idem..........	— pygmée..........	Orme, chêne.........	18.
	Idem..........	— embrouillé........	Chêne...............	18.
	Idem..........	Hylésine du frène....	Frêne...............	19.
	Charançons.....	Rhynchite du bouleau.	Bouleau, hêtre........	22, **19.**
	Idem..........	— du peuplier.......	Arbres divers.........	22.
	Idem..........	Polydrose soyeux.....	Chêne, saule.........	24.
	Idem..........	— brillant..........	Hêtre, bouleau, saule...	24.
	Idem..........	Phyllobie du bouleau..	Bouleau, hêtre........	24.
	Idem..........	Hylobie du sapin.....	Bouleau, sorbier.......	25, **22.**
	Idem..........	Balanin des glands...	Chêne (glands)........	28.
	Idem..........	Cryptorhynque de la patience.	Aulne, saule, bouleau, peuplier.	28.
	Charançons.....	Orcheste du hêtre.....	Hêtre...............	30, **28.**
	Idem..........	— de l'aulne.......	Aulne, orme..........	30, **29.**
	Longicornes....	Grand Capricorne noir.	Chêne...............	31, **31.**
	Idem..........	Aromie musquée......	Saule...............	31.
	Idem..........	Saperde chagrinée....	Peuplier.............	31, **32.**
	Idem..........	— du peuplier.......	Tremble.............	32.
	Idem..........	Capricorne tisserand..	Saule...............	32.
	Idem..........	Callidie sanguine.....	Chêne (abattu)........	32
	Idem..........	Clyte arqué..........	Chêne, châtaignier (abattus).	32.
	Chrysomélides...	Chrysomèle du peuplier.	Peuplier.............	37.
	Idem..........	— du tremble.......	*Idem*...............	37, **40.**
	Idem..........	Galéruque de l'orme..	Orme...............	38, **41.**
	Idem..........	— de l'aulne.......	Aulne...............	38, **42.**
HYMÉNOPTÈRES...	Cynipides......	Cynips des galles « en cerise » du chêne.	Chêne...............	48, **50.**
	Tenthrédinides..	Cimbex du bouleau....	Bouleau, saule, hêtre...	49, **52.**
	Idem..........	Tenthrède verte......	Saule, aulne, peuplier..	50.
	Idem..........	Sirex géant..........	Peuplier, hêtre........	56, **60.**
LÉPIDOPTÈRES....	Papillons diurnes.	Vanesse grande Tortue.	Orme, saule..........	58.
	Sphingides.....	Sphinx du tilleul.....	Tilleul, orme.........	61, **65.**
	Sésies........	Sésie apiforme.......	Peuplier, bouleau, saule.	61, **66.**
	Idem..........	— asiliforme........	*Idem*...............	62.
	Idem..........	— tipuliforme.......	Noisetier............	62.
	Bombycides	Cossus ronge-bois	Saule, peuplier, orme, tilleul, aulne, bouleau, chêne.	63, **67.**
	Idem..........	Zeuzère du marronnier.	Frène, marronnier, etc..	63, **68.**
	Idem..........	Grand Paon de nuit...	Orme...............	64, **69.**

CLASSES OU ORDRES.	FAMILLES.	ESPÈCES.	PLANTES OU PARTIES DE PLANTES ATTAQUÉES.	PAGES ET FIGURES.
	Bombycides	Bombyx du chêne.....	Chêne, etc...........	65, 70.
	Idem.........	— processionnaire du chêne.	Chêne.............	65, 71.
	Idem.........	— neustrien........	Arbres forestiers divers..	66, 72.
	Idem.........	— cul-brun	Arbres et arbustes......	67, 74.
	Idem.........	-- disparate........	Idem..............	68, 75.
	Idem.........	— nonne..........	Idem..............	69, 76.
	Idem.........	— du saule........	Saule, peuplier........	70, 77.
LÉPIDOPTÈRES....	Idem.........	— bucéphale........	Arbres forestiers........	70.
(Suite.)	Idem.........	Orgyie antique.......	Tilleul..............	70.
	Idem.........	Bombyx pudibond	Arbres forestiers (hêtre).	71, 78.
	Idem.........	Grande Queue fourchue.	Saule, peuplier........	71, 79.
	Phalénides.....	Hibernie effeuillante..	Arbres divers.........	77, 86.
	Idem.........	Phalène du bouleau...	Bouleau............	78, 87.
	Idem.........	Phalène hiémale	Tous arbres..........	78, 88.
	Tortricides.....	Pyrale du chêne......	Chêne..............	81, 91.
	Idem.........	Carpocapse des châtaignes.	Châtaignes...........	84, 97.
HÉMIPTÈRES.....	Lygéides.......	Lygée aptère	Tilleul..............	91.
	Cicadellides	Tiphlocybe du chêne..	Chêne..............	92.

K. Insectes nuisibles aux plantes d'ornement.

(Rosier, plantes de serres, lis, chèvrefeuille, pivoine, lilas, primevère, etc.)

CLASSES OU ORDRES.	FAMILLES.	ESPÈCES.	PLANTES OU PARTIES DE PLANTES ATTAQUÉES.	PAGES ET FIGURES.
	Lamellicornes...	Cétoine dorée........	Rose, pivoine.........	14.
	Idem.........	Hanneton commun....	Racines.............	9, 6.
COLÉOPTÈRES....	Élatérides......	Taupin gris de souris.	Rosier.............	15.
	Charançons.....	Apion bronzé........	Rose trémière........	23.
	Chrysomélides...	Criocère du lis......	Lis................	34, 36.
ORTHOPTÈRES....	Forficulides	Forficule commune ...	OEillet, dahlia........	42, 46.
	Cynipides......	Cynips des bédéguars .	Rosier..............	48, 51.
	Tenthrédinides..	Tenthrède difforme...	Idem..............	50.
	Idem.........	— noire...........	Idem..............	50.
	Idem.........	— zonée...........	Idem..............	51.
HYMÉNOPTÈRES...	Idem.........	— à ceinture rousse..	Idem..............	51.
	Idem.........	— à ceinture.......	Idem..............	51.
	Idem.........	— à triple ceinture...	Chèvrefeuille.........	50.
	Idem.........	Athalie de la rose.....	Rosier.............	53.
	Idem.........	Hylotome du rosier...	Idem..............	53, 57.
LÉPIDOPTÈRES....	Papillons diurnes.	Petit Papillon blanc du chou.	Capucine...........	59, 62.
	Sphingides.....	Sphinx du troène.....	Lilas, chèvrefeuille, troène.	61.

CLASSES OU ORDRES.	FAMILLES.	ESPÈCES.	PLANTES OU ANIMAUX ATTAQUÉS.	PAGES ET FIGURES.
LÉPIDOPTÈRES.... (Suite.)	Bombycides....	Zeuzère du marronnier.	Lilas, chèvrefeuille, troëne.	64, **68.**
	Idem..........	Orgyie antique.......	Rosier...............	70.
	Noctuelles......	Noctuelle psi.........	Idem.................	72.
	Idem..........	— potagère.........	Dahlia..............	73.
	Idem..........	— méticuleuse.......	Primevère...........	74, **82.**
	Idem..........	— point d'exclamation.	Racines diverses.......	75, **83.**
	Tortricides.....	Pyrale du rosier......	Rosier...............	82.
	Tinéides.......	Teigne du lilas......	Lilas...............	88, **101.**
HÉMIPTÈRES....	Pentatomides...	Punaise potagère.....	Giroflée............	90.
	Cicadellides....	Typhlocybe du rosier..	Rosier, rose trémière, ricin	92.
	Psyllides......	Psylle du buis.......	Buis................	92.
	Aphides.......	Puceron du rosier.....	Rosier...............	95.
	Idem..........	— des feuilles du rosier.	Idem...............	95.
	Idem..........	— du chèvrefeuille...	Chèvrefeuille.........	95.
	Idem..........	— de l'œillet........	Œillet..............	95.
	Coccides......	Kermès du laurier-rose.	Laurier-rose..........	100.
	Idem..........	— du rosier.........	Rosier..............	101, **108.**
	Idem..........	Cochenille des serres..	Plantes de serre.......	104, **111.**
DIPTÈRES.......	Tipulides......	Tipule des potagers...	Dahlia, œillet, balsamine, reine-marguerite.	107, **114.**
THRIPSIDES....		Thrips des serres.....	Plantes de serre.......	118, **127.**
ACARIENS.......	Tétranyques....	Acarus tisserand.....	Plantes de serre.......	126.
VERS RONDS.....	Anguillulides...	Anguillule de la tige..	Jacinthe.............	133.

L. Espèces nuisibles aux Mammifères domestiques.

Équidés : *Cheval, Ane, Mulet, Zèbre.* | Ruminants : *Bœuf, Mouton, Chèvre.*
Divers : *Porc, Chien, Chat, Lapin.*

CLASSES OU ORDRES.	FAMILLES.	ESPÈCES.	PLANTES OU ANIMAUX ATTAQUÉS.	PAGES ET FIGURES.
HYMÉNOPTÈRES...	Vespides......	Guêpes.............	Animaux divers........	45.
DIPTÈRES.......	Culicides......	Cousin commun......	Animaux divers........	106, **113.**
	Idem..........	— annelé..........	Idem...............	106.
	Simulides......	Simulie cendrée......	Animaux divers........	109.
	Tabanides......	Taon des Bœufs......	Bœuf, Cheval..........	110, **116.**
	Idem..........	— noir.............	Idem...............	110.
	Idem..........	— d'automne........	Idem...............	110.
	Idem..........	Chrysops aveuglant...	Idem...............	110.
	Idem..........	Hématopote pluvial...	Idem...............	111.

CLASSES OU ORDRES.	FAMILLES.	ESPÈCES.	ANIMAUX ATTAQUÉS.	PAGES ET FIGURES.
Diptères (Suite.)	OEstrides......	OEstre du Cheval.....	Cheval.............	111, **117**.
	Idem..........	— hémorrhoïdal.....	*Idem*.............	112.
	Idem..........	— duodénal........	*Idem*.............	112.
	Idem..........	— du Mouton.......	Mouton............	112, **118**.
	Idem..........	Hypoderme du Bœuf..	Bœuf.............	112, **119**.
	Muscides.......	Mouche domestique...	Animaux divers.......	113.
	Idem..........	— charbonneuse.....	*Idem*.............	113, **121**.
	Hippoboscides...	Hippobosque du Cheval.	Cheval.............	117, **124**.
	Idem..........	Mélophage du Mouton.	Mouton............	117, **125**.
Puces.........		Puce du Chien et du Chat.	Chien et Chat........	119.
		— du Lapin........	Lapin.............	119.
Poux.........		Pou du Chien.......	Chien.............	119, **128**.
		— du Porc.........	Porc.............	119, **129**.
		— de la Chèvre......	Chèvre............	120.
		— de l'Ane........	Âne.............	120.
		— à tête pointue....	Cheval............	120, **130**.
		— à large thorax....	Bœuf et cheval........	120, **131**.
Ricins........		Ricin du Chien.......	Chien.............	120.
		— du Mouton.......	Mouton............	120, **132**.
		— de la Chèvre......	Chèvre............	120.
		— du Bœuf........	Bœuf.............	120.
		— dn Cheval.......	Cheval............	120.
Acariens.......	Trombidions...	Araignée rouge des jardins (larve).	Bœuf, Chèvre, Chien...	123.
	Ixodes........	Ixode ricin........	Chien.............	124, **135**.
	Sarcoptides.....	— réduve.........	Bœuf, Mouton, Chien...	124, **136**.
	Idem..........	Choriopte symbiote...	Cheval............	125.
	Idem..........	— auriculaire......	Chien.............	125.
	Idem..........	Psoropte commun....	Cheval, Mouton, Lapin.	125.
	Idem..........	Sarcopte de la gale...	Animaux divers.......	126, **139**.
Vers..........	Téniadés.......	Ver solitaire ordinaire.	Porc.............	128.
	Idem..........	Ténia inerme.......	Bœuf.............	128.
	Idem.:.......	— cœnure.........	Chien, Mouton.......	128.
	Idem..........	— échinocoque.....	Chien, Herbivores.....	128.
	Idem..........	— en scie.........	Chien, Lapin........	129.
	Idem..........	— bordé..........	Chien, Mouton.......	129.
	Idem..........	Dipylidium du Chien..	Chien.............	129.

CLASSES OU ORDRES.	FAMILLES.	ESPÈCES.	ANIMAUX ATTAQUÉS.	PAGES ET FIGURES.
Vers plats....	Douves........	Douve du foie........	Mouton.............	129.
	Idem.........	— lancéolée........	Idem..............	129.
Vers ronds....	Ascarides......	Ascaris du Cheval....	Cheval, Âne, Mulet, Zèbre.	130.
	Strongles......	Strongle géant.......	Chien, Bœuf, Cheval...	130.
	Idem.........	— contourné........	Ruminants (Mouton)...	130.
	Idem.........	— filaire..........	Ruminants..........	130.
	Idem.........	— capillaire........	Mouton.............	130.
	Idem.........	— roux...........	Idem..............	130.
	Idem.........	— micrure.........	Bœuf.............	130.
	Idem.........	— paradoxal.......	Porc...............	130.
	Trichines......	Trichine commune....	Porc, etc...........	130.

M. Espèces nuisibles aux Oiseaux domestiques.

(Poule, Pigeon, Canard, Oie, Paon, Cygne, etc.)

CLASSES OU ORDRES.	FAMILLES.	ESPÈCES.	ANIMAUX ATTAQUÉS.	PAGES ET FIGURES.
Hémiptères.....	Acanthiadées...	Punaise des colombiers.	Pigeon, Poule........	90.
Puces.........		Puce des Oiseaux.....	Oiseaux de basse-cour...	119.
Ricins.........		Ricin du Paon.......	Paon..............	121, **133.**
		— de l'Oie.........	Oie...............	121.
		— du Cygne et de l'Oie.	Cygne, Oie..........	121.
		— des Poules......	Poule.............	121, **134.**
		— du Dindon.......	Dindon.............	121.
		— du Canard.......	Canard.............	121.
		— du Pigeon.......	Pigeon.............	121.
Acariens.......	Ixodes........	Argas réfléchi.......	Pigeon.............	124, **137.**
	Idem.........	Dermanysse des poulaillers.	Poule. Pigeon........	125, **138.**

QUATRIÈME PARTIE.

ÉTUDE GÉNÉRALE SUR LES MOYENS À EMPLOYER
POUR COMBATTRE LES ESPÈCES NUISIBLES.

Le degré de nocivité d'une espèce dépend de la quantité de nourriture que prend en moyenne chacun de ses individus pendant la durée totale de son existence, de l'importance qu'ont pour l'Homme les plantes ou les animaux dont elle se nourrit, de la gravité plus ou moins grande du tort causé aux animaux ou aux plantes attaqués et du nombre d'individus qu'elle comprend. En pratique, on doit avant tout, lorsqu'on veut combattre les espèces nuisibles, se proposer de diminuer le plus possible le nombre d'individus qui appartiennent à chacune d'elles. En dehors de l'influence directe que peut avoir l'Homme pour le restreindre, ce nombre est sujet à des variations non seulement continuelles, mais encore très grandes et très brusques, tout au moins s'il s'agit d'une partie très limitée de l'aire géographique propre à chaque espèce. Les principales causes qui produisent cet effet sont les suivantes :

1° *L'intensité de la reproduction*, qui tend toujours à accroître beaucoup le nombre des individus. Les Insectes se reproduisent si abondamment, que si tous les descendants d'une espèce arrivaient à l'état adulte, ils seraient au bout de quelques années en nombre véritablement fabuleux. Il existe d'ailleurs des espèces se reproduisant beaucoup plus abondamment que d'autres; les moyens principaux dont elles disposent pour cela sont : le *plus grand nombre d'œufs*, la *multiplicité des pontes* pour une même femelle, la *viviparité* et la *multiplicité des générations successives* pendant la même année.

2° *L'extension ou la restriction de la culture des plantes nourricières*. — Une espèce déterminée, habituée à vivre d'une certaine plante, ne peut pas se propager en dehors de celle-ci, mais par contre l'accompagne ordinairement quand elle est introduite dans de nouvelles régions et se multiplie abondamment si les autres conditions qu'elle rencontre lui sont favorables. En outre, certaines espèces indigènes peuvent accepter la nouvelle plante mise à leur portée, devenir par suite des espèces nuisibles et se multiplier alors très rapidement. Inversement, lorsqu'on cesse de cultiver certaines plantes dans une région donnée, les parasites de ces plantes diminuent beaucoup ou même disparaissent s'ils ne peuvent vivre autrement qu'en mangeant les plantes en question.

3° *Le changement d'habitat*. — Certaines espèces peuvent émigrer d'un endroit à un autre, en parcourant parfois des distances énormes (Criquets), mais, dans l'ensemble des espèces nuisibles, ce cas est peu fréquent.

4° *Les conditions climatériques*. — Chaque espèce ne peut vivre que dans des conditions climatériques déterminées et les individus périssent lorsqu'ils se trouvent placés en dehors d'elles. Dans les régions tempérées, la belle saison est ordinairement plus ou moins favorable à l'existence des espèces, mais la période d'hibernation est marquée très souvent par la mort d'un grand nombre d'individus. Les espèces traversent cette période soit sous la forme d'œufs, soit sous la forme larvaire, soit à l'état nymphal, soit à l'état adulte. Certaines même le font simultanément sous deux ou plusieurs de ces états. Dans tous les cas, l'hibernation est facilitée par des dispositions adaptatives qui ne font défaut pour aucune espèce. C'est ainsi que les œufs hibernants sont pondus dans les fissures des écorces, dans les bourgeons, sous des amas de poils protecteurs; que les larves et les adultes sont cachés sous les écorces, dans les trous de murs, dans le sol, etc.; que les nymphes sont entourées d'un cocon, munies d'une peau dure, cornée, imperméable à l'eau, abritées dans les anfractuosités des murailles, dans la terre, sous les feuilles tombées, etc.

Malgré ces dispositifs protecteurs, l'hiver paraît causer la mort de très nombreux individus. Il semble que les froids tardifs du printemps interviennent surtout dans ce sens très activement. Par suite de l'adoucissement de la température qui se produit souvent à la fin de l'hiver, les Insectes adultes et les larves reprennent en effet leur vie active, quittent leurs lieux de retraites et sont surpris, dans des conditions très défavorables, par le retour du froid. Les embryons et les nymphes, dont la transformation a été accélérée par l'adoucissement provisoire de la température, se trouvent tuées par l'abaissement brusque de celle-ci.

Lorsqu'il s'agit d'espèces où l'éclosion de l'œuf ou de la nymphe a lieu pendant l'été, les mauvaises conditions climatériques peuvent encore entraîner la mort de beaucoup d'individus. Une grande sécheresse est en général une cause de destruction énergique pour de nombreux Insectes, car pour beaucoup d'espèces le besoin d'une grande humidité est absolu. D'autres conditions climatériques peuvent produire des résultats semblables; c'est ainsi que les fortes pluies d'orage causent la mort de beaucoup de Papillons (Pyrale de la vigne, etc.). On peut admettre qu'en définitive les conditions climatériques ont, parmi les causes multiples qui influent sur le nombre des individus que comprend chaque espèce, une efficacité très grande [1].

5° *L'influence des animaux carnassiers.* — Les Insectes renferment à eux seuls un nombre d'espèces supérieur à celui que comptent tous les autres groupes animaux réunis ensemble. De plus il y a dans beaucoup de leurs espèces un nombre prodigieux d'individus. Il s'ensuit qu'ils sont de beaucoup les animaux les plus communs partout. Aussi est-ce surtout à leurs dépens que se nourrissent les animaux carnassiers. Ceux-ci mangent, il est vrai, indistinctement les Insectes utiles aussi bien que les nuisibles, mais les espèces très utiles (Abeille, Ver à soie) étant domestiquées — et par suite suffisamment protégées — par l'homme, et beaucoup d'Insectes utiles étant bien protégés soit par leurs habitudes nocturnes, soit par la faculté qu'ils ont de courir ou de voler très vite ou de se cacher à l'affût, les espèces animales carnassières ne détruisent que peu d'individus utiles. D'ailleurs les Insectes nuisibles étant incomparablement plus nombreux que les autres, les animaux carnassiers s'attaquent surtout à eux et en détruisent une très grande quantité. (Voir plus loin la liste des principaux animaux carnassiers vivant d'Insectes).

L'Homme pourrait, en intervenant directement, réduire la plupart des espèces nuisibles à n'être plus représentées que par un nombre d'individus extrêmement faible et par suite négligeable; mais cette intervention devrait s'exercer d'une façon méthodique et porter sur toute l'étendue de l'aire géographique propre à chaque espèce. Lorsqu'on ne combat une espèce que dans une région limitée, on ne peut la voir disparaître qu'incomplètement ou en tout cas que provisoirement de cette région. Au point de vue pratique, il y a du reste souvent grand avantage à obtenir ce résultat, à défaut d'un plus complet.

Les moyens à employer pour combattre les Insectes et autres Invertébrés nuisibles sont nombreux et variés, car les mœurs des différentes espèces sont si diverses, que le même procédé ne saurait être applicable à toutes, mais seulement à des catégories ayant des habitudes semblables. Ces moyens, dont la plupart ont été déjà signalés dans les pages précédentes, à propos des espèces nuisibles successivement décrites, peuvent se grouper en trois séries examinées ci-après chacune dans un chapitre spécial et qui sont :

1° La protection des animaux insectivores;

2° Les procédés préventifs, empêchant ou atténuant l'action nocive des espèces à combattre;

3° La destruction directe des individus nuisibles.

[1] Actuellement, certains naturalistes inclinent à penser que les mauvais temps de l'hiver et du printemps n'ont pas une grande influence pour la limitation du nombre des individus d'une espèce, mais cette hypothèse est loin d'être démontrée.

CHAPITRE PREMIER.

PROTECTION DES ANIMAUX INSECTIVORES [1].

Certains animaux carnasssiers vivent à peu près complètement ou même complètement d'Insectes, ce sont les Insectivores proprement dits; ils doivent être protégés sans aucune restriction. D'autres mangent encore des Insectes, mais en même temps aussi des graines, des fruits, du gibier, des Oiseaux, etc. Ils sont donc tantôt utiles, tantôt nuisibles. On doit les protéger lorsqu'ils sont trop peu nombreux pour être très nuisibles et que les Insectes qu'ils détruisent sont très abondants; on doit les combattre dans le cas contraire. On trouve des animaux à peu près uniquement insectivores, les seuls à mentionner ici, dans divers groupes zoologiques; les principaux sont :

A. MAMMIFÈRES.

1° Les **Chauves-souris**.

2° Les **Insectivores proprement dits** (Hérisson, Taupe et Musaraigne).

B. OISEAUX.

1° Des **Rapaces nocturnes** (Chat-huant, Effraie, Hibou). Le Grand-duc, qui détruit le gibier et les petits Oiseaux, est plus nuisible qu'utile.

2° Des **Grimpeurs** (Pics, Torcol et Coucou).

3° Des **Passereaux**. Ces Oiseaux comprennent la plus grande partie des Oiseaux terrestres, en particulier ceux que l'on trouve dans les jardins, dans les champs et dans les bois. Ils détruisent un nombre incalculable d'Insectes, particulièrement à l'époque des couvées. Beaucoup doivent être protégés; il n'y a de réserve à faire que pour les espèces granivores ou frugivores, qui sont utiles au printemps, au moment où elles ont des petits, et deviennent nuisibles à l'automne, au moment où elles mangent les fruits ou les graines. En outre, certaines espèces détruisent le gibier et les petits Oiseaux; elles sont nuisibles.

Les espèces purement insectivores et que l'on doit protéger avec le plus de soin sont :

Les **Fissirostres** (Hirondelles, Martinet, Engoulevents).

Les **Ténuirostres** (Huppe, Grimpereau, Sitelle).

Les **Becs-fins** (Fauvettes, Rouge-gorge, Rossignol, Troglodyte, Roitelets, Traquets).

Parmi les **Dentirostres** : les Bergeronnettes, les Gobe-Mouches, les Hochequeues et les Mésanges.

C. REPTILES ET BATRACIENS.

1° Les **Sauriens** (Lézards, Caméléon, Scinques, Seps et Orvet).

2° Les **Crapauds**.

3° Les **Grenouilles**.

4° Les **Rainettes**.

5° Les **Salamandres** et les **Tritons**.

Tous ces animaux détruisent un nombre considérable d'Insectes, de Vers et de Limaces.

[1] Les principaux animaux insectivores sont, pour la plupart, simplement mentionnés dans ce chapitre.

D. Insectes.

Un assez grand nombre d'Insectes ont des mœurs carnassières et sont très utiles en détruisant les Insectes nuisibles, les Vers, les Limaces et les Escargots. On peut les diviser, au point de vue pratique, en deux groupes : ceux qui saisissent directement leur proie pour la manger eux-mêmes ou pour la donner en pâture à leur progéniture, et ceux qui pondent leurs œufs sur le corps ou dans le corps de leur victime sans la manger ou l'emporter elle-même. De ces œufs sortent des larves qui pénètrent dans le corps de cette victime, y vivent en parasites internes et la dévorent peu à peu. C'est surtout chez les diverses larves et chenilles, et chez les Pucerons et les Cochenilles, que ces parasites internes sont fréquents. L'effet de cette présence est d'amener la mort des larves et des chenilles parasitées et de les empêcher, par suite, de se transformer en Insectes adultes. Sur les Pucerons et les Cochenilles, l'effet est d'empêcher ces Insectes de pondre et finalement aussi de les faire périr.

Le rôle de ces parasites internes est d'une très grande importance au point de vue de la limitation du nombre d'individus appartenant à beaucoup d'espèces nuisibles. Plus les individus appartenant à ces espèces deviennent nombreux, plus les parasites, qui trouvent par là même des conditions très favorables à leur développement, le deviennent aussi. Finalement presque tous les individus des espèces nuisibles sont parasités et celles-ci se trouvent ramenées souvent, presque subitement, à ne plus compter que très peu de représentants. A ce moment, les parasites eux-mêmes disparaissent presque complètement, faute de pouvoir pondre leurs œufs dans les conditions indispensables au développement de leurs larves. Il en résulte que les espèces nuisibles, ainsi que leurs parasites internes, sont alternativement représentés tantôt par un grand nombre d'individus, tantôt par un petit nombre. Les dégâts produits par ces espèces nuisibles subissent par suite aussi la même périodicité croissante puis décroissante.

Il convient donc de protéger, dans la mesure du possible, les Insectes dont les larves sont parasites internes des espèces nuisibles. Le plus souvent, du reste, ces Insectes sont de très petite taille, ce qui les protège tout naturellement d'une manière suffisante.

Fig. 143. — Cicindèle champêtre. Larve en embuscade ; adulte.

a. *Groupe des Insectes carnassiers saisissant directement leur proie.*

1° Parmi les Coléoptères on trouve :

Les Cicindélides. — Insectes très voisins des Carabides avec lesquels on les classe souvent. L'adulte chasse sa proie tandis que la larve, cachée dans un trou creusé en terre, l'attend et la saisit au passage. Exemple : la **Cicindèle champêtre** (*Cicindela campestris*) [fig. 143].

La plupart des **Carabides** (voir page 5). — Dans les jardins, les larves et les adultes de ces espèces rendent de très grands services ; non seulement on ne doit pas les écraser, mais il est bon de les y apporter et de leur laisser de petits tas de pierres, placés le long des murs, pour les abriter pendant le jour. Comme exemples de Carabides utiles on peut citer, parmi les plus grosses espèces :

Le Carabe doré (*Carabus auratus*) [fig. 144]. Grand destructeur de Hannetons.

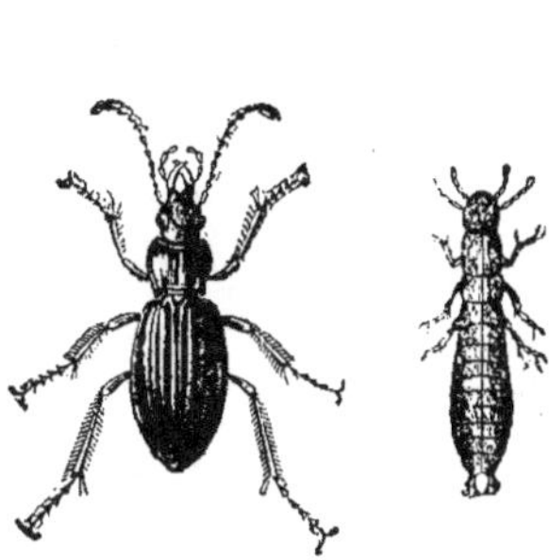

Fig. 144. — Carabe doré. Adulte et larve.

Fig. 145. — Calosome sycophante attaquant une chenille.

Les Calosomes, dont deux espèces principales : le Calosome sycophante (*Calosoma sycophanta*) [fig. 145] et le Calosome inquisiteur (*C. inquisitor*) détruisent un grand nombre de chenilles sur les arbres.

Le Procruste coriace (*Procrustes coriaceus*), qui mange des Limaces, des Chenilles, etc.

Les **Staphylins** (*Staphylinides*). — Famille d'Insectes reconnaissables à leurs élytres très courtes, ne recouvrant qu'une petite partie du corps, et à l'habitude qu'ils ont de relever de bas en haut la partie terminale de leur corps. Les grosses espèces détruisent des Insectes et des Limaces.

La plupart des **Silphes** (voir page 6).

Les **Vers luisants** (*Lampyrides*) [fig. 146]. — Les larves et les adultes sont carnassiers et utiles. Ils mangent surtout des Limaces, des Escargots et des Chenilles. Les mâles seuls acquièrent des ailes et peuvent voler, tandis que les femelles restent toujours larviformes. On peut donc recueillir les larves et les femelles et les placer dans les jardins, où elles resteront. Une espèce de cette famille vit d'Escargots; c'est :

Fig. 146. — Vers luisants. Adultes et larve.

Fig. 147. — Drile jaunâtre. Adulte (mâle et femelle).

Le Drile jaunâtre (*Drilus flavescens*) [fig. 147]. Dans cette espèce, qui n'est pas phosphorescente, le mâle seul est aussi muni d'ailes et vole sur les buissons, tandis que la femelle, toujours larviforme, vit dans les coquilles d'Escargots dont elle mange le contenu.

20.

Les **Téléphorides**. — Coléoptères à élytres molles, à corps allongé et à bords parallèles, communs sur les buissons, sur l'herbe et sur les arbustes. Ils détruisent beaucoup de chenilles.

Les **Clérides**. — Petits Coléoptères, ordinairement à vives couleurs et à corps poilu. Les larves et les adultes détruisent un grand nombre d'Insectes nuisibles.

Les **Coccinelles** (voir page 40) [fig. 44].

2° Certains Orthoptères, en particulier :

La **Mante religieuse** (*Mantis religiosa*).

Le **Grillon des champs** (*Gryllus campestris*).

La **Grande Sauterelle verte** (*Locusta viridissima*).

3° La plupart des Pseudo-Névroptères et des Névroptères, notamment :

Les **Libellulides**. Sont carnassières à l'état larvaire et à l'état adulte.

Les **Panorpides**. Insectes carnassiers seulement à l'état adulte.

Fig. 148. — Hémérobe ou Chrysope vulgaire.
Adulte et œufs.

Fig. 149. — Fourmilion commun. Larve et adulte.

Les **Hémérobides**. Parmi ces Insectes on peut citer, en particulier, les Hémérobes (fig. 148) et les Fourmilions (fig. 149). Les premiers de ces Insectes sont de très petite taille ; leurs larves, appelées «Lions des Pucerons», vivent sur les arbres, les arbustes, les plantes basses, et dévorent les Pucerons, les Cochenilles, les Psylles, et aussi les petites larves et les petites chenilles. L'adulte fixe souvent ses œufs sur les feuilles auxquelles ils sont alors attachés par un long pédoncule (fig. 148). Les larves, dès leur naissance, trouvent ainsi facilement, près d'elles, la nourriture qui leur convient.

Les Fourmilions sont de taille beaucoup plus grande et ressemblent, à l'état adulte, aux Libellules. Les larves, armées d'une forte pince, vivent aux dépens de toutes sortes d'Insectes. Dans le Fourmilion commun, la larve se tient à l'affût au fond d'un entonnoir creusé dans le sable ; dans des espèces voisines, elle guette simplement sa proie sans creuser de terrier.

4° Parmi les Hyménoptères

Les **Guêpes solitaires** (voir page 46) qui portent dans leurs nids, pour nourrir leurs larves, des chenilles et larves préalablement piquées mais non tuées. Les larves de ces Guêpes ont ainsi à leur disposition des proies vivantes et incapables de leur résister.

Les **Guêpes fouisseuses** (Sphégides), qui ont des mœurs analogues.

5° Parmi les Diptères :

Les **Asiles**. — L'adulte chasse et mange toutes sortes d'Insectes. Il y en a plusieurs espèces; la principale est l'Asile frelon, qui ressemble à une Guêpe.

Les **Volucelles**. — Les larves habitent les nids de Guêpes et en mangent les larves. L'adulte a l'aspect des Hyménoptères et peut, grâce à cette ressemblance, aller pondre ses œufs dans le nid de ces Insectes.

Les **Syrphes**. — Les larves, qui ont l'aspect de petites Sangsues, se trouvent au milieu des Pucerons qu'elles mangent en grand nombre. Elles sont vertes ou grises. Quand elles ont atteint leur

Fig. 150. — Anomalon circonflexe

Fig. 152. — Microgaster des bois. Adulte et cocons de la nymphe placés sur le cadavre de la Chenille que les larves ont mangée.

Fig. 151. — Rhyssa persuasive.

complet développement elles se transforment, sur les plantes mêmes où elles vivaient, en une nymphe piriforme d'où l'adulte sort peu après. Celui-ci va pondre ses œufs sur les plantes ayant des Pucerons;

on le reconnaît à la façon qu'il a de voler; il s'arrête fréquemment en «volant sur place» très rapidement, au voisinage des végétaux où il cherche à pondre. Il y en a de nombreuses espèces rendant les plus grands services.

b. *Groupe des Insectes pondant sur ou dans le corps des Insectes qu'ils détruisent.*

1° Hyménoptères :

La femelle est munie d'une tarière plus ou moins longue, souvent visible à l'extrémité postérieure du corps et qui permet de la reconnaître facilement. Avec cette tarière elle perce les larves ou les chenilles et pond ses œufs dans l'intérieur de leur corps; elle sait aller les atteindre même sous les écorces d'arbres ou dans les trous où elles sont cachées. Les larves parasites, dès leur sortie de l'œuf, rongent intérieurement leur hôte mais sans le tuer immédiatement. Elles sortent pour se nymphoser ou même se nymphosent sur place. Ces Hyménoptères courent très vite et agitent leurs antennes très vivement; on les rencontre sur les murs, les troncs d'arbres, les buissons, les fleurs, etc. La plupart des espèces sont très petites et sont suffisamment protégées; les grandes espèces doivent être respectées et non détruites. Les principales familles de ces Hyménoptères utiles sont :

Les Ichneumonides. — Famille renfermant de très nombreuses espèces, dont quelques-unes de grande taille. Les antennes et l'abdomen sont ordinairement très longs; ce dernier est souvent comprimé latéralement ou au contraire aplati. Il y a une tarière courte ou parfois très longue. Les Insectes de cette famille rendent de très grands services; ils détruisent surtout les larves de Bombycides, de Tenthrèdes et de Sirex. Exemples : la Rhyssa persuasive (*Rhyssa persuasoria*) [fig. 151] et l'Anomalon circonflexe (*Anomalon circumflexum*) [fig. 150]. La première de ces deux espèces est brune avec des taches jaunes; elle possède une tarière trois fois plus longue que son corps, grâce à laquelle la femelle peut percer l'écorce et le tronc des arbres pour aller placer ses œufs dans les larves qui s'y trouvent. La seconde espèce pond de même ses œufs dans la chenille du Bombyx du Pin.

Les Braconides. — Famille contenant des espèces de petite taille (souvent de 2 ou 3 millimètres) mais détruisant beaucoup de Chenilles et de Pucerons. Exemple : le Microgaster des bois (*Microgaster nemorum*) [fig. 152]. Cette espèce, de couleur noire, avec les pattes en partie jaune rougeâtre, pond particulièrement dans les chenilles du Bombyx du Pin. Ses larves sortent de la chenille après s'être nourries à ses dépens et se filent un cocon blanc dans lequel elles se nymphosent ensuite. On trouve alors, agglomérés sur le corps même de la chenille, tous les petits cocons d'où s'envoleront plus tard les Microgasters adultes.

A cette famille appartiennent aussi les *Aphidius* qui parasitent les Pucerons.

Fig. 153. — Ptéromale des chrysalides.

Les Chalcidiens. — Les espèces de cette famille sont également de très petite taille, mais parasitent et tuent de nombreuses larves, chenilles, Pucerons, Cochenilles, etc. Comme exemple, on peut citer le Ptéromale des chrysalides (*Pteromalus puparum*) [fig. 153] dont la larve vit dans les chrysalides de certains Papillons diurnes tels que les Piérides. Les œufs sont pondus dans le corps de la Chenille prête à se chrysalider. Quand les larves sont arrivées à leur grosseur définitive, elles se nymphosent sur place et l'adulte sort en perçant la paroi du corps de la chrysalide parasitée et tuée.

Les Proctotrupides. Petits Hyménoptères noirs, voisins des précédents, mais moins actifs qu'eux.

Ils pondent ordinairement leurs œufs dans ceux des Insectes qu'ils parasitent, particulièrement dans ceux des Bombycides. Par suite, il sort des œufs parasités, non une chenille de Bombyx, mais des Proctotrupides adultes.

Certains **Cynipides** (voir page 48).

2° Diptères :

Les Diptères dont les larves vivent en parasites internes pondent sur le corps des chenilles, des larves et peut-être des adultes qu'ils parasitent ; leurs larves pénètrent dans le corps de ceux-ci et le dévorent peu à peu. Elles se transforment sur place ou, le plus souvent, en sortant à l'extérieur.

Les principaux sont :

Les **Conops**, qui parasitent les Guêpes.

Les **Tachinaires**, qui parasitent un grand nombre de chenilles. Elles comprennent de nombreuses espèces dont les unes de petite taille et les autres beaucoup plus grosses.

E. Myriapodes.

Beaucoup de Myriapodes, surtout ceux qui appartiennent à l'ordre des Chilopodes, animaux caractérisés par la présence d'une seule paire de pattes par anneau, vivent d'Insectes et sont utiles. Les principaux sont :

Les **Lithobies**. (Abondent sous les pierres et les écorces d'arbres). — L'espèce la plus commune est la Lithobie à tenailles (*Lithobius forficatus*); elle est de couleur brun roussâtre.

Les **Scutigères**. L'espèce principale ou Scutigère commune (*Scutigera coleoptrata*) est munie de longues pattes grêles et fragiles qui lui donnent un peu l'aspect d'une Araignée.

Les **Cryptops**. Plusieurs espèces, parmi lesquelles le Cryptops des jardins (*Cryptops hortensis*) sont très communes sous les feuilles, la mousse, dans les jardins et les bois.

La **Scolopendre**. (Détruit beaucoup d'Insectes et de Limaces).

F. Arachnides.

Les **Scorpions**. — Les deux espèces communes dans le midi de la France, sont exclusivement insectivores ; ce sont le Scorpion commun et le Scorpion européen qui mesurent, celui-ci de 8 à 9 centimètres de long et celui-là seulement de 3 à 4 centimètres. Le «dard à venin» qui termine leur abdomen peut causer une douleur assez vive à la suite de ses piqûres. Chez le Scorpion commun cette piqûre est toujours peu grave et même chez le Scorpion européen elle n'est jamais très dangereuse.

Les **Araignées** proprement dites. — Toutes les espèces sont inoffensives et exclusivement insectivores. Les unes chassent directement les Insectes, les autres les prennent dans les toiles qu'elles tissent, ou les surprennent quand ils passent à proximité de leurs cachettes.

Les **Faux Scorpions (Pseudo Scorpionides)**. — Espèces de très petite taille, qui ont reçu leur nom à cause de la présence, en arrière des chélicères, d'une paire d'appendices terminés chacun par une pince préhensile, ce qui les fait ressembler un peu aux Scorpions. Elles n'ont pas de «dard venimeux» et sont complètement inoffensives. Elles se tiennent surtout sous les écorces des arbres et font la chasse aux Insectes qui s'y trouvent en abondance.

Les **Faucheurs (Phalangides)**. — Animaux détruisant aussi les Insectes. L'espèce la plus commune est le Faucheur commun (*Phalangium opilio*).

CHAPITRE II.

MOYENS DE PRÉVENIR OU D'ATTÉNUER LES DÉGÂTS
CAUSÉS PAR LES ESPÈCES NUISIBLES.

Par l'emploi de ces moyens, on ne se préoccupe pas, en premier lieu, de détruire un nombre plus ou moins grand d'individus nuisibles, mais de soustraire les plantes ou les animaux domestiques à leur attaque. Secondairement, du reste, on est souvent amené ainsi à pouvoir facilement supprimer bon nombre de ces individus nuisibles. L'usage des moyens préventifs est très avantageux, et on ne saurait trop le pratiquer, puisqu'il est toujours préférable de prévenir le mal que d'avoir à l'enrayer. Ces moyens sont nécessairement nombreux et variés, suivant les cas, et chacun d'eux n'est applicable que dans des circonstances déterminées; voici les principaux :

1° Les murs des vergers, des potagers, des jardins et des parcs ont, parmi d'autres avantages qu'il n'y a pas lieu de signaler ici, celui de défendre, dans une large mesure, beaucoup des plantes cultivées à leur abri contre un grand nombre d'espèces nuisibles. En particulier, les larves et les Insectes qui volent peu ne peuvent facilement les franchir. D'ailleurs ils ne sont que des obstacles inefficaces contre les Insectes qui volent bien et contre les larves et les chenilles qui grimpent facilement aux murailles.

2° Les plantes cultivées en pots, en caisses, sous châssis ou dans des serres reçoivent aussi, par ce fait même, une certaine protection contre l'atteinte de diverses espèces nuisibles. Lorsque dans les pépinières on veut protéger certains plants précieux contre les Vers blancs, on les repique dans des paniers d'osier que l'on enterre dans le sol. Dans certains cas, par contre, notamment pour les plantes cultivées en serre, ces plantes sont exposées à l'attaque de quelques espèces nuisibles spéciales aux serres.

3° La disposition de toiles devant les treilles, à l'automne, ou la mise des raisins dans des sacs de crin, protège directement les fruits de la vigne contre l'attaque des Insectes (et des Oiseaux).

4° La mise des poires et des pommes dans des sacs de papier présente, comme avantage secondaire, (le principal étant d'obtenir de plus beaux fruits) de protéger ces fruits contre l'attaque précoce du Carpocapse des pommes et contre celle plus tardive des Insectes ou autres animaux qui s'adressent aux fruits plus avancés. Il va de soi que ce procédé de protection n'est applicable qu'aux fruits de luxe récoltés dans les jardins.

5° Le creusement de *fossés d'isolement* permet de protéger des champs indemnes, contre l'invasion d'espèces nuisibles émigrant de champs voisins contaminés. Ce procédé n'est efficace que s'il s'agit de larves, de chenilles, de nymphes ou d'Insectes adultes ne volant pas. Il s'emploie lorsque les individus nuisibles contre lesquels on veut se protéger sont extrêmement nombreux dans le voisinage et susceptibles de se porter d'un endroit à un autre (défense des céréales contre l'envahissement du Zabre bossu, des betteraves contre celui des Silphes, des champs de navets contre celui de la Tenthrède de la rave, des prairies contre la Noctuelle des fourrages, etc.)

6° Le nettoyage des murs des jardins, des troncs d'arbres, des arbustes et des ceps de vigne a pour but d'enlever aux espèces nuisibles les abris dans lesquels elles pourraient se réfugier. Les lambeaux d'écorce doivent être grattés et enlevés, ainsi que les mousses et les lichens; par mesure de précaution supplémentaire, on doit badigeonner les parties nettoyées, avec un lait de chaux ou tout autre liquide insecticide, de manière à détruire les œufs, larves, chenilles, chrysalides, ou les Insectes de petite taille qui pourraient rester sur les troncs ou les ceps (moyen utilisé contre les Anthonomes, les Carpocapses, le Vespère de Xatarte, les Hylobies et les Pissodes, etc.).

7° L'enlèvement, au voisinage des plantes cultivées, de tout ce qui peut servir d'abri ou de nourriture aux parasites des plantes en question est également indispensable si on veut préserver celles-ci.

Tels sont les moyens préventifs à prendre contre les larves de Cétoines et de Trichies, contre l'Altise de la vigne, contre les Altises des betteraves, le Zabre des céréales, etc.

8° La disposition de bandes gluantes ou de bandes de ouate autour du tronc de certains arbres empêche les femelles aptères des Phalènes ou les Fourmis de monter, les premières pour pondre leurs œufs, les secondes pour manger les fleurs ou les fruits. Dans certains cas, ce procédé peut être aussi efficace pour empêcher les chenilles de monter aux arbres. La substance employée peut être, soit du goudron, soit l'une des suivantes :

	Poix blanche..	20 kilogr.
1°	Térébenthine	5
	Huile de lin..	5
	Huile d'olive...	6

(Formule du Dr Dufour.)

	Goudron de Norvège...	1 kilogr.
2°	Huile de poisson...	0,4
	Huile minérale...	0,4

3°	Goudron de houille..	1 kilogr.
	Huile de poisson	1

La matière est placée sur une bande de papier fort, préalablement enroulée sur un anneau de filasse entourant le tronc à protéger. Une ficelle maintient en outre la bande de papier et la serre fortement contre la filasse, afin que celle-ci obstrue bien toutes les anfractuosités de l'écorce.

9° Le nettoyage périodique et la désinfection à la chaux, ou à d'autres liquides insecticides, des étables, écuries, poulaillers et colombiers ont pour effet, en premier lieu, d'empêcher les parasites des animaux domestiques de trouver des refuges. Secondairement, on détruit ainsi ceux qui pourraient déjà exister dans les bâtiments que l'on veut préserver. L'emploi de greniers bien aérés, bien éclairés et entretenus en bon état de propreté, joue un rôle analogue vis-à-vis des parasites des céréales, des olives, etc.

10° L'arrachage des plantes contaminées et l'isolement (parfois l'abatage) des animaux parasités ont avant tout pour but d'empêcher les autres plantes voisines, ou les autres animaux, d'être attaqués à leur tour. Secondairement, on détruit les individus nuisibles qui sont sur les plantes ou les animaux que l'on a isolés.

11° La séparation, lors des semailles, des graines parasitées de celles qui ne le sont pas, ou la destruction, dans les graines, des parasites contenus, prévient l'apparition des individus nuisibles qui s'attaqueraient aux plantes que l'on veut obtenir (protection des légumineuses potagères contre les Bruches, du blé contre l'Anguillule du blé niellé, etc.).

12° Quand on peut pratiquer la *rotation de culture*, on doit se préoccuper avant tout de ne pas faire succéder à une plante ayant eu à souffrir de l'attaque d'une ou de plusieurs espèces nuisibles un autre végétal susceptible d'être attaqué par les mêmes espèces. La culture d'une plante déterminée multiplie, en effet, dans le terrain qu'elle occupe, les espèces nuisibles à cette plante. Il est tout indiqué de ne pas faire pousser ce végétal, ou des plantes ayant mêmes parasites, deux fois de suite dans le même terrain (il y a, du reste, d'autres raisons justifiant aussi cette nécessité).

C'est surtout dans la grande culture que cette pratique est facile à réaliser, pour la culture des céréales, des plantes fourragères, des plantes industrielles notamment. Il n'en est plus de même dans les cultures maraîchères qui avoisinent les grandes villes, dans les potagers et pour la culture des plantes que l'on ne renouvelle pas au moins au bout de quelques années au plus.

Dans les régions où le système des jachères est encore pratiqué, on doit donner les labours de manière à détruire au bon moment les herbes capables de nourrir les parasites dont on veut se débarrasser.

13° En horticulture, on peut parfois changer directement les plantes de terrain, lorsque celui-ci est contaminé par de nombreux parasites qui s'attaquent aux racines. On déplante les végétaux, on nettoie les racines et on replante dans un terrain neuf (plantes d'ornement, arbustes fruitiers).

14° Le choix de la variété d'une plante a parfois une grande importance et permet de mieux soustraire cette plante à l'attaque des espèces nuisibles ou, dans certains cas, d'atténuer l'effet produit par celles-ci. C'est ainsi que les blés barbus sont moins attaqués par la Cécidomyie du froment que les blés ordinaires, parce que les barbes des épis s'opposent à l'introduction de la tarière de ponte dans les épillets; que la vigne américaine résiste mieux au Phylloxéra que la vigne française.

15° L'époque des semis ou de la plantation peut souvent être choisie de manière à amoindrir, dans une certaine mesure, l'influence des espèces nuisibles. Parfois celles-ci paraissent, en effet, à une époque coïncidant avec celle des semailles des plantes dont elles se nourrissent, et elles leur font subir un tort d'autant plus grand que ces plantes sont moins développées au moment où elles sont attaquées. Il y a alors intérêt à avancer, autant que possible, l'époque des semis; au moment de l'apparition des parasites, les plantes sont déjà vigoureuses et plus résistantes.

Dans le même ordre d'idées, il y a en outre intérêt à employer, dès le début, des engrais hâtant la croissance des jeunes plantes et leur donnant, de bonne heure, une vigueur particulière.

Dans le même but encore, il y a intérêt, lorsqu'on prévoit une apparition d'espèces nuisibles aux plantes dont on sème les graines, à semer une quantité de celles-ci supérieure à la moyenne, de manière que, les parasites ayant prélevé leur part probable, il reste dans le champ une quantité suffisante de plantes.

Ces indications s'appliquent particulièrement à la culture des graminées et de la betterave, qui sont attaquées dès l'état de plantule par diverses espèces nuisibles. Pour les graminées, il peut arriver qu'au lieu d'avancer l'époque des semis on doive au contraire la reculer, et même remplacer les variétés d'automne par celles de printemps (pour combattre la Cécidomyie destructive, par exemple).

16° L'époque de la récolte d'une plante doit parfois être hâtée dans une mesure plus ou moins grande. Ce cas est celui où la plante dont il s'agit est menacée d'une destruction trop grande par suite de la présence de nombreux individus nuisibles. En faisant une récolte hâtive, on fait une perte sur la quantité et parfois sur la qualité de cette récolte, mais on évite, d'autre part, une perte à peu près totale. D'un autre côté, ce moyen permet ordinairement de faire périr les individus nuisibles qui attaquent la plante, car il les prive subitement de toute nourriture.

Telles sont les récoltes hâtives de la luzerne attaquée par le Négril, ou par la Coccinelle de la luzerne, ou par le Phytonome variable; la récolte prématurée des olives attaquées par la Mouche de l'olive, etc.

17° L'emploi de pièges permet d'attirer beaucoup d'individus nuisibles et de les détourner ainsi des plantes qu'ils sont susceptibles d'attaquer; en second lieu, ces individus sont ensuite facilement détruits. Pour établir ces pièges, on utilise la préférence que les espèces à combattre manifestent pour certaines substances alimentaires, l'attraction qu'exerce sur eux la lumière, le besoin qu'ils éprouvent de rechercher l'humidité ou l'obscurité. Parmi les principales dispositions en usage, on peut citer :

Les tas de blé que l'on réserve dans les greniers et dans lesquels les Calandres viennent se réfugier, parce qu'elles y trouvent le repos et l'obscurité qu'elles recherchent. La projection, dans l'eau chaude, du blé infesté suffit ensuite à détruire les parasites.

Les écorces, troncs affaiblis ou arbres abattus que l'on réserve dans les forêts pour attirer les Bostriches, les Hylobies et les Pissodes. La récolte et la destruction des pièges débarrassent ensuite des nombreux individus nuisibles qui s'y sont réfugiés.

La luzerne que l'on sème près des arbres fruitiers pour attirer l'Otiorhynque de la Livêche; les plantes-pièges dont on se sert en agriculture pour attirer les Vers blancs, l'Anguillule de la betterave, etc.

Les pièges divers dont on se sert pour capturer les Forficules, les Cloportes, etc.

Les fioles à demi remplies d'eau miellée, ou les éponges imbibées de matière sucrée et gluante, que l'on emploie pour attirer les Guêpes et les Fourmis, et les détourner des fruits sucrés.

Les pièges lumineux dont l'emploi repose sur la particularité que présentent beaucoup d'Insectes d'être attirés, la nuit, par la lumière. Cette particularité s'observe tout spécialement chez les Papillons crépusculaires ou nocturnes, mais elle se présente aussi chez d'autres Insectes. Jusqu'ici on n'a guère employé les pièges lumineux que pour attirer la Pyrale de la vigne et la *Cochylis*, mais cet emploi sera vraisemblablement, par la suite, utilisé pour la capture d'autres Insectes nuisibles.

18° L'emploi de «répulsifs» peut, au contraire, être préconisé dans certains cas. Ces substances éloignent les espèces nuisibles au lieu de les attirer.

C'est ainsi qu'on utilise quelquefois la naphtaline pour éloigner les Altises des champs et des potagers, que l'on met des tampons imbibés de substances à odeur forte sur les branches des arbres fruitiers, afin d'en éloigner les Insectes, que l'on enduit le corps des animaux domestiques de certaines matières à odeur forte pour en chasser les Insectes qui voudraient venir y pondre. Dans certaines serres on se préserve dans une certaine mesure de l'envahissement des Pucerons et de quelques autres Insectes nuisibles, en plaçant des côtes de tabac sur les tuyaux de chauffage; les vapeurs asphyxiantes qui se dégagent empêchent le développement des parasites.

19° Les plantes cultivées et les animaux domestiques doivent être l'objet de soins généraux aussi parfaits que possible. Dans ces conditions, ils se trouvent tout naturellement mis à l'abri de l'atteinte d'un grand nombre d'espèces nuisibles. En outre, lorsqu'ils sont attaqués quand même par certaines de celles-ci, ils résistent mieux et peuvent plus facilement survivre, surtout si on leur applique les soins spéciaux dont ils ont alors besoin. Pour une plante ou un animal domestique déterminé, on doit comprendre, parmi les soins généraux, ceux des moyens préventifs ci-dessus indiqués qui lui sont applicables.

CHAPITRE III.

DESTRUCTION DIRECTE DES INDIVIDUS APPARTENANT
AUX ESPÈCES NUISIBLES.

Ici on ne se propose plus de combattre indirectement les espèces nuisibles par l'intermédiaire des animaux insectivores que l'on protège, ni de prévenir l'attaque de ces espèces en plaçant les plantes cultivées et les animaux domestiques à l'abri de leur atteinte, mais on agit directement contre elles. Les procédés employés peuvent se grouper sous trois titres distincts [1] :

A. On recueille directement les individus nuisibles et on les tue ensuite d'une manière quelconque, ou bien on les détruit directement par des procédés mécaniques.

B. On recueille les plantes ou parties de plantes infestées par les individus nuisibles et on détruit le tout ensemble.

C. On détruit *in situ* les individus nuisibles, au moyen de substances dites «insecticides».

A. Capture directe ou destruction directe par des procédés mécaniques.

Cette méthode est la plus simple, la plus à la portée de tous et généralement la moins coûteuse; on doit donc y avoir recours chaque fois que cela est posible. Comme exemples on peut citer :

1° Le ramassage direct des larves, chenilles, nymphes, chrysalides, Papillons, Limaces, Escargots, etc., dans les jardins et les potagers.

2° Le hannetonnage, l'anthonomage et la capture des Altises, Gribouris, Colaspes au moyen de boîtes ou d'entonnoirs conduisant les Insectes ramassés dans des sacs.

3° Le ramassage des Altises au moyen de planches goudronnées que l'on passe au-dessus des ceps de vigne ou au-dessus des crucifères dans les jardins.

4° L'écrasement direct des chenilles mineuses ou roulées dans les feuilles (on comprime celles-ci avec les doigts).

5° L'écrasement des jeunes larves de Criquets aux endroits mêmes de leur éclosion, la capture des larves, nymphes et adultes de ces Insectes au moyen des melhafas, leur destruction par le feu lorsqu'on les a poussés sur des amas de paille ou de brindilles, etc.

---

[1] Un quatrième groupe de procédés comprendrait la destruction au moyen de maladies infectieuses communiquées à quelques individus et propagées ensuite par ceux-ci, de proche en proche, aux autres individus de leur espèce. Plusieurs tentatives dans ce sens ont déjà eu lieu, mais, jusqu'ici, aucun des procédés indiqués n'est suffisamment pratique et efficace.

6° Le grattage des plaques d'œufs pondus par les Papillons sur les troncs ou les branches d'arbres, ou sur les murs des jardins.

7° Le grattage des Kermès et des nids de Cochenilles sur les plantes.

8° La capture directe à la main ou au moyen de volailles amenées dans ce but, des larves et Vers blancs mis au jour au moment des labours.

9° La capture, au moyen d'animaux domestiques ou apprivoisés, des individus nuisibles qui se trouvent dans les serres, dans les jardins, dans les champs, dans les bois.

10° La recherche et la destruction des pontes de Criquets.

11° La destruction des chenilles de Teignes ayant envahi les graines des céréales, au moyen de tarares spéciaux qui tuent ces chenilles.

B. Récolte et destruction des plantes ou parties de plantes infestées.

Les procédés qui rentrent dans cette méthode sont généralement encore simples, faciles à appliquer et peu coûteux.

Ils comprennent notamment :

1° La récolte puis la destruction des fruits véreux (pommes, poires, prunes, cerises, châtaignes, noisettes, glands, etc.).

2° La récolte et la destruction des chaumes après la moisson (à employer contre l'Aiguillonier, le Cèphe du chaume, la Cécidomyie destructive et la plupart des parasites des céréales).

3° L'ablation des feuilles chargées d'animaux de très petite taille tels que Psylles, Thrips, Acariens (Tétranyques, Phytoptes) ou des rameaux portant des «nids» de chenilles (au lieu d'enlever ces feuilles ou ces rameaux, on peut dans certains cas y projeter des insecticides).

4° La récolte des bourgeons coupés et contenant des larves de Charançons, des extrémités de rameaux où ils sont établis, etc.

5° La récolte des «cigares» des Rhynchites, des bourgeons contenant les larves d'Anthonomes, des Bédéguars contenant des larves de Cynips, des rameaux minés par des larves, etc.

6° La récolte et la destruction des feuilles tombées, à l'automne, lesquelles servent d'abri à de nombreux œufs, larves, nymphes et Insectes adultes.

7° La destruction des broussailles des vignes qui renferment des Altises.

C. Emploi de substances insecticides.

On emploie les insecticides particulièrement dans les circonstances suivantes :

1° Quand on veut combattre des animaux de très petite taille, se tenant solidement ou en grand nombre sur les plantes ou sur les animaux domestiques, par exemple les Pucerons, les Coccides, les Acariens, certains Insectes parasites externes des animaux.

2° Quand on veut combattre des animaux parfois d'assez grande taille, mais qui sont très abondants sur les plantes, ont des téguments assez mous pour être efficacement atteints par les matières insecticides, ou sont susceptibles de s'empoisonner en les absorbant, et qu'il serait trop long de recueillir directement. Exemple les chenilles, fausses-chenilles et larves diverses dispersées sur les feuilles des arbres et arbustes, ou sur les plantes potagères, ou sur les champs très étendus de plantes agricoles telles que la betterave, la luzerne, etc.

3° Pour combattre les espèces nuisibles dont les œufs, les larves, les nymphes ou les adultes se tiennent cachés dans le sol et ne sont pas, par suite, accessibles directement.

4° Pour détruire sur place les individus qui se tiennent parfois rassemblés en dehors des plantes qui leur servent de nourriture.

PRINCIPAUX INSECTICIDES [1].

Les substances susceptibles de servir comme insecticides sont extrêmement nombreuses et il ne saurait être question ici de les citer toutes. Celles qui sont utilisées ou susceptibles d'être utilisées comprennent principalement :

L'eau. — L'eau froide peut à peine être considérée comme substance insecticide; elle ne mouille pas, en effet, le corps des Insectes et ne peut asphyxier ceux-ci que s'ils sont maintenus immergés pendant longtemps. C'est ainsi que les Phylloxéras radicicoles peuvent être tués complètement quand on peut submerger les vignes pendant trente ou quarante jours.

L'eau chaude est plus efficace, car elle mouille mieux le corps des Insectes et agit, en outre, par la température à laquelle elle est portée. On peut ainsi détruire facilement les Insectes ou autres animaux nuisibles en projetant sur eux de l'eau chaude ou en les plongeant dans celle-ci. Le procédé de l'ébouillantage, appliqué contre la Pyrale de la vigne, la Cochylis, le Carpocapse des pommes repose sur cette propriété de l'eau chaude.

La poudre de Pyrèthre. — Elle s'emploie telle quelle, à l'état de poudre, ou à l'état liquide (en suspension dans l'eau, en teinture alcoolique, en «infusion»), ou en fumigations. Quand elle est nouvelle et non falsifiée, elle a une action réelle sur un grand nombre d'Insectes ; mais son prix élevé, sa fréquente falsification et les précautions qu'il faut prendre pour la conserver en bon état, lui font généralement préférer d'autres insecticides. Cette substance est encore employée mélangée à d'autres matières telles que le savon (Formule Dufour, page 81), la fleur de soufre, la chaux.

La chaux. — Peut s'employer soit à l'état pulvérulent, soit à l'état de lait de chaux; par suite de ses propriétés caustiques elle provoque rapidement la mort des animaux sur lesquels elle agit. C'est ainsi qu'on peut employer cette substance pour tuer les larves de Cassides et de Criocères, celles de Négril, de Tenthrède-Limace, etc. La chaux est surtout très utile pour protéger les plantes contre les Limaces et les Escargots et pour blanchir et badigeonner les murs des étables, écuries, poulaillers, colombiers, greniers, ainsi que les troncs des arbres dans les fissures desquels peuvent s'être réfugiés de nombreux animaux nuisibles. Lorsqu'on l'emploie en pulvérisations, elle a l'inconvénient d'obstruer les pulvérisateurs et de tacher les plantes (pour les plantes d'ornement en particulier, cet inconvénient est très grand). La chaux est encore employée très souvent mélangée à d'autres matières insecticides; elle entre particulièrement dans la préparation de la bouillie bordelaise, dans le mélange de Balbiani (page 99), etc.

Le carbonate de soude. — Il agit par ses propriétés caustiques; on l'emploie surtout dans les mélanges composés de plusieurs substances insecticides (voir plus loin : bouillie bourguignonne et formules III et V).

Le sulfate de cuivre. — S'emploie à l'état de dissolution dans l'eau (2 ou 3 grammes par litre d'eau) pour combattre divers Insectes (par exemple les chenilles sur lesquelles on le projette au moyen de pulvérisateurs) et surtout pour préparer les *bouillies cupriques.* Dans ce dernier cas, on l'utilise mélangé à la chaux (bouillie bordelaise) ou au carbonate de soude (bouillie bourguignonne). On sait que ces bouillies servent à défendre les plantes cultivées contre les maladies d'origine végétale; elles sont douées également de propriétés insecticides très accentuées. La bouillie bordelaise correspond à la formule suivante :

Chaux grasse	2 kilogr.
Sulfate de cuivre	3
Eau	100 litres.

Pour la préparer, on dissout séparément le sulfate de cuivre dans 20 litres d'eau froide et la chaux dans une quantité d'eau suffisante pour obtenir un «lait» clair et bien homogène. On verse

---

[1] Il n'est question ici que des insecticides à composition connue. Il existe en outre, dans le commerce, divers insecticides portant des noms spéciaux et qui peuvent être efficaces ; à leur égard, il ne saurait s'agir, dans le présent travail, ni d'approbation ni de désapprobation.

ensuite lentement et en agitant continuellement le lait de chaux dans la solution de sulfate de cuivre. Finalement on ajoute ce qu'il faut d'eau pour en avoir utilisé 100 litres. La solution doit présenter une réaction *alcaline;* on doit la préparer dans une cuve en bois (le sulfate de cuivre attaquant les métaux).

La bouillie bourguignonne correspond à la formule suivante :

Carbonate de soude (cristaux)	4ᵏ 500
Sulfate de cuivre	3
Eau	100 litres.

Elle se prépare en suivant la même marche que pour la bouillie bordelaise; elle doit avoir également une réaction alcaline.

Le savon. — S'emploie à l'état de dissolution et agit par ses propriétés alcalines et caustiques. En outre, il imbibe bien le corps des Insectes et permet d'obtenir des émulsions de substances insolubles dans l'eau (pétrole). On utilise particulièrement le savon noir, le savon de Marseille et des savons résineux. Il s'emploie surtout mélangé à d'autres substances telles que le jus de tabac, l'alcool, le pétrole. (Voir plus loin, formules IV et V, et formules à base de pétrole; formule Dufour, page 81).

Les composés arsenicaux. — Ces composés sont des poisons violents qui ne doivent être maniés qu'avec les plus grandes précautions; ils sont très efficaces contre les animaux nuisibles. On les répand sur les plantes nourricières elles-mêmes, de sorte qu'ils sont introduits avec elles dans l'intestin des parasites. On doit éviter de les projeter sur les plantes alimentaires (plantes potagères, arbres fruitiers, vigne, etc.) et même sur des plantes quelconques avoisinant celles-ci, *avant d'être certain* d'avoir pris toutes les précautions nécessaires pour qu'il n'en résulte aucun accident. Les principaux composés arsenicaux employés sont : l'acide arsénieux, les arsénites et les arséniates; on les mélange avec des substances qui augmentent leur adhérence aux feuilles (farine, plâtre) et on les emploie sous forme pulvérulente ou en suspension dans l'eau (voir page 6). De nombreuses formules ont été proposées; outre celles signalées à propos du Silphe de la Betterave, on peut citer la suivante, utilisée en Amérique contre les chenilles des arbres forestiers :

Arsénite de plomb	750 grammes.
Eau	100 litres.

On ajoute du glucose au mélange et on obtient une matière très adhérente aux feuilles.

L'acide prussique. — Ce corps est un poison énergique pour les animaux et les végétaux. Employé à l'état de vapeurs et à l'obscurité, il peut tuer les parasites des plantes, tout en n'altérant pas celles-ci. On l'utilise surtout en Amérique pour combattre les Insectes nuisibles aux Orangers cultivés en plein champ. On recouvre ces plantes de tentes imperméables, sous lesquelles on glisse des terrines contenant les matières productrices de l'acide prussique. On ne saurait actuellement encourager en France l'usage de ce corps, non seulement dans les endroits clos tels que les serres, mais même dans le traitement des plantes en plein vent. Il expose en effet à un danger très grand les personnes qui en respirent les vapeurs.

Le goudron et ses dérivés (phénol, créosote, benzine, naphtaline, térébenthine, huiles de goudron). — Toutes ces substances sont insecticides à des degrés divers. Le goudron a en outre la propriété d'adhérer énergiquement aux objets sur lesquels on l'applique, de rester très longtemps à l'état fluide et d'engluer le corps des Insectes qui y sont projetés; aussi l'emploie-t-on surtout pour capturer les Insectes sauteurs (Altises et Cicadelles), pour engluer les œufs pondus sur les murs ou sur les troncs, et pour empêcher les Insectes de monter sur les arbres (colliers gluants placés à la base de ceux-ci (voir page 161).

La créosote agit énergiquement par ses propriétés caustiques et insecticides; elle détruit rapidement, par exemple, les œufs des Bombycides, même ceux qui sont recouverts de poils protecteurs.

La benzine est douée de propriétés insecticides très grandes également; ses vapeurs notamment causent l'asphyxie des Insectes qui sont soumis à leur action.

L'action de la naphtaline, par contre, paraît être en réalité assez peu efficace et être tout au plus capable d'éloigner les Insectes, mais non pas de les tuer.

Les huiles de goudron sont fréquemment utilisées comme insecticides. Elles entrent dans la composition du mélange de Balbiani (voir page 99) et aussi dans d'autres formules.

Le soufre et ses dérivés (acide sulfureux, hydrogène sulfuré, sulfures alcalins, sulfure de carbone, sulfocarbonate de potassium). — Le soufre est parfois utilisé à l'état naturel, mais c'est surtout par l'acide sulfureux qu'il dégage qu'il est actif. La fleur de soufre, le soufre pulvérisé ou mieux le soufre précipité sont assez efficaces contre les Acariens et surtout utilisés pour les combattre. Comme exemple de l'application de l'acide sulfureux on peut citer la méthode du «clochage» utilisée pour combattre la Pyrale de la vigne. On peut également brûler des mèches soufrées à l'entrée des guêpiers pour asphyxier les Guêpes.

L'hydrogène sulfuré est aussi doué de propriétés insecticides énergiques et pourra, dans certaines conditions à déterminer, rendre des services importants.

Le foie de soufre et le polysulfure de calcium sont également insecticides. Le premier s'emploie à la dose de 4 à 5 grammes au plus par litre d'eau, et donne de bons résultats contre le Thrips, la Grise, etc. (On l'emploie en lavages ou en pulvérisations). Le second agit de même manière; pour l'obtenir, on emploie :

Chaux éteinte.. 100 grammes.
Fleur de soufre.. 100
Eau... 2 litres.

Faire bouillir pendant deux heures, en remplaçant l'eau qui s'en va par évaporation. On obtient 2 litres de liqueur filtrée que l'on conserve en vase clos et que l'on emploie à la dose de 10 grammes par litre d'eau.

Mais le composé sulfuré le plus important comme insecticide est le sulfure de carbone. Cette matière est employée dans des cas très importants, notamment pour combattre les Vers blancs (pages 11 et 12), le Phylloxéra et en général pour détruire les animaux nuisibles qui se tiennent dans le sol (Anguillules, larves de Taupins, Courtilières, larves de Pentodon ponctué, Léthre à grosse tête, etc.) ou dans les graines (Bruches, Calandres). Le sulfure de carbone est introduit dans le sol au moyen d'ampoules de gélatine contenant le liquide ou plus généralement au moyen d'un pal injecteur. La quantité de sulfure de carbone à injecter est variable suivant la plus ou moins grande perméabilité du terrain; elle est moindre quand cette perméabilité est grande, car, alors, le liquide, en s'évaporant, pénètre plus facilement assez loin de l'endroit où il a été déposé. A la dose de 30 ou 40 grammes par mètre carré, on peut généralement détruire tous les Insectes contenus dans le sol. La profondeur à laquelle on doit faire l'injection est aussi variable suivant que les animaux à détruire se tiennent plus ou moins loin de la surface. Pour détruire les Courtilières par exemple, il suffit d'injecter l'insecticide à 10 ou 15 centimètres de profondeur. Dès qu'on a fait une injection, on retire le pal et on bouche le trou fait par celui-ci.

L'emploi de sulfure de carbone comme insecticide occasionne des dépenses élevées, et il n'est possible que pour des sols riches et quand il s'agit de cultures de grand rapport.

Le tabac. — Le tabac agit comme insecticide par les alcaloïdes qu'il contient, particulièrement par la nicotine.

On l'emploie sous des formes diverses, dont deux principales :

1° *Le jus de tabac.* — C'est surtout sous cette forme que le tabac est employé comme insecticide. Le jus de tabac s'obtient comme produit accessoire dans la préparation du tabac utilisé dans la consommation. Il est mis en vente par les manufactures de tabac sous deux formes : le jus de tabac ordinaire, contenant en moyenne de 20 à 25 grammes de nicotine par litre, et le jus de tabac concentré qui en renferme 100 grammes.

Le jus de tabac ne s'emploie pas tel quel comme insecticide, car même le jus ordinaire brûlerait les plantes sur lesquelles on le projetterait. On l'étend d'eau ou on l'emploie dans divers mélanges. Les formules proposées sont extrêmement nombreuses; je me bornerai à en donner quelques-unes [1].

Formule I	Jus de tabac ordinaire à 15 degrés.......	1 litre.	Formule IV	Jus de tabac ordinaire.	1 1/2 à 2 litres.
				Savon noir..........	2 à 2,5 kilogr.
	Eau................	25 à 30 litres.		Eau..............	100 litres.
Formule II	Jus de tabac concentré.	1 litre.	Formule V	Jus de tabac riche....	1 litre.
	Eau..............	100 litres.		Savon noir..........	1 à 2 kilogr.
Formule III	Jus de tabac riche....	1 litre.		Cristaux de soude....	1 kilogr.
	Cristaux de soude....	200 grammes.		Alcool à brûler......	1 litre.
	Eau..............	100 litres.		Eau..............	100 litres.

Les insecticides correspondant aux deux premières formules se préparent en mélangeant directement l'eau et le jus de tabac et en agitant de façon à obtenir une solution aussi homogène que possible. Pour la formule III, on mélange le jus de tabac à l'eau dans laquelle on a fait préalablement dissoudre le carbonate de soude. Pour la formule IV, on fait fondre d'abord le savon noir dans l'eau chaude (70 ou 80 degrés) en agitant constamment, puis on ajoute le jus de tabac. Enfin, pour la formule V, on fait dissoudre le savon dans l'alcool et le carbonate de soude dans l'eau, et on mélange ensuite le tout.

Avec les insecticides des quatre premières formules, on peut combattre avec succès les Altises des plantes potagères, l'Araignée rouge des jardins, la maladie de la Grise, les Pucerons ordinaires et le Tigre du poirier. L'insecticide de la formule III est plus efficace que les deux premiers, grâce à la présence du carbonate de soude. Celui de la formule IV également; il réussit bien contre les Pucerons. Enfin, celui de la formule V est le plus efficace et peut être employé contre le Puceron lanigère, les chenilles et les Coccides. On peut se servir, pour appliquer ces insecticides, soit d'une brosse (contre les Coccides des écorces), soit d'une seringue (contre la Grise), soit d'un pulvérisateur.

2° *Les vapeurs ou fumigations de tabac ou de jus de tabac.* — On les utilise dans les serres où elles peuvent pénétrer dans tous les recoins et atteindre les parasites dans tous les endroits où ils pourraient se dissimuler. On obtient ces vapeurs soit en brûlant des résidus de tabac sur un fourneau à charbon de bois, soit, ce qui est préférable, en versant du jus de tabac sur des plaques ou des barres de fer préalablement chauffées, soit enfin en vaporisant directement du jus de tabac dans une marmite. Il se produit un nuage épais qui s'élève et retombe pour se condenser sur les plantes. D'après des observations récentes, ce procédé ne permettrait d'obtenir que des résultats très médiocres, même sur les Pucerons ordinaires; cependant cette affirmation, surtout en ce qui concerne ces derniers Insectes, est certainement trop pessimiste.

Le pétrole. — Le pétrole est un insecticide énergique. Pour détruire les Insectes ou autres animaux à un moment où ils se tiennent en dehors des plantes cultivées, par exemple les Galéruques de l'orme qui hivernent dans les maisons, les Chlorops qui recouvrent les murs des granges, les larves ou adultes de diverses espèces qui parfois se trouvent accumulés sur le sol, les Guêpes et les Fourmis, etc., il peut tout naturellement être employé sans précaution. Mais lorsqu'on veut atteindre des parasites sur les plantes elles-mêmes, on l'emploie ordinairement à l'état de mélange, car, lorsqu'il est pur, il brûle facilement celles-ci. Toutefois, *pendant l'arrêt de la végétation*, on peut parfois l'appliquer à l'état de pureté sur les écorces des arbres et des arbustes et même sur les «yeux» sans causer dans certains cas aucun dégât. Les formules suivantes, d'après M. Nanot, donnent de bons résultats, la première pour combattre les Insectes vivant sur les plantes à *feuillage résistant*, la seconde pour combattre le Puceron lanigère pendant l'hiver.

1°	Pétrole ordinaire...	1 litre.
	Savon noir..	3 kilogr.
	Eau..	100 litres.

On fait d'abord dissoudre le savon dans l'eau, puis on ajoute le pétrole. Il est indispensable que

[1] Ces formules ont été indiquées par M. Nanot dans l'*Almanach des jardiniers au xx⁰ siècle*; plusieurs sont utilisées à l'École nationale d'horticulture.

celui-ci reste toujours intimement mélangé au reste de la solution; on doit donc agiter vivement le mélange chaque fois qu'on doit s'en servir.

2°	Pétrole	10 litres.
	Savon	10 kilogr.
	Eau	100 litres.

Même mode de préparation que pour la formule précédente.

On badigeonne avec un pinceau les parties ligneuses où se tiennent les Pucerons lanigères.

D'après MM. Gérard et Chabanne, on obtient une émulsion *permanente*, ne pouvant pas brûler les plantes sur lesquelles on opère, en appliquant la formule suivante :

Teinture de saponine	100 grammes.
Pétrole ou essence minérale	100
Eau	400

On place l'eau et la teinture dans une terrine, puis s'armant d'un fouet mécanique à battre la mayonnaise, muni d'un entonnoir contenant l'essence ou le pétrole, on fait tomber ces substances goutte à goutte dans la terrine, en faisant mouvoir rapidement la manivelle du fouet. On continue à battre de 5 à 10 minutes après l'opération. Au moment de se servir de l'émulsion on verse dedans, en agitant, ce qu'il faut d'eau pour avoir 10 litres de liquide insecticide.

En incorporant à la masse 150 grammes de savon noir, qu'on fait fondre dans la liqueur avant d'y verser le pétrole, on obtient un liquide plus adhérent et qui doit être préféré.

L'alcool. — L'alcool est un excellent insecticide quant on en fait usage contre les parasites habitant des plantes suffisamment résistantes à son action. On ne peut en faire usage sur les feuilles n'ayant pas une cuticule suffisamment résistante (bégonia, etc.) ni sur celles qui sont très poilues et retiennent par suite une grande quantité de liquide au lieu de le laisser s'évaporer. Mais, dans le cas contraire, il n'altère pas les plantes et tue vite les parasites dont il *mouille* facilement le corps.

On emploie l'alcool à brûler (alcool dénaturé marquant 95 degrés) et on l'applique en pulvérisations ou au moyen d'un pinceau sur les feuilles, les écorces, les rameaux, etc. Il s'évapore très rapidement après avoir produit son effet; on peut détruire ainsi le Puceron lanigère, les Cochenilles, etc. Si, au lieu d'employer l'alcool pur, on l'étend d'eau, son efficacité diminue, de sorte que dans aucun cas la quantité d'eau à ajouter ne peut être très considérable. Ajoutons que cet Insecticide revient à un prix peu élevé.

REMARQUES SUR L'EMPLOI DES INSECTICIDES.

Si l'on veut tirer de l'usage des insecticides tout l'avantage possible, on doit appliquer ces substances non plus ou moins au hasard, mais dans les meilleures conditions possible. S'il s'agit, par exemple, d'avoir recours à l'emploi d'un insecticide contre une espèce animale nuisible à une plante, ce qui est le cas le plus fréquent, on doit viser : 1° à détruire le plus complètement et le plus rapidement possible les parasites que l'on veut atteindre; 2° à ne pas endommager la plante; 3° à opérer dans le moindre temps possible; 4° à employer seulement le minimum indispensable de matière; 5° à éviter toute action nocive de l'insecticide sur l'opérateur lui-même. Il faudra donc, après avoir choisi la matière la plus favorable, en faire l'application la plupart du temps avec des appareils convenablement choisis et prendre les précautions indispensables par suite de la nature des plantes sur lesquelles on opère (c'est-à-dire s'assurer par un essai préalable que le traitement ne les altérera pas). On devra tenir compte aussi, quand on opère à l'air libre, des conditions dans lesquelles se trouve l'atmosphère.

Dans quelques cas, on peut appliquer la substance *à la main*, par exemple la fleur de soufre sur des feuilles envahies par des Acariens. Dans d'autres, on peut plonger la plante directement dans le liquide insecticide (plantes en pots, extrémité des rameaux), ce qui est le meilleur moyen d'atteindre tous les parasites sans exception. Plus souvent on fait usage de «boîtes à poudrer» ou de *soufflets* (pour manier la fleur de soufre ou autres poudres insecticides), de *tamis* (pour répandre les composés arsénicaux sur les betteraves attaquées par le Silphe). S'il s'agit de substances liquides, on emploie soit des *cafetières* (ébouillantage des ceps de vigne), soit des *branchages* ou des *balais* que l'on trempe dans le liquide insecticide et que l'on secoue sur les plantes infestées. Ces deux derniers procédés, très primitifs, sont peu commodes et nécessitent une plus grande quantité d'insecticide. Il vaut mieux employer des *arrosoirs* et surtout des *pulvérisateurs*. Ces derniers appareils sont tout particulièrement commodes; ils permettent en outre de bien répartir l'insecticide sur toutes les régions de la plante, d'atteindre le dessous des feuilles et des rameaux, de projeter le liquide avec une certaine force et surtout de réaliser une économie de temps et de matière insecticide. Dans certains cas, tels que celui des Coccides qui se tiennent sur les troncs et sur les branches, l'emploi de *brosses* est tout indiqué; dans d'autres, c'est celui de *pinceaux*. Quelquefois, il est possible de laver la plante avec une éponge mouillée du liquide insecticide. Enfin, lorsqu'il s'agit d'injecter des insecticides dans la terre, on emploie le *pal injecteur* (injection de sulfure de carbone, de formol). A défaut de pal, on peut creuser des trous à la profondeur voulue, y mettre la quantité nécessaire de matière et les boucher ensuite rapidement.

L'application des insecticides sur certaines plantes se fait soit pendant que la végétation est au repos (hiver), soit pendant la période végétative. Si l'on peut opérer indifféremment pendant l'une ou l'autre pour détruire un parasite donné, il est préférable de le faire pendant la première période. A ce moment, en effet, la plante est beaucoup plus résistante puisqu'elle ne présente pas de pousses récentes, et on peut employer des insecticides plus énergiques et, par suite, plus efficaces. Si l'on opère pendant la période végétative, la concentration des liquides doit être plus ou moins grande, pour une plante donnée, suivant qu'il s'agit de l'appliquer sur le tronc et les grosses branches ou sur les jeunes pousses, les bourgeons et les fruits. En général, on doit faire un essai préalable pour s'assurer que la substance que l'on se propose d'appliquer ne nuit pas aux parties de la plante qu'il s'agit de traiter. En outre, contrairement à ce qui est parfois recommandé, il est souvent inutile de projeter l'insecticide sur les parties de la plante qui ne portent pas de parasites. Il est inutile aussi, sous prétexte de traitement préventif, de traiter les plantes indemnes, *à moins qu'elles ne soient sérieusement menacées*. Enfin, on ne doit pas chercher à employer des matières plus actives qu'il n'est nécessaire, sous prétexte de produire un effet plus rapide et plus sûr, et on ne doit pas croire qu'un insecticide doit être rejeté parce que *tous* les parasites n'ont pas été détruits après une seule application. Lorsque les insecticides sont appliqués sur des parties délicates de la plante, il est au contraire indiqué de n'employer que des matières à action modérée et d'avoir recours à plusieurs applications successives plutôt que de nuire au végétal.

Lorsqu'on fait usage de *mélanges*, on doit veiller constamment à ce que la proportion des diverses substances entrant dans ces derniers soit constante. Sinon, un insecticide qui d'abord ne causait aucun tort à la plante, peut ensuite l'altérer, ce qui est dû à ce qu'une des substances actives du liquide s'est séparée des autres et est alors capable de brûler les régions où elle est projetée. On évite cet inconvénient en remuant souvent le «mélange» dont on fait usage.

Lorsqu'on opère en plein air, on doit choisir de préférence le matin ou le soir, afin d'éviter l'action directe du soleil, ou encore opérer par un temps couvert. L'action directe du soleil, s'exerçant sur les plantes où l'on vient de projeter des liquides insecticides, cause en effet la «brûlure» de ces plantes. Ce phénomène est dû à ce que l'action des substances actives contenues dans ces liquides augmente en intensité quand la température s'élève. Pour cette même raison, les insecticides devront être d'autant moins concentrés, pour une plante déterminée, que la température ambiante est plus élevée. Ils devront donc être choisis moins concentrés en été qu'en hiver, lors des journées très chaudes de l'été que lors des journées plus froides, dans les serres chaudes que dans les serres froides. Ces considérations justifient encore l'obligation de faire un essai préalable pour s'assurer que la matière que l'on va appliquer sur une plante n'aura pas d'action nocive sur elle. Par contre on doit éviter également d'opérer en temps de pluie ou si la pluie est imminente, car celle-ci enlève les substances que l'on projette ou que l'on a projetées sur les feuilles et les rameaux.

Enfin, lorsqu'on a projeté des substances insecticides sur des plantes de grande valeur, par exemple dans les jardins et les serres, on doit, surtout si ces plantes sont délicates, les laver avec de l'eau pure lorsque les parasites que l'on voulait atteindre ont été détruits. Il est en effet non seulement inutile, mais nuisible que les matières toxiques restent sur les plantes quand elles ont produit leur effet sur les parasites à détruire.

TABLE ALPHABÉTIQUE [1].

A

Abraxas grossulariata, 77, **85.**
Acanthia columbaria, 90.
Acanthiadées. 90.
Acariens, 123.
Acarus tisserand, 126.
Acrolepia assectella, 88.
Acronycta psi, 72.
Adelge des conifères. 95.
Adelge du sapin, 95.
Adelges abietis, 95
—— *strobilobius,* 95.
Agelastica alni, 38, **42.**
Agrile vert, 15.
Agrilus viridis, 15.
Agriote des moissons, 16, **11.**
—— graminicole, 16.
—— obscur, 16.
Agriotes graminicola, 16.
—— *lineatus,* 16. **11.**
—— *obscurus,* 16.
Agromyza nigripes, 116.
Agrotis exclamationis, 75, **83.**
—— *segetum,* 75, **84.**
—— *tritici,* 76.
Aiguillonier, 32.
Allante bordée, 50.
Allantes, 50.
Allantus marginellus, 50.
A. Tricinctus, 50.
Altise à tête dorée. 40.
—— de la vigne, 39, **43.**
—— des bois, 40.
—— du chou, 40.
—— du navet, 40.
—— potagère, 40.
Altises, 39.
Alucite des céréales. 87.
Andricus pilosus, 48, **50.**
Anguillule de la betterave, 131, **142.**
—— de la tige, 132.
—— des racines, 132.
—— du blé niellé, 131, **140, 141.**

Anguillules, 127.
Anguillulides, 130.
Anisoplia agricola, 13.
Anisoplia segetum, 13, **8.**
Anisoplie agricole, 13.
—— des céréales, 13, **8.**
Anisoplies, 13.
Anobiides, 16.
Anomala ænea, 13.
—— *vitis,* 13.
Anomales, 13.
Anomalon circonflexe, 158, **150.**
Anomalon circumflexum, 158, **150.**
Anopheles, 106.
Anthocoris, 96.
Anthomyia brassicæ, 115.
—— *ceparum,* 115.
—— *radicum,* 115.
Anthonome des drupes, 27.
—— du poirier, 27.
—— du pommier, 2, 27, **25.**
Anthonomes, 27.
Anthonomus druparum, 27.
—— *pomorum,* 27, **25.**
—— *pyri,* 27.
Apate à six dents, 16.
—— sinuée, 16.
Apate sexdentata. 16.
Aphides, 92.
Aphidius, 96, 158.
Aphis amygdali, 94.
—— *brassicæ,* 94.
—— *caprifolii,* 95.
—— *cerasi,* 94.
—— *dianthi,* 95.
—— *fabæ,* 94.
—— *granaria,* 93, **103.**
—— *maidis,* 93.
—— *mali,* 94.
—— *papaveris,* 94.
—— *persicæ,* 94.
—— *pruni,* 94.
—— *pyri,* 94.
—— *rapæ,* 94.
—— *ribis,* 94.
—— *rosarum,* 95.

Aphis rumicis, 94.
Aphrophora spumaria, 92.
Aphrophore écumeuse, 92.
Aphrophores. 91.
Apion æneum, 23.
Apion apricans, 23, **20.**
—— *flavipes,* 23.
—— *pomonæ,* 23.
Apion à pattes jaunes, 23.
—— bronzé, 23.
—— de Pomone, 23.
—— du trèfle, 23, **20.**
—— violet, 23.
Apions, 23.
Apodère du noisetier, 23, **21.**
Apoderus coryli, 23, **21.**
Arachnides, 122, 123.
—— insectivores, 159.
Araignée rouge des jardins, 123.
Araignées, 3, 159.
Arctia caja, 71.
Argas réfléchi, 124, **137.**
Argas reflexus, 124, **137.**
Arion hortensis, 133.
—— *rufus,* 133.
Aromia moschata, 31.
Aromie musquée, 31.
Ascarides, 117, 129.
Ascaris du Cheval, 130.
Ascaris megalocephala, 130.
Asiles, 156.
Aspidiote de l'oranger, 101.
—— ostréiforme, 101.
Aspidiotus nerii, 100.
—— *ostreæformis,* 101.
—— *perniciosus,* 101.
Athalia rosæ, 53.
—— *spinarum,* 52, **56.**
Athalie de la rave, 52, **56.**
—— de la rose. 53.
Athalies, 52.
Atomaire linéaire, 7.
Atomaria linearis, 7.
Atta barbara, 47.
—— *structor,* 47.

TABLE DES MATIÈRES.

PREMIÈRE PARTIE.

LES INSECTES.

DEUXIÈME PARTIE.

AUTRES INVERTÉBRÉS NUISIBLES.

TROISIÈME PARTIE.

ESPÈCES NUISIBLES CLASSÉES D'APRÈS LES PLANTES ET LES ANIMAUX AUXQUELS ELLES NUISENT.

QUATRIÈME PARTIE.

ÉTUDE GÉNÉRALE SUR LES MOYENS À EMPLOYER POUR COMBATTRE LES ESPÈCES NUISIBLES.

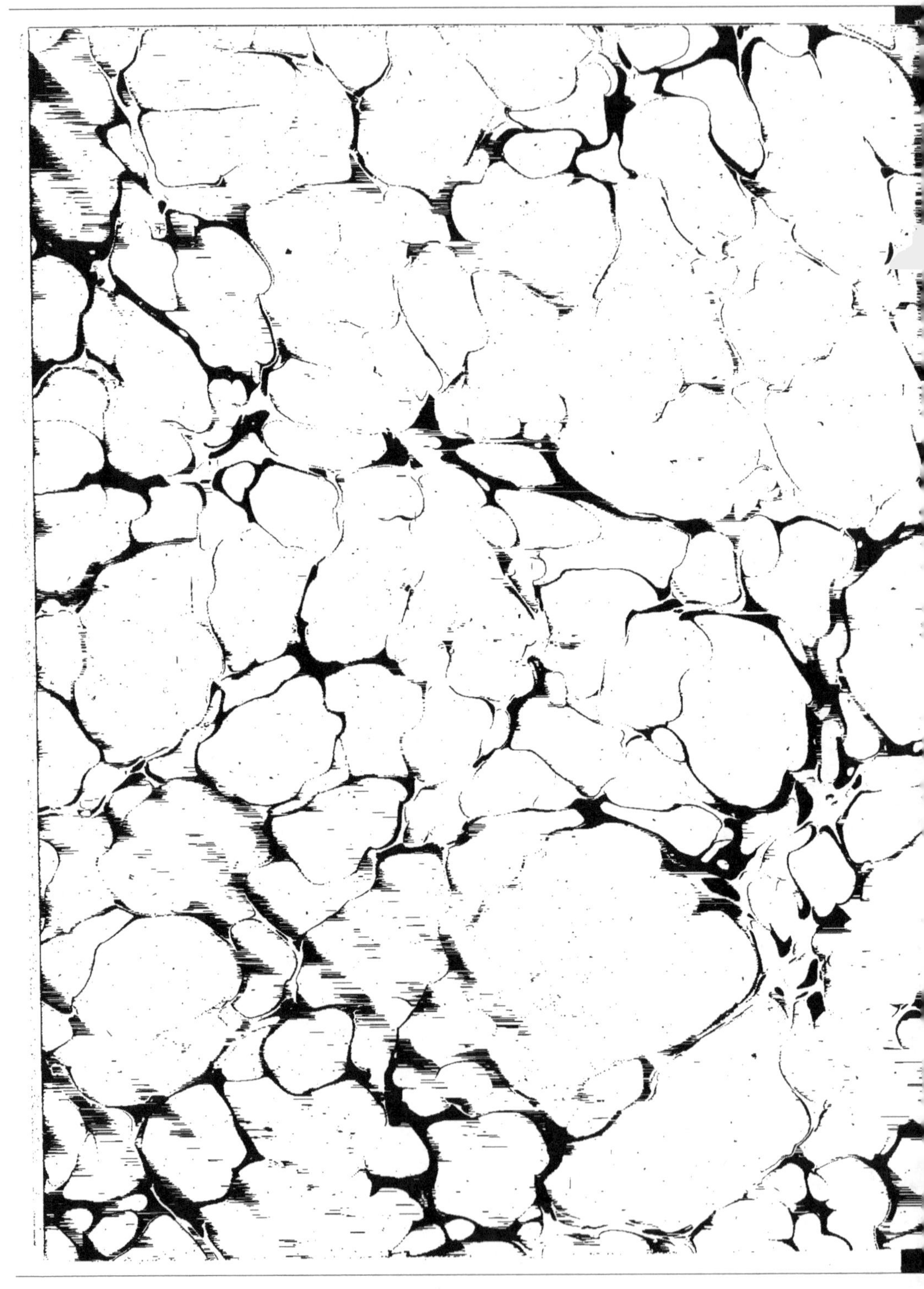

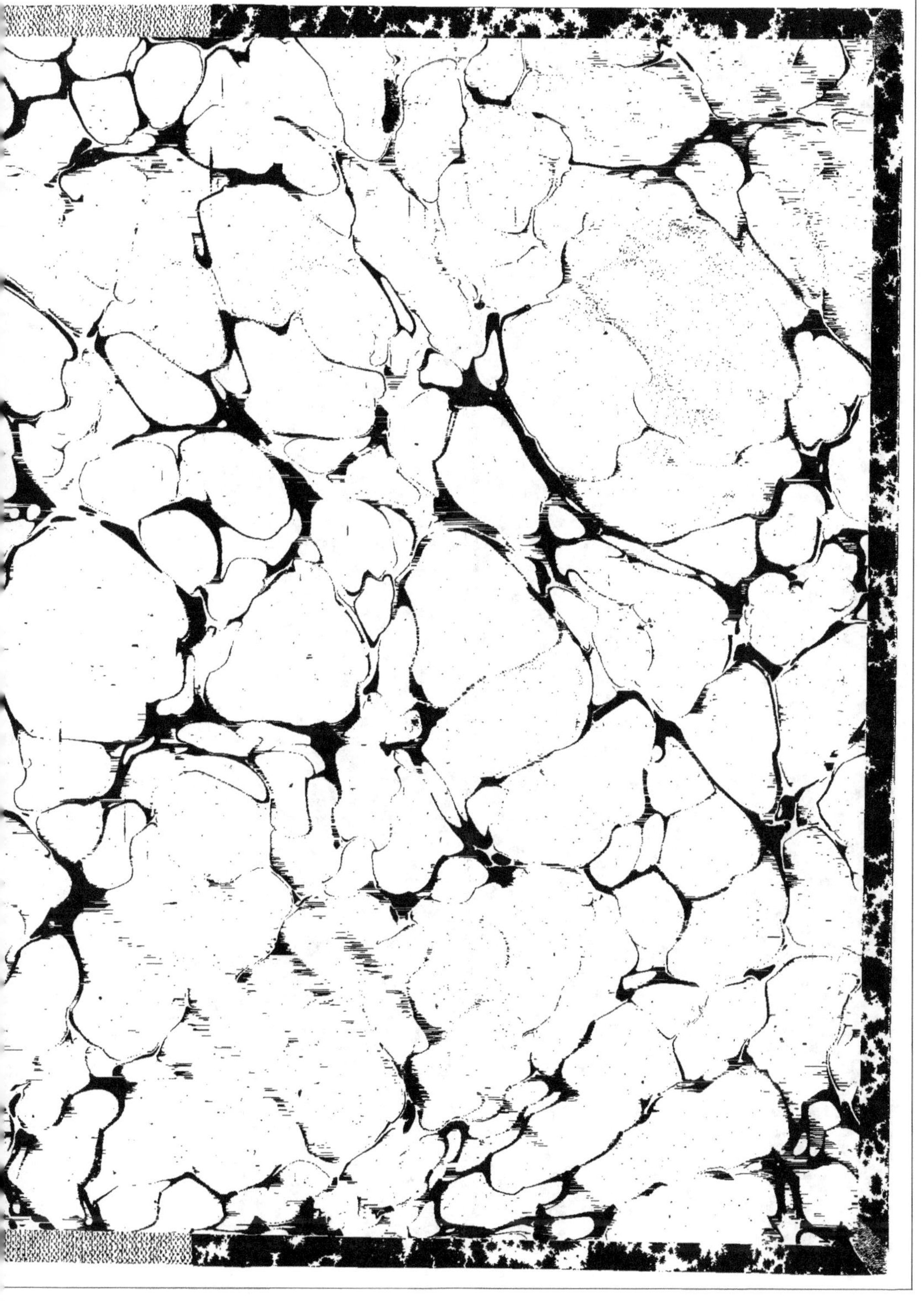

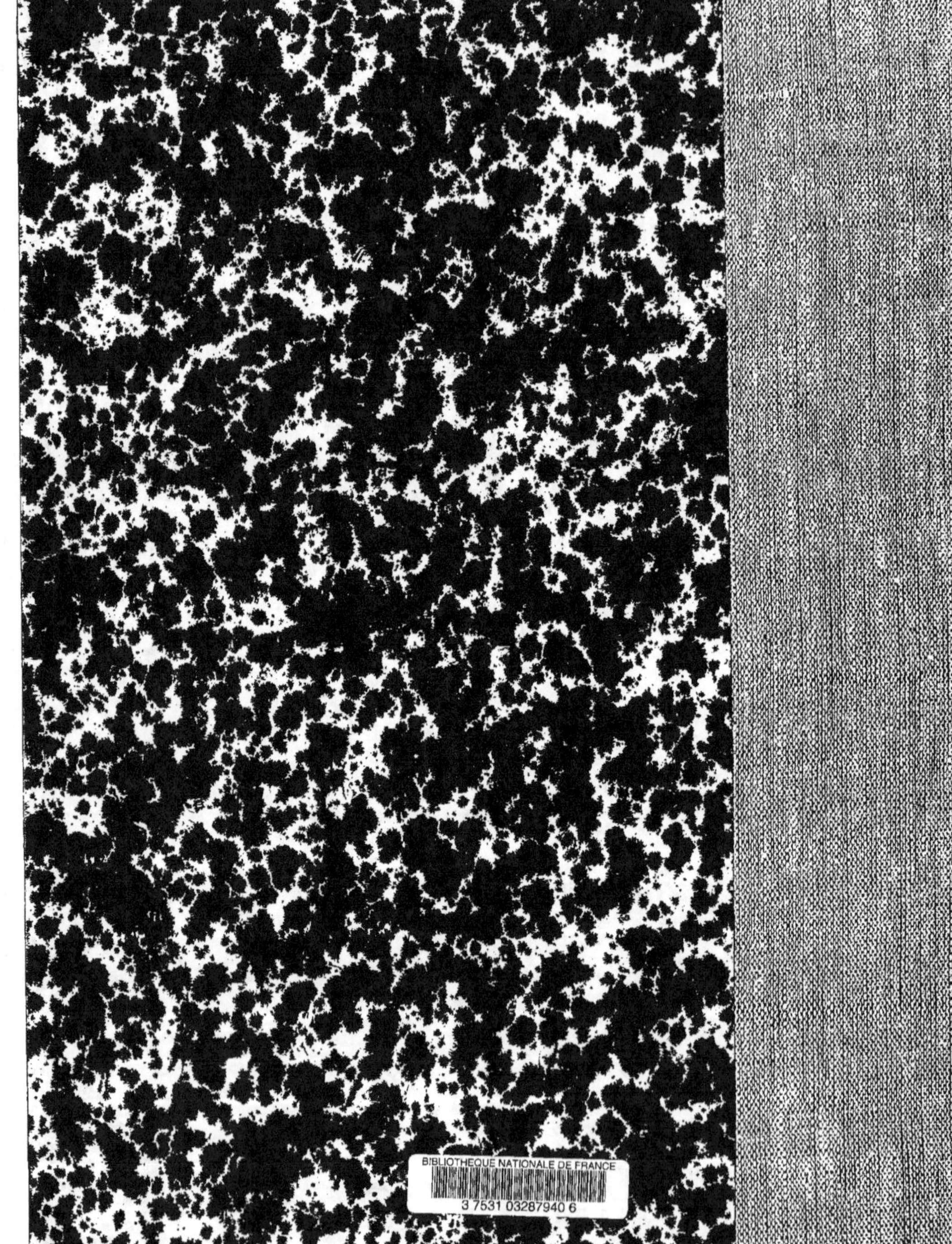

9 782014 437720